“十三五”国家重点出版物出版规划项目
可靠性新技术丛书

基于性能共享的多态系统可靠性建模与优化

Reliability Modeling and Optimization of Multi-State Systems with Performance Sharing

肖辉　寇纲　彭锐　著

国防工業出版社
·北京·

内容简介

本书系统地研究了多态系统中的性能共享机制，较为完整地解决了现有基于性能共享的多态系统可靠性建模问题，对具有性能共享特征的多态系统的可靠性分析评价与优化设计具有指导意义。本书首先介绍了多态系统中不同的性能共享机制，然后研究了性能共享机制在不同系统结构的可靠性建模，最后分析了性能共享机制在电网系统、计算机系统等领域的应用。

本书所用的方法主要是在通用生成函数基础上根据性能共享系统的特点进行了改进，该方法对具有其他特征的复杂系统可靠性研究也有较大的参考价值。本书读者对象为从事可靠性研究和工作的研究人员、工程技术人员以及在校研究生等。

图书在版编目（CIP）数据

基于性能共享的多态系统可靠性建模与优化/肖辉，寇纲，彭锐著. —北京：国防工业出版社，2024.6
（可靠性新技术丛书）
ISBN 978-7-118-13318-9

Ⅰ. ①基… Ⅱ. ①肖… ②寇… ③彭… Ⅲ. ①系统可靠性 Ⅳ. ①N945.17

中国国家版本馆 CIP 数据核字（2024）第 085105 号

※

国防工业出版社出版发行
（北京市海淀区紫竹院南路 23 号　邮政编码 100048）
雅迪云印(天津)科技有限公司印刷
新华书店经售

*

开本 710×1000　1/16　**印张** 16　**字数** 279 千字
2024 年 6 月第 1 版第 1 次印刷　**印数** 1—1500 册　**定价** 96.00 元

（本书如有印装错误，我社负责调换）

国防书店：（010）88540777　　书店传真：（010）88540776
发行业务：（010）88540717　　发行传真：（010）88540762

可靠性新技术丛书

编审委员会

丛书序

可靠性理论与技术发源于20世纪50年代，在西方工业化先进国家得到了学术界、工业界广泛持续的关注，在理论、技术和实践上均取得了显著的成就。20世纪60年代，我国开始在学术界和电子、航天等工业领域关注可靠性理论研究和技术应用，但是由于众所周知的原因，这一时期进展并不顺利。直到20世纪80年代，国内才开始系统化地研究和应用可靠性理论与技术，但在发展初期，主要以引进吸收国外的成熟理论与技术进行转化应用为主，原创性的研究成果不多，这一局面直到20世纪90年代才开始逐渐转变。1995年以来，在航空航天及国防工业领域开始设立可靠性技术的国家级专项研究计划，标志着国内可靠性理论与技术研究的起步；2005年，以国家863计划为代表，开始在非军工领域设立可靠性技术专项研究计划；2010年以来，在国家自然科学基金的资助项目中，各领域的可靠性基础研究项目数量也大幅增加。同时，进入21世纪以来，在国内若干单位先后建立了国家级、省部级的可靠性技术重点实验室。上述工作全方位地推动了国内可靠性理论与技术研究工作。当然，随着中国制造业的快速发展，特别是《中国制造2025》的颁布，中国正从制造大国向制造强国的目标迈进，在这一进程中，中国工业界对可靠性理论与技术的迫切需求也越来越强烈。工业界的需求与学术界的研究相互促进，使得国内可靠性理论与技术自主成果层出不穷，极大地丰富和充实了已有的可靠性理论与技术体系。

在上述背景下，我们组织撰写了这套可靠性新技术丛书，以集中展示近5年国内可靠性技术领域最新的原创性研究和应用成果。在组织撰写丛书过程中，坚持了以下几个原则：

一是**坚持原创**。丛书选题的征集，要求每一本图书反映的成果都要依托国家级科研项目或重大工程实践，确保图书内容反映理论、技术和应用创新成果，力求做到每一本图书达到专著或编著水平。

二是**体系科学**。丛书框架的设计，按照可靠性系统工程管理、可靠性设计与实验、故障诊断预测与维修决策、可靠性物理与失效分析4个板块组织丛书的选题，基本上反映了可靠性技术作为一门新兴交叉学科的主要内容，也能在一定时期内保证本套丛书的开放性。

三是**保证权威**。丛书作者的遴选，汇聚了一支由国内可靠性技术领域长江学者特聘教授、千人计划专家、国家杰出青年基金获得者、973项目首席科学家、国家级奖获得者、大型企业质量总师、首席可靠性专家等领衔的高水平作者队伍，这些高层次专家的加盟奠定了丛书的权威性地位。

四是**覆盖全面**。丛书选题内容不仅覆盖了航空航天、国防军工行业，还涉及了轨道交通、装备制造、通信网络等非军工行业。

本套丛书成功入选“十三五”国家重点出版物出版规划项目，主要著作同时获得国家科学技术学术著作出版基金、国防科技图书出版基金以及其他专项基金等的资助。为了保证本套丛书的出版质量，国防工业出版社专门成立了由总编辑挂帅的丛书出版工作领导小组和由可靠性领域权威专家组成的丛书编审委员会，从选题征集、大纲审定、初稿协调、终稿审查等若干环节设置评审点，依托领域专家逐一对入选丛书的创新性、实用性、协调性进行审查把关。

我们相信，本套丛书的出版将推动我国可靠性理论与技术的学术研究跃上一个新台阶，引领我国工业界可靠性技术应用的新方向，并最终为“中国制造2025”目标的实现做出积极的贡献。

康锐

2018年5月20日

前言

传统的可靠性理论针对二态系统进行了详细的研究，已经具备了成熟的理论体系。然而，实际系统在运行过程中往往呈现出多态的特征，即从正常工作状态经历一系列中间状态，逐步退化为完全失效的状态。随着科技的发展，性能共享技术被广泛应用于各类实际系统，以提高系统可靠性。如在电网系统中，通过性能共享技术发电量大的地区可以将其盈余电力传输给那些存在电力不足的地区。在计算机系统中，所有的计算机都可以通过公共总线共享算力存在算力不足的计算机可以将未完成的计算任务传输给存在算力盈余的计算机进行处理。传统的可靠性理论与建模方法无法对上述具有性能共享机制的多态系统进行准确分析，亟须开展考虑性能共享的多态系统可靠性建模与优化的研究，以提高系统可靠性评估的准确性。

本书汇集了西南财经大学肖辉教授、寇纲教授，以及北京工业大学彭锐教授与他们的合作者在该领域的研究成果，针对基于性能共享的多态系统可靠性建模与优化问题，进行了系统性的探讨。本书主要采用通用生成函数进行系统可靠性建模，研究了多种性能共享机制、分析了各类系统结构下的性能共享特征，以及在电网和计算机等实际系统中应用，丰富并发展了多态系统的可靠性建模与优化方法。该书为“可靠性新技术丛书”的一分册，该丛书已被遴选为“十三五”国家重点出版物出版规划项目。

本书的结构安排如下：第一章介绍了常见的多态系统与性能共享技术；第二章概述了常用的多态系统可靠性建模与优化方法；第三章探讨了公共总线有限连接的性能共享系统可靠性研究方法；第四章考虑了性能共享在传输过程中的传输损耗；第五章研究了多层级性能可靠性系统的建模与优化方法；第六章详细地研究了性能共享只能在相邻元件和子系统中进行的两级可靠性系统；第七章进一步研究了具有两个公共总线的性能共享系统；第八章分析了性能共享在串并联系统中的特征；第九章研究了基于性能共享的线性滑动窗口系统的设计与优化；第十章研究了电气能源可替代的多态可靠性系统中的性能共享机制；第十一章分析了加权并联系统中性能共享对可靠性的影响；第十二章研究了性能共享在分布式计算系统中的应用；第十三章分析了性能共享在电网系统中的应用；第十四章进一步研究具有性能共享的温备份电力系统的可靠性建模与优化；第十五章综合分析了性能共享对系统最优负载和

保护的相互影响；第十六章进一步研究了基于性能共享的多态系统攻防博弈。其中，第一章、第三章、第五章、第八章~第十章、第十三章、第十五章由肖辉教授编写，第二章、第四章、第六章、第十二章由寇纲教授编写，第七章、第十一章、第十四章、第十六章由彭锐教授编写。肖辉教授负责全书的统稿工作，总体把控全书质量。

本书的研究成果可应用到电力系统、计算机系统、航天系统等具有高可靠、长寿命要求的装备系统的设计、生产中，对指导相关装备或系统的可靠性设计、评估与优化配置等有重要的参考价值。

作者

2024 年 1 月

目录

第一章

概　　述

随着我国经济社会的发展以及人民物质生活水平的提高，制造业高质量发展成为我国经济高质量发展的重中之重。为了提升中国制造的水平，推动中国制造业稳步向前，国务院印发了《中国制造 2025》，制定了建设制造强国的“三步走”战略。其中，全面提升基础设施系统的质量管理与可靠性研究显得尤为迫切。对于包括通信系统、电力系统及计算机信息系统在内的基础设施系统，由于其包含的元件除了正常运行和完全失效两种状态以外，还可能处于若干种性能状态，传统的基于二态系统的可靠性与建模理论已不再适用于多态系统的可靠性与质量管理研究。另外，现有研究大多假设多态系统中的元件或者子系统只能独立满足自身的性能需求[1-2]，而诸多实际应用表明，多态系统中的元件或者子系统可以通过公共总线（common bus）将自身的盈余性能传输给其他存在性能不足的元件或子系统，以此提高系统可靠性，即性能共享机制[3-4]，这一机制为多态系统的可靠性建模研究提供了新视角与新思路。本章首先介绍常见的多态系统，然后简述基于性能共享技术的可靠性建模方法。

1.1　常见的多态系统

多态系统广泛存在于实际生活与生产中，例如移动通信系统、发电系统、计算机信息系统等。本章将以上述 3 个实际系统为例，详细说明多态系统的内涵。

1. 移动通信系统

移动通信系统，也称为手机通信系统，属于无线通信系统的一种。手机信号自然传播时，其衰减程度与传播距离成正比，即手机信号传播的距离越长，信号衰减越严重。通信基站作为手机信号传输的通道，可以有效地降低手机信号在传播过程中的信号衰减，保证通信畅通。如果通信基站正常工作，基站可以发射最佳强度的通信信号保证移动设备通信正常进行，此时该移动通信系统可以看作是处于正常工作状态。当通信基站无法正常工作时（如停电），基站无法发射通信信号，导致移动设备无法进行通信，此时移动通信系统可以看作是处于完全失效状态。由于通信基站是户外工作，其工作状态受外部环境的影响较大。如在下雨天，从移动基站发出的通信信号会被空气中的水分吸收，导致移动设备的通信信号变弱，但此时仍然可以满足基本的通话需求。又比如为了节约5G通信基站的运行能耗，运营商会在夜间关闭部分通信基站，这种情况下通信信号也会减弱。在上述两种情形中，外界环境的改变使得通信基站发射的信号不是最佳强度。虽然较正常工作状态发射的信号强度变弱，但未完全中断发射信号，仍然可以满足用户的最低通话需求。此时的移动通信系统处于正常工作和完全失效中间的状态，该系统可以看作是多态系统[5]。

2. 发电系统

火力发电厂通过煤粉在锅炉内部燃烧，将锅炉内的水变成热蒸汽进而带动发电机组进行发电，来满足用户对电力的需求。由于电能无法储存，如果发电量大于用户的需求量，则会造成电力浪费；反之，如果发电量小于用户的需求量，则会导致供电不足。实际上，用户对电力的需求量是动态的。例如夏季和冬季为用电的高峰期，空调、电暖等设备导致电力消耗迅速增长。为了最大限度地减少电力浪费，发电系统需要动态地响应用户的用电量，以达到发电和用电平衡。具体来说，在用电高峰期，发电系统将以最大功率输出以满足用户的用电需求；在非用电高峰期，发电系统将根据用户的用电需求量，动态地调整输出功率。此外，如果发电系统发生故障（如电气设备故障等），则其输出功率为零，电力系统失效。综上所述，发电系统除了最大功率输出和零功率输出以外，还会根据用户的用电需求量动态地调整输出功率，该发电系统可以看作是一个多态系统[6]。

3. 计算机信息系统

随着人工智能的兴起，计算机信息系统在存储和分析大数据时发挥着举足轻重的作用。计算机信息系统中往往布置了数量庞大的计算机，旨在对大数据进行高效处理。该系统中单台计算机处理数据的效率依赖于其运算和控制的核心——中央处理器（CPU）的计算速度。当计算机信息系统中所有的计算机都未出现故障时，该系统处理数据的效率为正常工作时的效率，此时系统处于正常工作状态；相反地，当计算机信息系统中的所有计算机都出现故障时，该系统瘫痪，无法对数据进行处理，此时系统处于失效状态。当计算机信息系统中某些计算机故障（如遭到黑客非法入侵，CPU供电电路短路等）时，这些故障的计算机将无法对数据进行处理，导致计算机信息系统处理数据的效率低于其正常工作时的效率，此时系统处于正常工作和失效这两个状态之间的中间状态。综上所述，计算机信息系统可以看作是一个多态系统[7]。

除了移动通信系统、发电系统和计算机信息系统，多态系统还广泛存在于其他实际的生产系统中。从系统结构来看，常见的多态系统主要有以下几种结构：

1. 串并联多态系统

串并联多态系统是由若干个并联子系统串行连接的系统。在该系统中，如果每个并联子系统中至少有一个多态元件正常运行，则系统可靠；如果有任意一个并联子系统中所有多态元件都失效，则系统失效。每个并联子系统中正常运行的多态元件数量是不确定的，这就使得整个串并联系统呈现出多种状态[8-10]。

2. 并串联多态系统

并串联多态系统是由若干个串联子系统并行连接的系统。在该系统中，至少有一个串联子系统中的所有多态元件都正常运行，则系统可靠；如果所有串联子系统中都有至少一个多态元件不能正常运行，则系统失效。正常运行的串联子系统的数量是不确定的，这就使得整个并串联系统呈现出多种状态[11]。

3. *n* 中取 *k* 系统

n 中取 k 系统包括两种结构的系统，n 中取 $k:G$ 系统和 n 中取 $k:F$ 系统。①n 中取 $k:G$ 系统，如果系统中至少有 k 个元件正常运行，则该系统可靠；反之，如果系统中有超过 $n-k+1$ 个元件失效，则该系统失效[12-14]。②n 中取 $k:F$ 系统，如果系统中至少存在 $n-k+1$ 个元件运行，则系统可靠；反之，如果系统中有超过 k 个元件失效，则该系统失效[15-18]。

4. 连续 *n* 中取 *k* 系统

连续 n 中取 k 系统是在 n 中取 k 系统的基础上衍生而来。类似地，它也包括两种结构的系统：连续 n 中取 $k:G$ 系统和连续 n 中取 $k:F$ 系统。①连续 n 中取 $k:G$ 系统：如果系统中至少存在连续 k 个元件正常运行，则该系统可靠[19-20]。②连续 n 中取 $k:F$ 系统：如果系统中不存在超过连续 k 个元件失效，则该系统可靠[21-23]。

5. 平衡系统

平衡系统属于 n 中取 k 系统的衍生结构。在一个平衡系统中，有 n 对元件均匀排列，任意一对元件中的一个元件失效，则为了保持平衡，与该元件对应的另外一个元件会立即被迫关闭，此时认为该对元件组失效。在平衡系统中，如果至少有 k 对元件正常运行，则该系统可靠；反之，如果有超过 $n-k+1$ 对元件组失效，则该系统失效[24-25]。

6. 线性滑动窗口系统

线性滑动窗口系统是在 k-out-of-r-from-n : F 系统中考虑了多态元件后提出的。在该系统中，任意一个连续 r 个多态元件被称为一个“窗口”，每个窗口的性能为其内部所有正常运行的多态元件的性能之和，同时每个窗口也要满足相应要求的性能水平。如果系统中所有窗口均能满足相应要求的性能水平，则该线性滑动窗口系统可靠；反之，如果任意一个窗口未能满足要求的性能水平，则该线性滑动窗口系统失效[26-28]。

7. 备份系统

除了正在工作的元件以外，还布置一些冗余元件作为备份元件，一旦正在工作的元件发生故障，这些备份元件将被激活以替代失效的元件，从而提高系统的可靠性，这样的系统称之为备份系统。根据不同的备份机制，备份系统可以分为 3 种类型：热备份系统，冷备份系统和温备份系统[29]。①热备份系统：在热备份系统中，备份的元件已经被激活，并且和正在工作的元件同时运行，一旦正在工作的元件发生故障，备份的元件可以立即去接管工作任务。但由于备份元件和正在工作的元件承受相同的环境应力，它的失效率也和正在工作的元件相同，因此，热备份系统的运行成本较高，往往用于对激活时间要求很高的系统[30-31]。②冷备份系统：在冷备份系统中，备份的元件处于未激活的状态，它不受工作环境应力的影响而失效。当正在工作的元件发生故障时，备份的元件需要花费一定的时间去激活才能接管工作任务[32-35]。③温备份系统：在温备份系统中，备份的元件已经被激活，但其工作的强度和所承受的环境应力小于那些正在工作的元件。一旦正在工作的元件发生故障，备份的元件可以在较短的时间内去接管工作任务。温备份系统的运行成本，备份元件的失效率和接管工作任务的时间处于热备份系统和冷备份系统之间[36-37]。

8. 网络系统

由于网络系统结构极其广泛，目前尚未形成统一的网络系统可靠性定义，Clark 等[38]在研究交通网络时，认为网络可靠性可分为 5 类：连通可靠性（connectivity reliability）、路程时间可靠性（travel time reliability）、容量可靠性（capacity reliability）、行为可靠性（behavioral reliability）以及潜在可靠性（potential reliability）。而 Lech 等[39]则在研究宽带网络可靠性时将其分为连通、性能和核心服务可靠性这 3 类；除此之外，Xiao 等[40-41]研究了二维结构的矩阵式生产系统，并对系统可靠性设计进行优化。

1.2　性能共享技术

通过分析多态系统的运行特征可知，系统从正常工作状态到完全失效状态这一退化过程中，执行工作任务时的强度等级逐渐降低，这种强度等级通常称为系统的性能。例如，移动通信系统的性能为其发射通信信号的强度，发电系统的性能为其输出功率以及计算机信息系统的性能为其处理数据的速度。多态系统的可靠性定义为其能够满足既定需求（系统要求的性能水平）的能力，如果系统的既定需求不能被满足，则系统失效。由于多态系统的结构比较复杂，在分析其可靠性时需要把系统看作是由很多个不同的多态子系统组成的整体。如果系统中的多个多态子系统可以通过共享各自的性能以满足系统的总需求，系统的总性能即为所有子系统的性能之和，那么该系统可以看作是由多个多态子系统并行连接的多态系统。此时，系统的可靠性为所有子系统的性能之和能够满足系统性能需求的概率。如果系统中的多态子系统是独立的，只需满足各自的性能需求，那么该系统可以看作是由多个多态子系统串行连接的多态系统。此时，系统的可靠性为所有多态子系统均能满足自身性能需求的概率。

在实际中，每个元件在满足自身性能需求以外，还有一些盈余性能，这些盈余性能可以共享给其他性能不足的元件，称之为性能共享技术。这个概念最早是由 Lisnianski 和 Ding[42] 提出，他们所研究的具有性能共享的多态系统由两个多态元件组成，且性能传输为单向传输，盈余性能从备用元件传输到主元件。然而在很多实际的多态系统中，如发电系统、分布式计算系统，系统中盈余的性能可以传输给任何性能不足的元件。例如，在发电系统中，发电量大的发电厂可以将多余的电量通过输配电网供给到多个电量不足的地区；在分布式计算系统中，所有计算机都可以通过公共总线共享计算资源(即算力)，算力不足的计算机可以将多余的数据传输给有算力盈余的计算机进行处理。针对这些实际问题，Levitin[43] 将盈余性能只能单向传输的性能共享扩展为盈余性能可以在任意方向上传输的性能共享机制，并以具有性能共享的串联系统为例对该机制进行了详细说明。考虑一个由 N 个多态元件组成的串联系统，对于任意一个元件 j，它的性能水平为离散随机变量 G_j，且其概率质量函数为已知量。元件 j 必须满足其自身的需求性能 W_j，且随机变量 W_j 的概率质量函数也为已知量。所有的元件都连接在一根公共总线上，该公共总线具有随机的传输能力，记为 C，且 C 的概率质量函数为已知量。所有具有盈余性能的元件可以通过公共总线将其盈余性能传输给其他性能不足的元件。通过公共总线将性能重新分配以后，若仍然存在至少一个元件的需求无法满足，则系统失效。

当性能无法在元件之间传输时，上述串联系统的总盈余性能为

$$S = \sum_{j=1}^{N} S_j = \sum_{j=1}^{N} \max(G_j - W_j, 0) \tag{1-1}$$

相应地，上述串联系统的总不足性能为

$$D = \sum_{j=1}^{N} D_j = \sum_{j=1}^{N} \max(W_j - G_j, 0) \tag{1-2}$$

所有需求不能被满足的元件需要总量为 D 的性能来弥补其不足性能，而所有存在盈余性能的元件能够提供的性能总量不超过 S。因此，可以用来传输的性能总量为 $\min(S,D)$。由于公共总线的传输能力 C 是有限的，所以系统中可以重新再分配的性能总量为 $\min(S,D,C)$，将 $\min(S,D,C)$ 记为 T，则 T 可以通过下式计算：

$$T=\min(S,D,C)=\min\left(\sum_{j=1}^{N} \max(G_j-W_j,0), \sum_{j=1}^{N} \max(W_j-G_j,0), C\right) \tag{1-3}$$

上式中，随机变量 S 和 D 统计相关，而 S 和 C 以及 D 和 C 在统计上是独立的。

在通过公共总线进行性能共享之后，整个系统的不足性能为

$$\begin{aligned}
\widetilde{D} &= D-T \\
&= D-\min(S,D,C) \\
&= \max(0, D-\min(S,C)) \\
&= \max\left(0, \sum_{j=1}^{N} \max(W_j-G_j,0) - \min\left(\sum_{j=1}^{N} \max(G_j-W_j,0), C\right)\right)
\end{aligned} \tag{1-4}$$

相应地，剩下未使用的盈余性能为

$$\begin{aligned}
\widetilde{S} &= S-T \\
&= S-\min(S,D,C) \\
&= \max(0, S-\min(D,C)) \\
&= \max\left(0, \sum_{j=1}^{N} \max(G_j-W_j,0) - \min\left(\sum_{j=1}^{N} \max(W_j-G_j,0)\right)\right)
\end{aligned} \tag{1-5}$$

系统可靠性定义为不足性能不存在的概率，即

$$\begin{aligned}
R &= P\{\widetilde{D}=0\} \\
&= P\left\{\max\left(0, \sum_{j=1}^{N} \max(W_j-G_j,0) - \min\left(\sum_{j=1}^{N} \max(G_j-W_j,0), C\right)\right)=0\right\}
\end{aligned} \tag{1-6}$$

第二章

多态系统可靠性的研究方法

传统二态系统假设系统元件仅存在两种状态，即正常运行和完全失效，通常通过元件失效时间的概率密度函数构建系统可靠性评估模型，但是这种方法无法准确刻画多态系统的运行机理。因此，传统的二态可靠性理论难以应用于多态系统的可靠性建模。目前，通用生成函数（universal generating function，UGF）技术凭借其计算规则灵活方便、计算原理通俗易懂等优点被广泛应用于多态系统可靠性领域。在此，本章将简要介绍该方法的基本原理，方便读者阅读和理解后文。除了研究多态系统可靠性建模的方法，优化系统可靠性设计也是本书的另一个重点。因此，本章也对遗传算法这一重要优化算法的基本流程进行简要阐述。

2.1 通用生成函数技术

通用生成函数被广泛地应用于计算多态系统的可靠性，该方法最早由 Lisnianski 和 Levitin[44]引入到可靠性理论中。对于具有离散状态的多态系统，通用生成函数技术能够清楚地利用通用生成函数表示出每个多态元件的状态分布，进而通过简便运算得到整个多态系统状态分布的通用生成函数[45-50]。

假设多态元件 e_1 具有离散随机性能，记为 G_1，其取值集合为 $\{g_{1,1}, g_{1,2}, \cdots, g_{1,j}\}$ $(1 \leqslant j \leqslant n_1)$，取得每一个性能水平所对应的概率集合为 $\{p_{1,1}, p_{1,2}, \cdots, p_{1,j}\}$。多态元件 e_1 的性能分布可以写为 $\Pr\{G_1 = g_{1,j}\} = p_{1,j}$ $(1 \leqslant j \leqslant n_1)$。多态元件 e_1 性能分布的通用生成函数记为 $u_1(z)$，它可以写成以下形式：

$$u_1(z) = p_{1,1}z^{g_{1,1}} + p_{1,2}z^{g_{1,2}} + \cdots + p_{1,n_1}z^{g_{1,n_1}} = \sum_{j=1}^{n_1} p_{1,j}z^{g_{1,j}} \tag{2-1}$$

通过通用生成函数式（2-1）便可以将多态元件 e_1 的性能分布用多项式的形式表示。在式（2-1）中，符号 z 的指数部分表示多态元件 e_1 的随机性能 G_1 的取值，取得该性能水平的概率为与符号 z 相乘的项。例如，在项 $p_{1,1}z^{g_{1,1}}$ 中，

符号 z 的指数部分表示多态元件 e_1 的随机性能 G_1 的取值为 $g_{1,1}$，且取得该性能水平的概率为 $p_{1,1}$。值得注意的是通用生成函数式（2-1）中的总项目和多态元件 e_1 性能水平的总数是相等的。

多态系统是由多个元件组成的，因此系统状态分布的通用生成函数是由系统中所有元件性能分布的通用生成函数推导得到。考虑另一个多态元件 e_2，它也具有离散随机性能，用 G_2 表示，其取值集合为 $\{g_{2,1},g_{2,2},\cdots,g_{2,i}\}(1\leqslant i\leqslant n_2)$。取得每一个性能水平所对应的概率集合为 $\{p_{2,1},p_{2,2},\cdots,p_{2,i}\}$。多态元件 e_2 的性能分布可以写为 $\Pr\{G_2=g_{2,i}\}=p_{2,i}(1\leqslant i\leqslant n_2)$。和多态元件 e_1 类似，将其性能分布的通用生成函数 $u_2(z)$ 用以下形式表示：

$$u_2(z)=p_{2,1}z^{g_{2,1}}+p_{2,2}z^{g_{2,2}}+\cdots+p_{2,n_2}z^{g_{2,n_2}}=\sum_{i=1}^{n_2}p_{2,j}z^{g_{2,i}} \tag{2-2}$$

多态系统的状态分布是由系统结构和系统中每个多态元件的状态分布决定的。以下将以两个简单的系统结构（并联系统和串联系统）来说明如何由系统中多态元件状态分布的通用生成函数经过运算得到整个系统的状态分布。考虑一个由上述多态元件 e_1 和多态元件 e_2 组成的并联系统，且这两个多态元件是独立的。对于一个并联系统而言，系统的总性能为该系统中所有元件的性能之和。因此，该多态并联系统的随机性能 S 为多态元件 e_1 的随机性能 G_1 和多态元件 e_2 的随机性能 G_2 之和，即 $S=G_1+G_2$。为了计算得出该多态并联系统的通用生成函数 $U_p(z)$，可定义一个通用生成函数算子 $\oplus$，将多态元件 e_1 性能分布的通用生成函数 $u_1(z)$ 和多态元件 e_2 性能分布的通用生成函数 $u_2(z)$ 进行如下计算：

$$\begin{aligned}U_p(z)&=u_1(z)\oplus u_2(z)\\&=\sum_{j=1}^{n_1}p_{1,j}z^{g_{1,j}}\oplus\sum_{i=1}^{n_2}p_{2,j}z^{g_{2,i}}\\&=\sum_{j=1}^{n_1}\sum_{i=1}^{n_2}p_{1,j}p_{2,i}z^{g_{1,j}+g_{2,i}}\\&=\sum_{k_p}^{n_1n_2}p_{S,k_p}z^{g_{S,k_p}}\end{aligned} \tag{2-3}$$

式中：g_{S,k_p} 为该多态并联系统的随机性能 S 的可能取值；p_{S,k_p} 为该取值对应的概率；n_1n_2 为随机性能 S 的取值的总个数。这是因为多态元件 e_1 的随机性能有 n_1 个取值，多态元件 e_2 的随机性能有 n_2 个取值，则系统的随机性能有 n_1n_2 个取值。

此外，考虑另外一种结构的多态系统。假设一个多态串联系统由上述两个多态元件 e_1 和 e_2 串行连接组成。多态串联系统的总性能为该系统中所有元件性能的最小值。因此，该多态串联系统的随机性能 D 为多态元件 e_1 的随机性能 G_1 和多态元件 e_2 的随机性能 G_2 的最小值，即 $D=\min(G_1,G_2)$。为了计算得出该多态串联系统的通用生成函数 $U_s(z)$，可定义一个通用生成函数算子 $\otimes$，将多态元件 e_1 性能分布的通用生成函数 $u_1(z)$ 和多态元件 e_2 性能分布的通用生成函数 $u_2(z)$ 进行如下计算：

$$
\begin{aligned}
U_s(z) &= u_1(z)\otimes u_2(z) \\
&= \sum_{j=1}^{n_1} p_{1,j} z^{g_{1,j}} \otimes \sum_{i=1}^{n_2} p_{2,j} z^{g_{2,i}} \\
&= \sum_{j=1}^{n_1} \sum_{i=1}^{n_2} p_{1,j} p_{2,i} z^{\min(g_{1,j},g_{2,i})} \\
&= \sum_{k_s}^{n_1 n_2} p_{D,k_s} z^{g_{D,k_s}}
\end{aligned} \tag{2-4}
$$

式中：g_{D,k_s} 为该多态并联系统的随机性能 D 的可能取值；p_{D,k_s} 为该取值对应的概率；$n_1 n_2$ 为随机性能 D 的取值的总个数。

式（2-3）和式（2-4）分别给出了由两个独立多态元件组成的多态并联系统和多态串联系统的通用生成函数计算方法。可以看出，不同的系统结构所定义的通用生成函数算子的计算规则不同。下面将给出多态系统通用生成函数一般化的计算方法。对于某种结构的多态系统，假设其系统的随机性能由多态元件 e_1 和多态元件 e_2 的性能经过函数 $f(G_1,G_2)$ 的组合来确定，则定义一个通用生成函数算子 $\odot$ 来计算系统性能分布的通用生成函数：

$$
\begin{aligned}
U(z) &= u_1(z)\odot u_2(z) \\
&= \sum_{j=1}^{n_1} p_{1,j} z^{g_{1,j}} \odot \sum_{i=1}^{n_2} p_{2,j} z^{g_{2,i}} \\
&= \sum_{j=1}^{n_1} \sum_{i=1}^{n_2} p_{1,j} p_{2,i} z^{f(g_{1,j},g_{2,i})} \\
&= \sum_{k}^{n_1 n_2} p_k z^{f(g_{1,j},g_{2,i})}
\end{aligned} \tag{2-5}
$$

上述以多态系统中仅存在两个多态元件的情形为例，说明系统状态分布的通用生成函数的计算方法。当多态系统中存在多个多态元件时，通过多次运用所定义的通用生成函数算子依次对系统中每个元件进行递归运算，从而得到多态系统状态分布的通用生成函数。

2.2　遗传算法与可靠性优化

对于一些非线性且非凸的优化问题，目前没有有效的方法确定其最优解的数学表达式。虽然枚举法能够确保搜索到最优解，但是该方法在解决大规模优化问题时，由于运算效率过低，不具有可操作性。因此，为了搜索到这类问题的最优解，启发式算法应运而生。启发式算法可以这样定义：一个基于直观或经验构造的算法，在可接受的花费（指计算时间和空间）下给出待解决组合优化问题每一个实例的一个可行解，该可行解与最优解的偏离程度一般不能被预计。现阶段，启发式算法以仿生算法为主，主要有蚁群算法、模拟退火算法、遗传算法、粒子群算法、人工神经网络等。而遗传算法作为一种群体式全局搜索算法，凭借易操作性、可扩展性以及高鲁棒性等特点，在生产调度问题、自动控制、机器人学、图像处理、人工生命、遗传编码和机器学习等方面获得广泛的运用[44,51-56]。

遗传算法（genetic algorithm，GA）是一种通过模拟自然选择和自然遗传过程中发生繁殖、交配、变异现象，根据适者生存、优胜劣汰的自然法则，利用遗传算子：选择、交叉、变异逐代产生、优选个体，最终搜索到较优个体的进化算法。在自然界中，对环境适应能力越强的生物个体往往更容易存活下来，而存活下来的个体才有机会同其他适应能力强的个体进行交配和繁殖。而两个强壮个体结合所产生的子代更容易遗传父母双方的优良基因，使得自身具有更强的适应能力，在环境变化不大的前提下，种群逐代繁殖并且逐代进化，将变得越来越优秀。当然，每个个体不可避免地会受到环境影响，从而以极小的概率发生基因突变，基因突变具有随机性，既可能带来正面效应，也可能给个体带来负面结果，但是突变后的基因能够丰富整个种群的基因库，使得基因保持多样化，这样可以增强种群应对动态环境的能力。遗传算法便是模拟上述过程的一种进化式全局搜索算法[57-61]。

由于遗传算法源自生物界的物种进化过程，因此算法中存在许多遗传学的术语。为了适应算法的使用环境，这些术语需要重新定义。在遗传学中，染色体是生物基因的载体，而在遗传算法中则表示优化问题的解，也就是字符串或者称为个体；染色体是由基因所组成，基因决定了生物体的性状，所以在遗传算法中，基因即表示字符串或者个体中的每个数值；衡量生物个体对生活环境的适应能力称为适应性，在遗传算法中即为适应度函数的大小；生物个体的生存、交配以及突变则对应遗传算法中三个核心算子——选择、交叉以及变异。表 2-1 展示了遗传学术语在遗传算法中的意义。

遗传算法自从被美国密歇根大学教授约翰·霍兰德（John Holland）提出来之后，得到了众多学者的关注，并且他们在标准遗传算法的基础上，进行了一系列的改进用以针对性地求解各类具体问题。但是万变不离其宗，任何遗传算法都由以下几个步骤组成：

表 2-1　遗传算法与遗传学术语对照

遗　传　学	遗 传 算 法
染色体	字符串（或样本），个体
基因	个体中的每个数值
适应性	适应度函数
生存	选择、复制
交配	交叉
突变	变异

1. 编码和初始化种群

对于一个需要求解的优化问题，为了更好地将问题的解表示成类似染色体的字符串，通常需要将问题的决策变量表示成指定长度的子串，这种将决策变量转换为染色体位串形式的过程称之为编码，其逆过程称为解码。编码的方式有很多种，常见的有二进制编码、格雷编码、实值编码等。除此之外，还存在许多新兴编码方式。而评判编码方式是否正确，主要依靠三个原则，即完备性、健全性以及非冗余性。在解释这三个原则之前，首先需要了解 GA 空间和问题空间的概念。对于一个明确的优化问题，问题所有的解所构成的空间称之为问题空间，同理，编码之后染色体所组成的空间对应 GA 空间。完备性即指问题空间中的每一个解均能被 GA 空间的染色体所表示；健全性则恰恰相反，其要求 GA 空间的染色体均能在问题空间中找到对应的解；非冗余性则要求两个空间的解均能一一对应。也就是说，只要符合上述三个原则的编码方式均可行。当然，所选取的编码方式是否高效，则需针对具体问题具体分析，只有符合优化问题特性的编码方式，才能被视为科学合理的。比如对元件进行位置分配时，决策变量便可直接由元件各自位置的实数表示，此时采用二进制编码反而更加麻烦。为了更好地理解编码的三个原则的逻辑关系，其图像形式如图 2-1 所示。

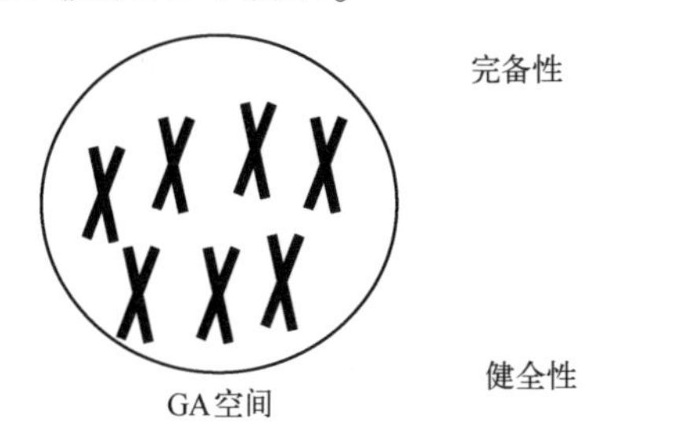

图 2-1　遗传算法编码的三个原则

而遗传算法作为一种模拟生物进化过程的算法，采用的是群体搜索方式，所谓群体搜索指初始生成的随机解为多个解而非单个解，由直观感受可知群体搜索寻优的效率明显比单体搜索的效率更高，这也是遗传算法作为群体搜索算法比模拟退火算法这类单体搜索算法应用更为广泛的原因之一。初始生成的染色体个数在遗传算法中称之为初始种群规模，初始化种群既包括确定种群规模又包括确定交叉概率和变异概率。生产的初始种群将作为初代染色体进行选择、交叉和变异并逐代优化。需要注意的是，遗传算法在整个运算过程中通常都保持种群规模不变。

2. 评估染色体的适应度

在求解优化问题的过程中，需要将种群中每个染色体代入到适应度函数中进行评估，以此判断各个染色体的适应能力。适应度函数的构造通常与优化问题的目标函数密切相关。由于在后续选择操作的过程中，需要评估每个个体被选择的概率，所以通常要求适应度函数结果非负。对于非负的优化问题，当其为无约束最大化问题时，可直接将目标函数设定为适应度函数；对于无约束的最小化问题，则可令目标函数的倒数为适应度函数，即

$$f(x)=\begin{cases}\text{maxmize } F(x) \\ \dfrac{1}{\text{minmize } F(x)}\end{cases},\quad F(x)\geqslant 0 \tag{2-6}$$

式中：$f(x)$为适应度函数；$F(x)$为目标函数。如果优化问题为非正，可在目标函数前添加符号令其结果为非负，然后按照上式操作。对于既存在正值又存在负值的目标函数，可将上式中适应度函数添加一个足够大的实数令其结果恒为正。对于有约束问题，可利用罚函数法将约束问题转化为无约束问题。

3. 选择操作

评估完种群中每个染色体的适应度函数后，则需要从中挑选出适应性强的染色体，因为这类染色体存活概率更大，它的优良基因应该进行保留以提高整个种群的基因水平。本章将简要介绍选择操作中最常见的方法——轮盘赌选择法（roulette wheel selection）。该方法是模拟赌场转轮盘的过程，具体流程如图 2-2 所示，即将一个圆盘分为若干个大小不一的部分，每一个部分对应一个染色体被选择的概率，该概率为该染色体适应度函数值占所有染色体适应度函数值之和的比例，即可通过下式计算：

$$p_i=\frac{f_i}{\sum f_i} \tag{2-7}$$

式中：p_i为第 i 个染色体被选择的概率；f_i为该染色体的适应度函数值。该方法完美地体现了染色体存活的概率与其适应度值成正比的真实情况，并且对于适

应度低的染色体，该方法并没有绝对淘汰，仍以一定概率存活下来，这样不仅可以丰富种群的基因多样性，而且在算法求解过程中也能预防出现局部收敛。

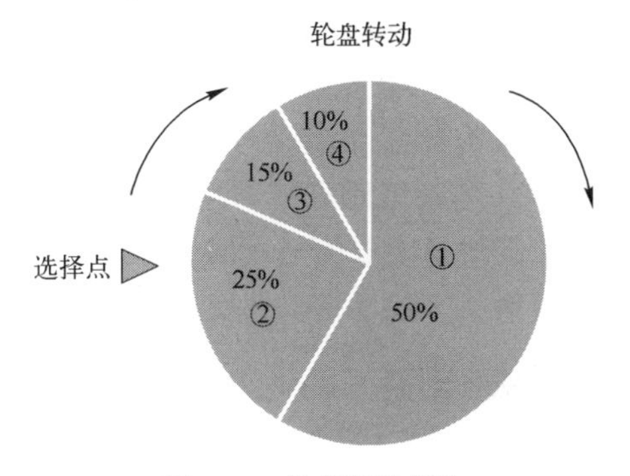

图 2-2　轮盘赌选择法

4. 交叉操作

交叉操作对应自然界生物个体交配过程，即将两个父代染色体的部分结构加以替换重组从而生成新染色体的操作。由于在遗传算法运算过程中种群规模恒定，而交叉需要将父代染色体的部分基因进行重组，所产生的新染色体具有不确定性，即可能比父代适应性更强，也可能比父代适应性更差，因此，为了使得种群染色体保持较高水平，在交叉过程中并不是每个染色体均进行交叉，每次交叉是以一定概率（即为交叉概率）随机挑选两个染色体作为父代进行交叉。目前常用的交叉操作包括单点交叉、两点交叉以及多点交叉等方式。对于每一次交叉，确定进行交叉的两个父代后，将随机生成基因交换点，保留两个父代位于交换点左侧的基因序列并交换右侧的基因序列，如果生成的交换点为一个点，则称为单点交叉法；如果生成的点为两个点，则通常交换两点间的基因序列，保持两端的基因序列不变，这种方法称为两点交叉法。由于交叉操作每次选择两个父代，同时产生两个新子代，这样便保持了种群规模不变。图 2-3 介绍了单点交叉的基本过程，为了便于展示，在该图中以长度为 5 的二进制编码方式对染色体进行编码。

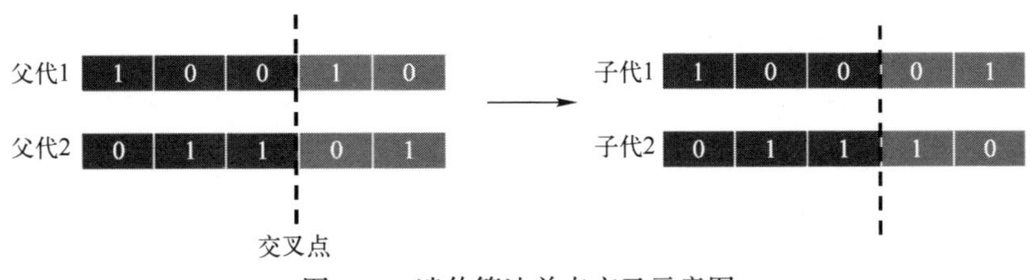

图 2-3　遗传算法单点交叉示意图

5. 变异操作

该操作主要对进行交叉后的新染色体以一定概率进行个体基因值的变动，

其目的通常是为了增加种群基因多样性，降低算法局部收敛的概率，增强全局搜索能力。变异操作同样有单点变异、两点变异、多点变异等方式。以单点变异为例，具体操作为：对种群中的每一个染色体，如果属于变异概率范围内，则对该染色体进行变异，随机生成一个变异点，将该点上的数值替换为其他可能的取值。图 2-4 介绍了单点变异的基本过程，为了便于展示，在该图中同样以长度为 5 的二进制编码方式对染色体进行编码，由于采用的为二进制编码，因此每个位置的可能取值只有两个，即 0 和 1。因此，对变异点进行替换时，只能将 0 替换成 1 或者将 1 替换成 0。

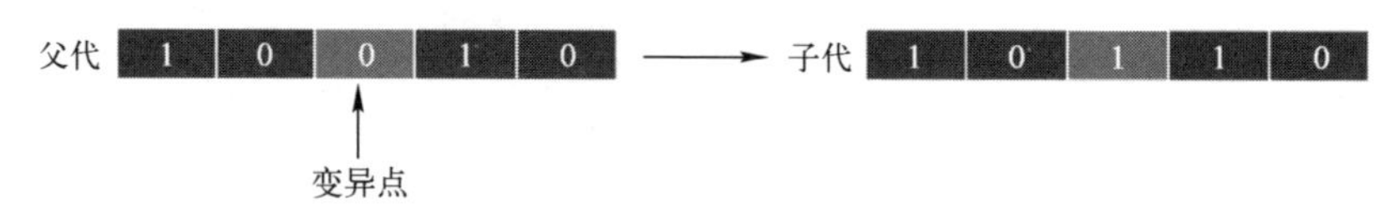

图 2-4 遗传算法单点变异示意图

6. 终止条件

由于遗传算法为迭代进化算法，常用的算法终止条件有：①迭代次数达到预先设定的阈值时终止运算；②当最优染色体的适应度值达到给定的阈值时终止运算。

综上，遗传算法的基本操作流程如图 2-5 所示，其中主要的操作为选择操作、交叉操作和变异操作。通常在改进的遗传算法中会通过对上述三个操作进行修改使其更加适应优化模型。

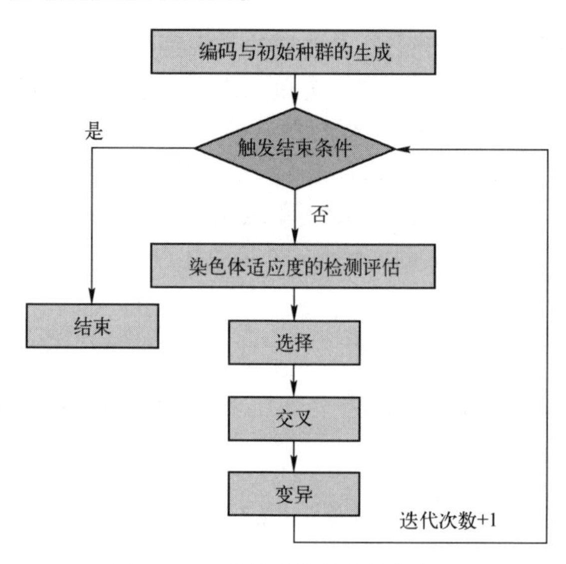

图 2-5 遗传算法的基本操作流程

第三章

公共总线有限连接的性能共享系统可靠性

第一章介绍的性能共享机制假设系统中任意元件或子系统均能连接到公共总线（性能共享组），使得每一个元件的盈余性能可以被传输出去，而不足的性能可以被补充。然而，在部分实际工程系统中，并不是所有的元件都可以连接到公共总线中。例如，在电源系统中，公共总线连接器通常具有有限数量的插槽，N 根电缆中只有 M 根($M<N$)可以连接到公共总线。在生产系统中，车间内的输送机数量有限，只能在 N 台机器中的 M 台之间流动。未能连接到公共总线的元件将无法参与性能共享。如图 3-1 所示，元件 e_2没有连接到公共总线，它的盈余性能不能被传输到其他不足的元件，并且当它性能不足时，也不能被补充。

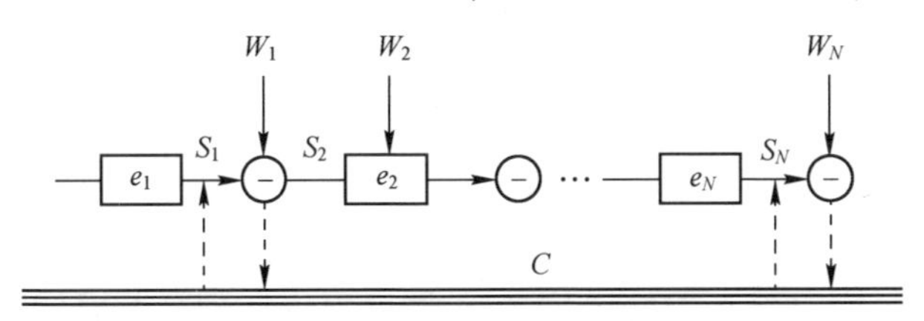

图 3-1　公共总线有限连接的串联系统

现有的研究均假设所有元件都连接到公共总线，本章将考虑一个公共总线有限连接的串联系统，即只有部分多态元件能够同时连接到公共总线。本章将针对该系统进行可靠性建模，提出基于通用生成函数的可靠性评估方法，确定公共总线的最优连接机制，从而实现系统的可靠性的最大化。

3.1　公共总线有限连接的串联系统可靠性建模

考虑一个由 N 个独立多态元件组成的串联系统。随机变量 G_i表示元件 e_i的随机性能，随机变量 W_i表示元件 e_i的随机需求。在多态串联系统中，每个多态元件必须单独满足自己的需求。任意一个元件不能满足自己的需求，系统就会失效。多态串联系统的可靠性表示为

$$R_{\text{classic}} = \prod_{i=1}^{N} P\{G_i \geqslant W_i\} \tag{3-1}$$

Levitin[43]提出了具有性能共享的多态串联系统。在该系统中，任意元件的盈余性能可以传输到其他性能不足的元件。传输总量取决于公共总线传输容量。该系统的可靠性可以表示为

$$R_{\text{share}} = P\left\{\max\left(0, \sum_{j=1}^{N}\max(W_j - G_j, 0) - \min\left\{\sum_{j=1}^{N}\max(G_j - W_j, 0), C\right\}\right) = 0\right\} \tag{3-2}$$

式中：C 为公共总线传输容量。如果 C 无穷大，那么该系统即为并联系统。如果 $C=0$，那么该系统即为串联系统。

与 Levitin[43]提出的具有性能共享的多态串联系统不同，本章考虑公共总线有限连接的串联系统，即只有 $M(M<N)$ 个元件可以同时连接到公共总线。性能共享仅限于连接到公共总线的元件。没有连接到公共总线元件的盈余性能不能传输给其他元件，并且其不足性能也不能被补充。同时，可以重新分配的性能盈余总量受到公共总线传输容量 C 的限制，其中传输容量 C 是一个概率质量函数已知的随机变量。在系统性能通过公共总线完成重新分配后，仍然存在某个元件不能满足其需求的情形，那么该系统即定义为失效。

系统总盈余性能可以表示为

$$\widetilde{S} = \sum_{i=1}^{N} S_i = \sum_{i=1}^{N} \max(G_i - W_i, 0) \tag{3-3}$$

系统总不足性能可以表示为

$$\widetilde{D} = \sum_{i=1}^{N} D_i = \sum_{i=1}^{N} \max(W_i - G_i, 0) \tag{3-4}$$

由于在同一时刻只有 $M(M<N)$ 个元件可以连接到公共总线，系统可靠性取决于如何选择连接到公共总线的 M 个元件。令 $X_i = G_i - W_i$ 表示元件 e_i 的性能和需求之差。$X_i \geqslant 0$ 表示元件 e_i 存在盈余性能，而 $X_i < 0$ 表示元件 e_i 存在不足性能。令$[1],[2],\cdots,[M]$表示连接到公共总线的元件标号，令$[M+1],[M+2],\cdots,[N]$表示未连接到公共总线的元件标号。

系统总盈余为所有连接到公共总线元件的盈余性能之和：

$$S = \sum_{i=[1]}^{[M]} S_i = \sum_{i=[1]}^{[M]} \max\{G_i - W_i, 0\} \tag{3-5}$$

可以被补充的系统总不足性能为

$$D = \sum_{i=[1]}^{[M]} D_i = \sum_{i=[1]}^{[M]} \max\{W_i - G_i, 0\} \tag{3-6}$$

可以通过公共总线传输的性能总量还受到公共总线传输容量的限制。因此，可以通过公共总线重新分配的总性能（盈余或不足）为

$$Z=\min(S,D,C)=\min\left\{\sum_{i=[1]}^{[M]}\max\{G_i-W_i,0\},\sum_{i=[1]}^{[M]}\max\{W_i-G_i,0\},C\right\} \quad (3-7)$$

其中随机变量 S 和 D 统计相关，而随机变量 S 和 C 以及随机变量 D 和 C 统计独立。

通过公共总线重新分配后剩余的系统总不足性能为

$$\begin{aligned}\hat{D} &=\widetilde{D}-\min(S,D,C)\\ &=\widetilde{D}-\min\left\{\sum_{i=[1]}^{[M]}\max\{G_i-W_i,0\},\sum_{i=[1]}^{[M]}\max\{W_i-G_i,0\},C\right\}\\ &=\max\left\{\widetilde{D}-\sum_{i=[1]}^{[M]}\max\{G_i-W_i,0\},\widetilde{D}-\sum_{i=[1]}^{[M]}\max\{W_i-G_i,0\},\widetilde{D}-C\right\}\end{aligned} \quad (3-8)$$

系统可靠性为系统总不足性能为零的概率，可用下式表示：

$$\begin{aligned}R &=P\{\hat{D}=0\}\\ &=P\left\{\max\left\{\widetilde{D}-\sum_{i=[1]}^{[M]}\max\{G_i-W_i,0\},\widetilde{D}-\sum_{i=[1]}^{[M]}\max\{W_i-G_i,0\},\widetilde{D}-C\right\}=0\right\}\end{aligned} \quad (3-9)$$

3.2　可靠性评估

通用生成函数是评估多态系统可靠性的常用方法，被广泛用于评估滑动窗口系统[62-64]、网络系统[65-66]和线性连续连接系统[53,67]等多态系统。本节将基于通用生成函数，提出公共总线有限连接的串联系统的可靠性评估算法。

元件 e_i 的性能分布和需求分布可以分别用式（3-10）和式（3-11）中的通用生成函数表示：

$$u_i(z)=\sum_{b=1}^{H_i}p_{ib}\cdot z^{g_{ib}} \quad (3-10)$$

$$\omega_i(z)=\sum_{r=1}^{\theta_i}q_{ir}\cdot z^{w_{ir}} \quad (3-11)$$

式中：$p_{ib}=P(G_i=g_{ib})$，$\sum_{b=1}^{H_i}p_{ib}=1$ 和 $q_{ir}=P(W_i=w_{ir})$，$\sum_{r=1}^{\theta_i}q_{ir}=1$。

公共总线传输容量分布的通用生成函数可以表示为

$$\eta(z)=\sum_{\beta=1}^{B}\alpha_\beta\cdot z^{c_\beta} \quad (3-12)$$

式中：$\alpha_\beta=P(C=c_\beta)$，$\sum_{\beta=1}^{B}\alpha_\beta=1$。

元件 e_i 性能和需求的任何组合代表了其唯一状态。元件 e_i 的状态分布可以由 e_i 的性能分布和需求分布的联合分布来推导。该联合分布可以由通用生成函数 $\Lambda_i(z)$ 来表示，$\Lambda_i(z)$ 可以通过通用生成函数算子 $\oplus$ 推导。

$$
\begin{aligned}
\Lambda_i(z) &= u_i(z) \oplus \omega_i(z) \\
&= \left(\sum_{b=1}^{H_i} p_{ib} \cdot z^{g_{ib}(v_i)}\right) \oplus z^{w_{ir}(v_i)} = \sum_{b=1}^{H_i} \sum_{r=1}^{\theta_i} q_{ir} q_{ir} \cdot z^{g_{ib}-w_{ir}} \\
&= \sum_{m_i=1}^{M_i} \pi_{im_i} \cdot z^{x_{im_i}}
\end{aligned} \tag{3-13}
$$

元件 e_i和元件 e_j的状态组合分布可以通过通用生成函数算子⊗推导。

$$
\begin{aligned}
\Delta_{i,j}(z) &= \Lambda_i(z) \otimes \Lambda_j(z) \\
&= \left(\sum_{m_i=1}^{M_i} \pi_{im_i} \cdot z^{x_{im_i}}\right) \otimes \left(\sum_{m_j=1}^{M_j} \pi_{jm_j} \cdot z^{x_{jm_j}}\right) \\
&= \sum_{m_i=1}^{M_i} \sum_{m_j=1}^{M_j} (\pi_{im_i} \pi_{jm_j}) \cdot z^{\{x_{im_i}, x_{jm_j}\}}
\end{aligned} \tag{3-14}
$$

对所有元件迭代运用通用生成函数算子⊗，即可得到整个系统状态的通用生成函数：

$$
\Delta(z) = \otimes(\Delta_1(z), \Delta_2(z), \cdots, \Delta_N(z)) = \sum_{m_1=1}^{M_1} \sum_{m_2=1}^{M_2} \cdots \sum_{m_N=1}^{M_N} \left(\prod_{j=1}^{N} \pi_{jm_j}\right) \cdot z^{\{x_{1,m_1}, x_{2,m_2} \cdots, x_{N,m_N}\}} \tag{3-15}
$$

式（3-15）可以进一步简化为

$$
\Delta(z) = \sum_{l=1}^{L} \pi_l \cdot z^{\boldsymbol{x}_l} \tag{3-16}
$$

式中：向量 $\boldsymbol{x}_l = (x_{1,l}, x_{2,l}, \cdots, x_{N,l})$为所有元件的状态。

对于任意给定的[1],[2],…,[M]，通过公共总线性能重新分配后，根据式（3-8），系统的不足性能可以通过通用生成函数算子⊙来推导。

$$
\begin{aligned}
U(z) &= \odot(\Delta(z), \eta(z)) \\
&= \odot\left(\sum_{l=1}^{L} \pi_l \cdot z^{\boldsymbol{x}_l}, \sum_{\beta=1}^{B} \alpha_\beta \cdot z^{c_\beta}\right) \\
&= \sum_{l=1}^{L} \sum_{\beta=1}^{B} (\alpha_\beta \cdot \pi_l) \\
&\quad \cdot z^{\max\left\{\sum_{i=1}^{N} \max(-x_{i,l},0) - \sum_{i=[1]}^{[M]} \max(x_{[i],l},0),\ \sum_{i=1}^{N} \max(-x_{i,l},0) - \sum_{i=[1]}^{[M]} \max(-x_{[i],li},0),\ \sum_{i=1}^{N} \max(-x_{i,l},0) - c_\beta\right\}} \\
&= \sum_{q=1}^{Q} \pi_q \cdot z^{\hat{d}_q}
\end{aligned} \tag{3-17}
$$

式中：$x_{[i],l}$为连接到公共总线的第 i 个元件的状态。

系统可靠性为所有 $\hat{d}_q = 0$ 对应的概率之和：

$$
R = \sum_{q=1}^{Q} \pi_q \cdot I(\hat{d}_q = 0) \tag{3-18}
$$

式中：$I(x)$为示性函数，如果 x 为真，则 $I(x)=1$，否则 $I(x)=0$。

3.3 动态连接策略

如前所述，N 个元件中只有 M 个可以同时连接到公共总线，因此剩余的 $N-M$ 个元件必须单独满足其自身的需求。当不同的元件连接到公共总线时，系统可靠性会发生变化。本节的目标为确定一个最佳的动态连接策略，使得系统可靠性最大化。

在这种动态连接策略中，每个元件都可以根据其状态动态连接到公共总线。换句话说，当元件的状态改变时，它与公共总线的连接策略也可能改变。在某些状态下，某个元件连接到公共总线，但如果其状态发生变化，连接可能会终止。但是，连接到公共总线的元件总数在任何时候都固定为 M。

在系统性能通过公共总线完成重新分配后，仍然存在某个元件不能满足其需求的情形，那么该系统即定义为失效。因此，所有存在不足性能的元件必须连接到公共总线。否则，系统将失效。即存在不足性能的元件在连接到公共总线时具有第一优先级。此外，盈余性能最大的元件具有第二优先级。根据上述规则，通过算法 3-1 可以确定具体将哪些元件连接到公共总线，使得系统的可靠性最大化。

算法 3-1 最大化系统可靠性的最优动态连接策略

1. **for** $i=1:N$
2. 令 $X_i=G_i-W_i$
3. **end for**
4. 按升序对 $X_1,X_2,\cdots,X_N$ 进行排序，并让 $X_{(1)},X_{(2)},\cdots,X_{(N)}$ 称为排序后的序列
5. 令 $V=\sum_{i=1}^{N}I(X_i<0)$
6. **if** $V\geqslant M$
7. $\{X_{[1]},X_{[2]},\cdots,X_{[M]}\}=\{X_{(1)},X_{(2)},\cdots,X_{(M)}\}$
8. **else**
9. **for** $i=1:V$
10. $X_{[i]}=X_{(i)}$
11. **end for**
12. **for** $i=(V+1):M$
13. $X_{[i]}=X_{(N-i+(V+1))}$
14. **end for**
15. **end if**

在评估系统可靠性时，可以使用一些技巧来降低计算复杂度。根据系统可靠性的定义，如果存在不足性能的元件数量大于或等于 M，则系统必然失效。因此，若 $\sum_{i=1}^{T} I(x_{i,l}) \geqslant M$，系统在状态 $\boldsymbol{x}_l=(x_{1,l},x_{2,l},\cdots,x_{N,l})$ 时失效，则运算停止，其中 T 可以是从 M 到 N 的任何值。另一方面，当系统总不足性能超过公共总线传输容量时，即 $\sum_{i=1}^{T}\max(-x_{i,l},0)>c_\beta$，表明系统总不足性能必然无法满足，则运算停止。为了降低计算系统可靠性时的复杂度，系统可靠性评估和最优动态连接策略归纳为算法 3-2，其中 L 是处于 $\Delta(z)$ 状态的总数。

算法 3-2 可靠性评估算法

1 初始化
  1.1 **for** $i=1,2,\cdots,N$
  1.2 　　运用式（3-10）和式（3-11）构造 $u_i(z)$ 和 $\omega_i(z)$
  1.3 　　运用通用生成函数算子 $\oplus$ 构造 $\Lambda_i(z)$
  1.4 **end for**
  1.5 运用式（3-12）构造 $\eta(z)$
  1.6 $\Delta(z)=\otimes(\eta(z),\Lambda_1(z))$
2 构造系统通用生成函数
  2.1 **for** $i=2,3,\cdots,N$
  2.2 　　**for** $l=1,2,\cdots,L$
  2.3 　　　　**if** $\sum_{j=1}^{i}\max(-x_{i,l},0) > c_\beta$
  2.4 　　　　　令 $\pi_l=0$
  2.5 　　　　**end if**
  2.6 　　**end for**
  2.7 　　迭代更新系统通用生成函数 $\Delta(z)=\otimes(\Delta(z),\Lambda_i(z))$
  2.8 　　**if** $i\geqslant M$
  2.9 　　　**for** $l=1,2,\cdots,L$
  2.10 　　　　**if** $\sum_{j=1}^{i} I(x_{i,l} < 0) \geqslant M$
  2.11 　　　　　令 $\pi_l=0$
  2.12 　　　　**end if**
  2.13 　　　**end for**
  2.14 　　**end if**
  2.15 　　**if** $i=N$
  2.16 　　　**for** $l=1,2,\cdots,L$
  2.17 　　　　**if** $\sum_{i=1}^{N}\max(-x_{i,l},0) > \sum_{i=1}^{N}\max(x_{i,l},0)$

2.18　　　　Let $\pi_l=0$

2.19　　　end if

2.20　　end for

3　运用算法 3-1 确定最优动态连接策略

4　对 $\eta(z)$ 和 $\Delta(z)$ 运用通用生成函数算子 $\odot$

5　系统可靠性为 $R = \sum_{q=1}^{Q} \pi_q \cdot I(\hat{d}_q = 0)$

3.4　最小化未供应需求

尽管本章的主要目标是评估公共总线有限连接的串联系统可靠性，但在某些实际情况中，最小化系统总不足性能也有十分重要的意义。本节旨在开发以最小化系统总不足性能为目标的最优动态连接策略。

最小化系统总不足性能相当于最大化可补充的不足量。因此，盈余性能最多的元件具有连接到公共总线的第一优先权。另一方面，不足性能最多的元件也有优先连接的权利，这样可以补充不足。根据这一思想，可以在算法 3-3 中确定连接元件的标号[1],[2],…,[M]。

算法 3-3　最小化系统总不足性能的最优动态连接

1. **for** $i=1,2,\cdots,N$
2. 　　令 $X_i=G_i-W_i$
3. **end for**
4. 按升序对 $X_1,X_2,\cdots,X_N$ 进行排序，并令 $X_{(1)},X_{(2)},\cdots,X_{(N)}$ 为排序后的序列
5. 令 $X_{[1]}=X_{(N)}$，rhs=1
6. 令 $X_{[2]}=X_{(1)}$，lhs=1
7. **for** $i=3:N$
8. 　**if** $\sum_{j=1}^{i-1} X_{[j]} \leqslant 0$
9. 　　令 $X_{[i]}=X_{(N-\mathrm{rhs})}$，rhs=rhs+1
10. 　**else**
11. 　　$X_{[i]}=X_{(\mathrm{lhs}+1)}$，lhs=lhs+1
12. 　**end if**
13. **end for**

给定[1],[2],…,[M]为连接到公共总线的元件的标号，系统总不足性能为

$$T_u = \left(\sum_{i=[1]}^{[M]} D_{[i]} - \min\left\{\sum_{i=[1]}^{[M]} D_{[i]}, \sum_{i=[1]}^{[M]} S_{[i]}, C\right\}\right) + \sum_{j=[M+1]}^{[N]} D_{[j]} \tag{3-19}$$

$\Delta(z) = \sum_{l=1}^{L} \pi_l \cdot z^{x_l}$ 为系统状态的通用生成函数，其中 $\boldsymbol{x}_l = (x_{1,l}, x_{2,l}, \cdots, x_{N,l})$ 为所有元件状态的向量。因此，系统总不足性能的期望为

$$\sum_{l=1}^{L} \pi_l \cdot \left\{\sum_{i=[1]}^{[M]} [x_{[i],l} \cdot I(x_{[i],l} \leqslant 0)] - \min\left\{\sum_{i=[1]}^{[M]} |x_{[i],l} \cdot I(x_{[i],l} \leqslant 0)|,\right.\right.$$
$$\left.\left.\sum_{i=[1]}^{[M]} [x_{[i],l} \cdot I(x_{[i],l} > 0)], c_l\right\} + \sum_{j=[M+1]}^{[N]} [x_{[j],l} \cdot I(x_{[j],l} \leqslant 0)]\right\} \tag{3-20}$$

3.5 数值实验

本节将公共总线有限连接的串联系统可靠性模型用于评估 8 台独立发电机串联组成的串联发电系统。每台发电机用于向不同区域供应电力。如果其中一台发电机不能满足其对应区域的电力需求，它可以从其他发电机“借用”盈余电力，但前提是它们都连接到公共总线。可以通过公共总线传输的总电力受限于公共总线传输容量。系统结构如图 3-1 所示。发电机组的性能供给和性能需求如表 3-1 所列。为了研究串联发电系统可靠性如何随着公共总线传输容量和连接数量的变化而变化，本书测试了表 3-2 所列的 8 种不同的公共总线传输容量，其中第 1 种代表无限传输容量，第 8 种代表没有性能共享的串联系统。

表 3-1　发电机组的性能供给和性能需求

e_1		e_2		e_3		e_4		e_5		e_6		e_7		e_8	
性能供给/MV															
p	g	p	g	p	g	p	g	p	g	p	g	p	g	p	g
0.4	3	0.9	2	0.3	2	0.4	1	0.7	2	0.2	1	0.7	3	0.6	4
0.6	2	0.1	3	0.7	3	0.6	2	0.3	3	0.8	2	0.3	4	0.4	5
性能需求/MV															
p	g	p	g	p	g	p	g	p	g	p	g	p	g	p	g
0.7	2	0.5	2	0.4	3	0.3	2	0.9	3	0.8	2	0.7	2	0.6	3
0.3	3	0.5	3	0.6	4	0.7	3	0.1	4	0.2	4	0.3	4	0.4	4

表 3-2　公共总线的不同传输容量　　单位：MV

C_1		C_2		C_3		C_4		C_5		C_6		C_7		C_8	
p	c	p	c	p	c	p	c	p	c	p	c	p	c	p	c
1	∞	0.4	3	0.2	2	0.4	2	0.8	2	0.2	1	0.4	1	1	0
—	—	0.6	4	0.8	3	0.6	3	0.2	3	0.8	2	0.6	2	—	—

图 3-2 展示了串联发电系统可靠性在 8 种不同的公共总线传输容量下如何随公共总线连接数量 M 取值变化而变化。不难看出，对于每一种公共总线传输容量，当 M 减少时，系统可靠性会降低。当 M 相同时，公共总线传输容量越高，系统可靠性也相应更高。同时，当 M 从 2 下降到 1 时，系统可靠性明显下降。当 $M=1$，即只有一个元件连接到公共总线时，所有情况下的可靠性都是相同的。如果只有一个元件连接到总线，任何元件的盈余性能都不能传输到其他元件。因此，当连接数量只有一个时，该系统实际上是一个不存在性能共享的串联系统。此外，由于 C_8 中公共总线传输容量为零，该系统本质上也是一个不存在性能共享的串联系统，这就解释了为何在不同的 M 值下，系统可靠性在 C_8 情形下均是相同的。

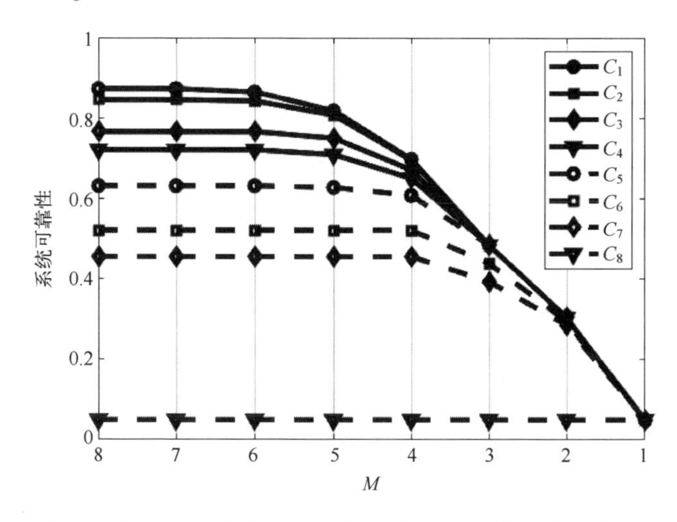

图 3-2　公共总线不同传输容量下系统可靠性随 M 的变化情况

第二个实验测试了动态连接策略和静态连接策略下的系统可靠性差异。使用 3.3 节中的算法 3-2 计算最优动态连接下的系统可靠性，其中动态连接意味着当元件状态变化时，连接的元件可以改变。静态连接意味着连接一旦确定，连接的元件就保持不变。当元件的状态改变时，连接也不会改变。最优静态连接下的可靠性是静态连接下可以达到的最高可靠性。例如，在我们的实验中有 8 个串联的元件，如果 $M=7$，则有 8 种不同的静态连接方式，可靠性最高的连接方式称为最优静态连接。类似地，当 $M=6$ 时，静态连接策略下的系统可靠性是 28 种不同连接方式中所能达到的最高可靠性。

图 3-3 展示了在 $M=7$ 和 $M=6$ 的情况下，最优动态连接和最优静态连接的系统可靠性差异。横坐标表示不同公共总线传输容量，纵坐标表示最优动

态连接下的可靠性与最优静态连接下的可靠性的百分比。例如，对于 C_1，当 M=6 时，纵坐标值 1.14 表示在动态连接下的相应可靠性比静态连接下的系统可靠性高 14%。

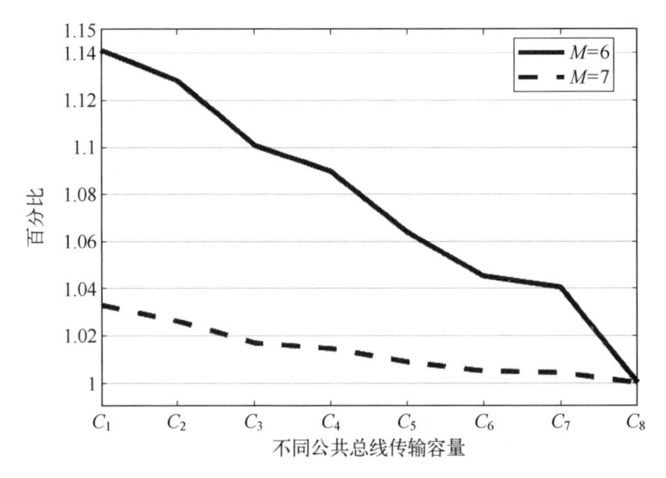

图 3-3　动态与静态连接的系统可靠性比较

以最小化未供应需求为目标，第三个实验依然采用表 3-1 和表 3-2 中的参数设置。图 3-4 展示了在不同的 M 下系统总不足性能期望值。如图 3-4 所示，系统总不足性能期望值随着公共总线连接数量增加而减少。同时，系统总不足性能期望值也随着公共总线传输容量的增加而减少。当 M=1 和公共总线传输容量为零时，系统总不足性能期望值相同，因为此时系统本质上是一个不存在性能共享的串联系统。

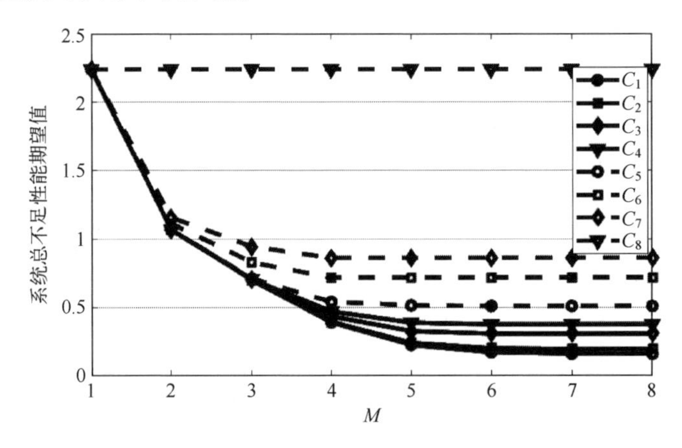

图 3-4　公共总线不同容量下系统总不足性能随 M 的变化情况

第四个实验比较了以最小化系统总不足性能需求为目标时最优动态连接和静态连接的表现。图 3-5 展示了当 M 为 6 和 7 时，最优动态连接和静态连接在不同公共总线传输容量下的系统总不足性能比较。横坐标表示公共总线传输容量，纵坐标表示最优动态连接下的系统总不足性能除以最优静态连接下的系统总不足性能的百分比。例如，当公共总线传输容量为 C_1时，0.706 表示在 C_1的容量下，最优动态连接下系统总不足性能期望值比静态连接下低 29.4%。

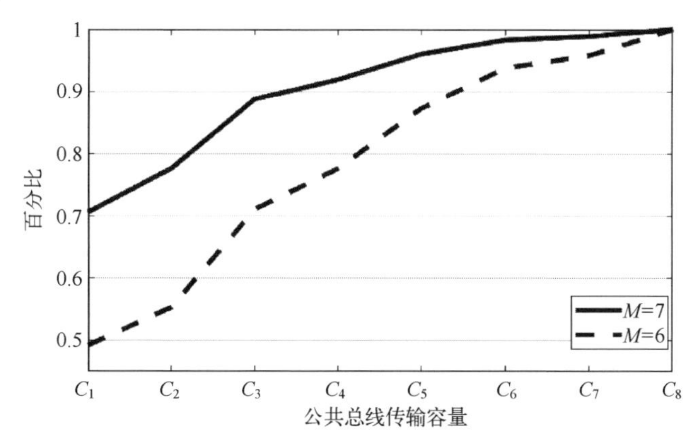

图 3-5　最优动态连接与静态连接的系统总不足性能比较

3.6　本章总结

基于实际系统的性能共享机制，本章提出了公共总线有限连接的多态系统可靠性模型。与以往的研究不同，该模型中并非所有的元件都能连接到公共总线，即 N 个元件中只有 M 个可以连接到公共总线。只有当元件连接到公共总线时，其盈余性能才可以传输到其他元件，不足性能才能被补充。系统总传输量同时受到公共总线传输容量限制。本章提出了一种结合最优动态连接策略和通用生成函数方法的系统可靠性评估算法，并进一步研究了以最小化系统总不足性能为目标的最优动态连接策略。数值实验表明提高公共总线传输容量或增加公共总线连接数量可以显著地提高系统可靠性或减少系统总不足性能。

符号及说明列表	
e_i	多状态元件 i
G_i	元件 e_i的随机性能
W_i	元件 e_i的随机需求
C	公共总线传输容量

续表

符号及说明列表	
M	公共总线连接数量
N	串联系统中元件的数量
S_i	元件 e_i的随机盈余性能
D_i	元件 e_i的随机不足性能
X_i	元件 e_i的性能和需求之间的随机差异
S	可传输的总盈余性能
D	可补充的总不足性能
$\widetilde{S}$	系统总盈余性能
$\widetilde{D}$	系统总不足性能
H_i	随机变量 G_i的状态个数
θ_i	随机变量 W_i的状态个数
B	随机变量 C 的状态个数
$u_i(z)$	元件 e_i性能分布的通用生成函数
$\omega_i(z)$	元件 e_i需求分布的通用生成函数
$\eta(z)$	公共总线传输容量分布的通用生成函数
$I(x)$	示性函数，如果 x 为真，则 $I(x)=1$，否则 $I(x)=0$

第四章

考虑传输损耗的性能共享系统可靠性建模与优化

现有关于性能共享的多态系统的研究中，均默认性能共享的传输过程是完美的，即盈余性能在通过公共总线传输过程中不存在性能损耗[49,68-70]。在传输距离极短或者损耗性能极小的系统中，这种假设近似成立。但是当传输过程中的性能损耗较大时，需要构建新的考虑传输损耗的性能共享系统可靠性模型，否则将大幅度降低模型的准确性。

性能共享过程中的传输损耗在实际工程中真实存在并不容忽视[71-73]，例如电力传输系统。图 4-1 给出了一个输电过程的示例。从发电厂向用户输电的过程中，存在导致电力损耗的所有环节：①从电厂传输到变电站的输电损失；②变电站损耗（包括变压器和传输母线的损耗）；③变电站到配电变压器的传输损耗（包括输电线路和配电变压器的损耗）；④从配电变压器到用户的传输损耗（包括低压配电线和电表的损耗）[74-75]。通常，从发电厂到用户的

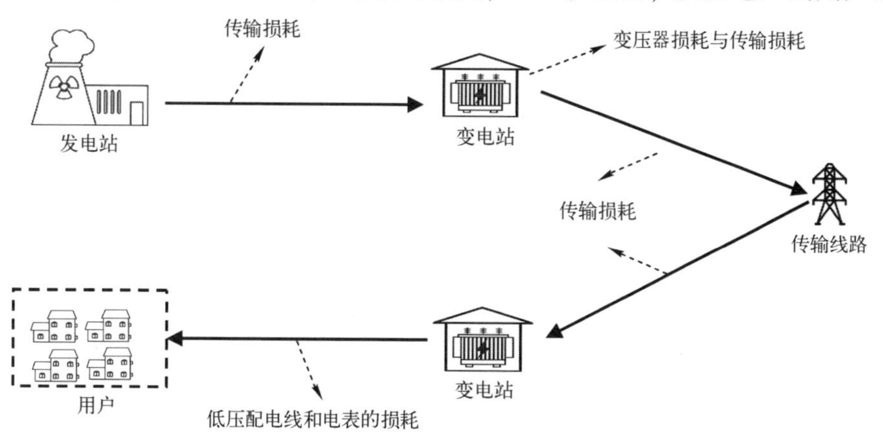

图 4-1　发电厂到用户的输电过程中的电力损耗图

电力损耗包括三个部分：传输损耗、变压器损耗和电表损耗。电力传输损耗与路径的长度、线路截面积、电压、电功率和温度有关[76]。变压器损耗包括铜损耗和铁损耗，这与变压器的容量和电功率有关[77]，而电表损耗则受到自身型号和内部结构的影响。

4.1 考虑传输损耗的多态系统可靠性建模

如图 4-2 所示，考虑由 N 个不完全相同的多态元件组成的具有性能共享的串联系统。令第 i 个多态元件为 e_i，令离散随机变量 G_i 表示元件 e_i 的性能，且其概率质量函数为 $p_{i,b}=P(G_i=g_{i,b})$，并有 $\sum_{b=1}^{h(i)} p_{i,b}=1$，其中 $p_{i,b}$ 为元件 e_i 处于状态 b（此时对应的性能水平为 $g_{i,b}$）时的概率。该元件的状态总数为 $h(i)$。每个元件 e_i 需要满足自身的随机需求 W_i，随机变量 W_i 的概率质量函数为 $q_{i,r}=P(W_i=w_{i,r})$，并有 $\sum_{r=1}^{\theta(i)} q_{i,r}=1$，其中，$\theta(i)$ 为该元件随机需求的状态总数，$w_{i,r}$ 为该元件的需求处于状态 r 时的数值。某个元件的盈余性能可以通过公共总线传输给其他性能不足的元件。该公共总线具有随机的传输容量 C，其概率质量函数为 $\alpha_j=P(C=c_j)$，且有 $\sum_{j=1}^{J} \alpha_j=1$，其中 J 为公共总线传输能力的状态总数。

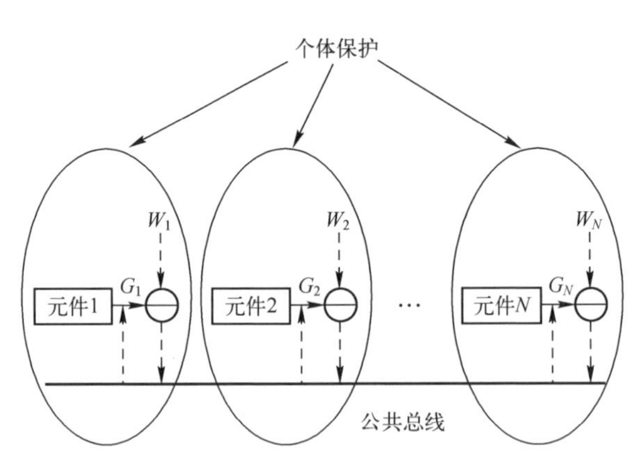

图 4-2　具有性能共享机制的多态系统结构图

传输损耗广泛存在于实际的工程系统中。例如，输电损耗存在于输电的许多阶段，例如从发电厂到变电站，从变电站到配电变压器以及从配电变压器到每个用户。电力在传输过程中的功率损耗量受许多因素影响，例如传输距离、线路截面积、电压、传输功率和温度。因此，本章对 3 种不同的传输损耗机制进行建模。第一个模型假设传输损耗量仅与距离成正比，第二个模型假定传输损耗量仅与传输总量成比例，最后一个模型假设传输损失量既受到传输距离影响，又受到传输总量的影响。

4.1.1　考虑第一类传输损耗的系统可靠性建模

在该模型中，传输损耗只受到距离影响，且损耗量与传输距离成正比。假设任意相邻两个元件的距离均相同，且在 e_i 与 e_{i+1} 之间的损耗量为固定值 a。令 X_k 为从元件 e_1 累加到第 k 个元件 e_k 的总性能盈余或不足。因此，第一个元件的盈余性能或不足性能为

$$X_1 = G_1 - W_1 \tag{4-1}$$

当 $X_1 \geqslant 0$ 时，意味着存在性能盈余；当 $X_1 < 0$ 时，则存在性能不足。

如果 $X_1 \geqslant 0$，在给定两个连续元件之间传输损耗为固定值 a 的情形下，元件 e_1 的性能盈余传递到元件 e_2 的量为 $\max(0, X_1 - a)$。如果 $X_1 < 0$，则传递到元件 e_2 的量为 $X_1 - a$，因为在传输过程中会损耗 a 的性能，所以元件 e_2 需要传输数量为 $X_1 - a$ 的性能给 e_1 才能让其满足自身需求。因此，仅考虑前两个元件的累积性能为

$$X_2 = (G_2 - W_2) + \max(X_1 - a, 0) \cdot I(X_1 \geqslant 0) + (X_1 - a) \cdot I(X_1 < 0) \tag{4-2}$$

式中：$I(x)$ 为示性函数，当 x 为真时，$I(x) = 1$，否则 $I(x) = 0$。

以此类推，累积到元件 e_{k+1} 的总性能为

$$X_{k+1} = (G_{k+1} - W_{k+1}) + \max(X_k - a, 0) \cdot I(X_k \geqslant 0) + (X_k - a) \cdot I(X_k < 0) \tag{4-3}$$

由于传输性能量不仅受到性能损耗量的影响，还受到公共总线传输能力的限制。因此，即使累加至最后一个元件 e_N 的总性能 X_N 为正，也不能保证系统一定可靠。本章假设损耗的性能不占用公共总线的传输能力。基于此假设，系统传输性能量仅与所有元件总性能不足相关。因此，仅当 X_N 非负且元件总不足性能小于公共总线最大传输性能 C 时，系统可靠，即

$$R_N = P(X_N \geqslant 0) \times I\left(\sum_{i=1}^{N} D_i \leqslant C\right) \tag{4-4}$$

4.1.2　考虑第二类传输损耗的系统可靠性建模

在该模型中，传输损耗量与整个公共总线所传输的性能总量成比正例。令 $\lambda(0 \leqslant \lambda \leqslant 1)$ 表示性能损失比例。系统所有元件的总盈余性能和总不足性能分别为

$$S = \sum_{i=1}^{N} S_i = \sum_{i=1}^{N} \max(G_i - W_i, 0) \tag{4-5}$$

$$D = \sum_{i=1}^{N} D_i = \sum_{i=1}^{N} \max(W_i - G_i, 0) \tag{4-6}$$

由于在传输过程中会损耗 λS 的性能量，因此可用于补充性能不足元件的性能盈余实际上需要 $(1-\lambda)S$。此外，可传输的总性能受到公共总线传输容量的限制。因此，整个系统可传输性能的最大值为

$$\begin{aligned} Q &= \min((1-\lambda)\cdot S, D, C) \\ &= \min\left((1-\lambda)\sum_{i=1}^{N}\max(G_i - W_i, 0), \sum_{i=1}^{N}\max(W_i - G_i, 0), C\right) \end{aligned} \tag{4-7}$$

性能共享之后，系统的总不足性能为

$$\begin{aligned} \hat{D} &= D - Q = D - \min((1-\lambda)\cdot S, D, C) \\ &= \max\{0, D - \min((1-\lambda)\cdot S, C)\} \\ &= \max\left(0, \sum_{i=1}^{N}\max(W_i - G_i, 0) - \min\left((1-\lambda)\sum_{i=1}^{N}\max(G_i - W_i, 0), C\right)\right) \end{aligned} \tag{4-8}$$

系统的可靠性为

$$\begin{aligned} R_N &= P\{\hat{D} = 0\} \\ &= P\left\{\max\left(0, \sum_{i=1}^{N}\max(W_i - G_i, 0) - \min\left((1-\lambda)\sum_{i=1}^{N}\max(G_i - W_i, 0), C\right)\right) = 0\right\} \end{aligned} \tag{4-9}$$

4.1.3 考虑第三类传输损耗的系统可靠性建模

该模型考虑传输损耗量既受到距离的影响，又与传输量成比例的情况。与第一种情况相同，本模型也假设相邻元件之间的距离相同。在此假设下，任意两个元件 e_i 和 $e_j(i<j)$ 之间的性能损失量表示为 $\rho^{(j-i)}$。

第一个元件 e_1 的累加性能为

$$X_1 = G_1 - W_1 \tag{4-10}$$

因为任意相邻元件之间的传输损耗比例为 ρ，如果 $X_1 \geqslant 0$，则累加到 e_2 的盈余性能为 $\max(0, X_1(1-\rho))$。如果 $X_1<0$，则 e_1 不足的性能累加到 e_2 为 $X_1/(1-\rho)$。因此，仅考虑前两个元件的系统累加性能为

$$X_2 = (G_2 - W_2) + X_1(1-\rho)\cdot I(X_1 \geqslant 0) + X_1/(1-\rho)\cdot I(X_1 < 0) \tag{4-11}$$

以此类推，累加到 e_{k+1} 的总性能为

$$X_{k+1} = (G_{k+1} - W_{k+1}) + X_k(1-\rho)\cdot I(X_k \geqslant 0) + [X_k/(1-\rho)]\cdot I(X_k < 0) \tag{4-12}$$

考虑公共总线传输能力的限制后，系统可靠性为

$$R_N = P\{X_N \geqslant 0\} \times I\left(\sum_{i=1}^{N} D_i \leqslant C\right) \tag{4-13}$$

4.2　考虑维修策略和保护策略的联合优化模型

本章考虑了两类维修策略用以提升元件可用性：预防性替换和最小维修。对于任意元件 e_i，在固定间隔时间 T_i 进行一次预防性替换，T_i 存在 $\boldsymbol{h}=\{h_1,h_2,\cdots,h_{\Lambda_i}\}$ 总计 Λ_i 种方案可选。如果元件在两次定期替换之间失效，则立即进行最小维修。最小维修仅仅把元件恢复工作，不改变元件的失效率（failure rate）。T_c 为系统所需运行总时间。在时间间隔 $(0,t]$ 内，元件 e_i 的期望失效次数为 $\Im_i(t)$。元件每次预防性替换成本为固定值 σ_{pi}。因此，系统预防性替换的总成本为

$$C_{\mathrm{PM}} = \sum_{i=1}^{N}(T_c/T_i - 1)\sigma_{pi} \tag{4-14}$$

定义元件 e_i 最小维修的单次平均成本为 σ_{mi}，因此，系统由于内部退化失效导致最小维修的总成本为

$$C_{\mathrm{MR}} = \sum_{i=1}^{N}(\sigma_{mi}\cdot\Im_i(T_i)\cdot T_c/T_i) \tag{4-15}$$

实际系统除了内部退化外，通常还受到外部影响。假设由内部退化和外部影响引起的故障是独立的。为了保护系统，系统运营者在元件 e_i 上分配 χ_i 保护资源量。对于元件 e_i，保护资源的单位成本为 δ_i。外部影响的频率为常数 f，强度为 d。当元件因外部影响而损坏时，还需要进行最小的维修，平均成本为 σ_{ri}。

元件 e_i 被摧毁的概率可以用竞争方程表示为

$$v(\chi_i,d,\varpi)=\frac{d^{\varpi}}{\chi_i^{\varpi}+d^{\varpi}} \tag{4-16}$$

式中：ϖ 为竞争强度参数。因此，系统由于外部影响而造成的最小维修总成本为

$$C_{\mathrm{ME}} = \sum_{i=1}^{N}[f\times T_c\times v(\chi_i,d,\varpi)\times\sigma_{ri}] \tag{4-17}$$

由于内部退化和外部破坏对元件造成的损坏机理不同，其最小维修时间通常不一样。令因元件内部退化而失效的最小维修时间为 τ_{mi}，因外部影响而产生的最小维修时间为 τ_{ri}。预防性替换的时间定义为 τ_{pi}。因此，元件 e_i 的可用性为

$$A_i=1-\frac{\tau_{mi}\Im_i(T_i)(T_c/T_i)+\tau_{ri}T_c f\times v(\chi_i,d,\varpi)+\tau_{pi}(T_c/T_i-1)}{T_c} \tag{4-18}$$

本章研究目标为：确定单个元件保护资源的最佳分配策略及其最佳预防性替换时间间隔，以便在满足系统最低可用性要求的同时，将总成本降至最

低。因此，优化模型为

$$
\begin{aligned}
&\min C_{\text{Total}} = \sum_{i=1}^{N} \delta_i \cdot \chi_i + C_{\text{PM}} + C_{\text{MR}} + C_{\text{ME}} \\
&\text{s.t.}\ A(\boldsymbol{T},\boldsymbol{\chi}) \geqslant A^*
\end{aligned} \tag{4-19}
$$

式中：$A(\boldsymbol{T},\boldsymbol{\chi})$ 为系统在给定预防性替换策略和元件保护资源分配下的可用性；A^* 为系统所要求满足的最低可用性。可用性 $A(\boldsymbol{T},\boldsymbol{\chi})$ 的评估算法将在 4.4 节进行详细介绍。

4.3　系统可用性评估

由于多态系统的性能分布以及需求分布均为离散随机变量，因此，系统可用性评估算法可以通过改进的通用生成函数技术实现。

对于任意元件 e_i，其性能分布的通用生成函数可表示为

$$u_i(z) = \sum_{b=1}^{h(i)} p_{i,b} \times z^{g_{i,b}} \tag{4-20}$$

其自身需求 W_i 的通用生成函数为

$$\omega_i(z) = \sum_{r=1}^{\theta(i)} q_{i,r} \times z^{w_{i,r}} \tag{4-21}$$

公共总线的传输能力 C 的通用生成函数为

$$\eta(z) = \sum_{j=1}^{J} \alpha_j \times z^{c_j} \tag{4-22}$$

式中：$\alpha_j = P\{C = c_j\}$。

4.3.1　考虑第一类传输损耗的系统可用性评估

每个元件 e_i 的性能和需求的任何组合表示了元件唯一的状态，可以使用元件 e_i 的性能和需求的联合分布来表示其状态分布。该联合分布的通用生成函数形式 $\Delta_i(z)$ 可通过算子 $\oplus$ 获得，计算如下：

$$
\begin{aligned}
\Delta_i(z) &= u_i(z) \oplus \omega_i(z) = \left(\sum_{b=1}^{h(i)} p_{i,b} \times z^{g_{i,b}}\right) \oplus \left(\sum_{r=1}^{\theta(i)} q_{i,r} \times z^{w_{i,r}}\right) \\
&= \sum_{b=1}^{h(i)} \sum_{r=1}^{\theta(i)} p_{i,b} q_{i,r} \times z^{g_{i,b}, w_{i,r}}
\end{aligned} \tag{4-23}
$$

令通用生成函数表达式 $U_0(z) = z^{0,0}$，其中 z 上标的第一个 0 表示总累积性能，该数值既能为正（盈余）也能为负（不足），第二个 0 表示不考虑性能共享时的系统总不足性能，该值为非负。定义通用生成函数算子 $\otimes$ 如下：

$$
\begin{aligned}
U_1(z) &= U_0(z) \otimes \Delta_1(z) \\
&= (z^{0,0}) \otimes \left(\sum_{b=1}^{h(1)}\sum_{r=1}^{\theta(1)} p_{1,b}q_{1,r} \times z^{g_{1,b},w_{1,r}}\right) \\
&= \sum_{b=1}^{h(1)}\sum_{r=1}^{\theta(1)} 1 \times p_{1,b}q_{1,r} \\
&\quad \times z^{(g_{1,b}-w_{1,r})+\max(0-a,0)\cdot I(0\geqslant 0)+(0-a)\cdot I(0<0),\ 0\cdot I(0<0)+(w_{1,r}-g_{1,b})\cdot I(w_{1,r}\geqslant g_{1,b})} \\
&= \sum_{l_1=1}^{L_1} \gamma_{l_1} \times z^{(x_{l_1},\ \tilde{d}_{l_1})}
\end{aligned} \tag{4-24}
$$

式中：L_1为一个由单元件组成的串联系统状态总数；γ_{l_1}为该系统处于状态$l_1(1\leqslant l_1\leqslant L_1)$的概率；$x_{l_1}$为该单元件系统的累积性能（可正可负）；$\tilde{d}_{l_1}$为该系统的总不足性能。

运用式（4-24）所定义的算子⊗，由两个多态元件组成的串联系统的状态与总性能不足通用生成函数如下：

$$
\begin{aligned}
U_2(z) &= U_1(z) \otimes \Delta_2(z) \\
&= \left(\sum_{l_1=1}^{L_1} \gamma_{l_1} \times z^{(x_{l_1},\ \tilde{d}_{l_1})}\right) \otimes \left(\sum_{b=1}^{h(2)}\sum_{r=1}^{\theta(2)} p_{2,b}q_{2,r} \times z^{g_{2,b},w_{2,r}}\right) \\
&= \sum_{l_1=1}^{L_1}\sum_{b=1}^{h(2)}\sum_{r=1}^{\theta(2)} \gamma_{l_1}p_{2,b}q_{2,r} \\
&\quad \times z^{(g_{2,b}-w_{2,r})+\max(x_{l_1}-a,0)\cdot I(x_{l_1}\geqslant 0)+(x_{l_1}-a)\cdot I(x_{l_1}<0),\ \tilde{d}_{l_1}\cdot I(x_{l_1}<0)+(w_{2,r}-g_{2,b})\cdot I(w_{2,r}\geqslant g_{2,b})} \\
&= \sum_{l_2=1}^{L_2} \gamma_{l_2} \times z^{(x_{l_2},\tilde{d}_{l_2})}
\end{aligned} \tag{4-25}
$$

式中：x_{l_2}为系统考虑了前两个元件进行性能共享以及传输损耗后的系统累积性能，如果取值为正，则意味着系统累积性能有盈余；如果为负，则表明该系统累积性能存在不足；$\tilde{d}_{l_2}$为这两个元件的总不足，该值为非负。

以此类推，运用算子⊗能够推导所有的$U_{i+1}(i=2,3,\cdots,N-1)$，具体如下：

$$
\begin{aligned}
U_{i+1}(z) &= U_i(z) \otimes \Delta_{i+1}(z) \\
&= \sum_{l_i=1}^{L_i} \gamma_{l_i} \times z^{(x_{l_i},\tilde{d}_{l_i})} \otimes \left(\sum_{b=1}^{h(i+1)}\sum_{r=1}^{\theta(i+1)} p_{i+1,b}q_{i+1,r} \times z^{g_{i+1,b},w_{i+1,r}}\right) \\
&= \sum_{l_i=1}^{L_i}\sum_{b=1}^{h(i+1)}\sum_{r=1}^{\theta(i+1)} \gamma_{l_i}p_{i+1,b}q_{i+1,r} \\
&\quad \times z^{\begin{bmatrix}(g_{i+1,b}-w_{i+1,r})+\max(x_{l_i}-a,0)\cdot I(x_{l_i}\geqslant 0)+(x_{l_i}-a)\cdot I(x_{l_i}<0), \\ \tilde{d}_{l_i}\cdot I(x_{l_i}<0)+(w_{i+1,r}-g_{i+1,b})\cdot I(w_{i+1,r}\geqslant g_{i+1,b})\end{bmatrix}} \\
&= \sum_{l_{i+1}=1}^{L_{i+1}} \gamma_{l_{i+1}} \times z^{(x_{l_{i+1}},\tilde{d}_{l_{i+1}})}
\end{aligned} \tag{4-26}
$$

如此推导，考虑所有元件的系统通用生成函数如下：

$$U_N(z)=\sum_{l_N=1}^{L_N}\gamma_{l_N}\times z^{(x_{l_N},\tilde{d}_{l_N})} \tag{4-27}$$

由于公共总线的传输能力为离散随机变量，其概率分布的通用生成函数可以表示为$\eta(z)$。因此，由 N 个元件组成的多态系统在性能共享后，其最终性能盈余和性能不足可由通用生成函数算子$\underset{\varphi}{\otimes}$表示为

$$\begin{aligned}\phi(z)=U_N(z)\underset{\varphi}{\otimes}\eta(z)&=\Big(\sum_{l_N=1}^{L_N}\gamma_{l_N}\times z^{(x_{l_N},\tilde{d}_{l_N})}\Big)\underset{\varphi}{\otimes}\Big(\sum_{j=1}^{J}\alpha_j z^{c_j}\Big)\\&=\sum_{l_N=1}^{L_N}\sum_{j=1}^{J}\gamma_{l_N}\alpha_j\times z^{(x_{l_N},c_j,\tilde{d}_{l_N})}\end{aligned} \tag{4-28}$$

因此，该系统的可用性为

$$A=\sum_{l_N=1}^{L_N}\sum_{j=1}^{J}\gamma_{l_N}\alpha_j\times I(x_{l_N}\geqslant 0)\times I(c_j\geqslant\tilde{d}_{l_N}) \tag{4-29}$$

4.3.2 考虑第二类传输损耗的系统可用性评估

在这个模型中，传输损耗量假定与性能传输总量成正比。下式算子定义了考虑元件 e_i的性能与需求的联合通用生成函数：

$$\begin{aligned}\Gamma_i(z)=u_i(z)\oplus_{\Gamma}\omega_i(z)&=\Big(\sum_{b=1}^{h(i)}p_{i,b}\times z^{g_{i,b}}\Big)\oplus_{\Gamma}\Big(\sum_{r=1}^{\theta(i)}q_{i,r}\times z^{w_{i,r}}\Big)\\&=\sum_{b=1}^{h(i)}\sum_{r=1}^{\theta(i)}p_{i,b}q_{i,r}\times z^{\max\{g_{i,b}-w_{i,r},0\},\max\{w_{i,r}-g_{i,b},0\}}\\&=\sum_{m_i=1}^{M_i}\beta_{i,m_i}\times z^{s_{m_i},d_{m_i}}\end{aligned} \tag{4-30}$$

为了求得整个系统性能状态和总性能不足的联合通用生成函数，定义如下算子，该算子能够获得所有元件的性能盈余和性能不足的集合：

$$\begin{aligned}\Gamma_{\{1,2,\cdots,N\}}(z)&=\underset{\Leftrightarrow}{\otimes}(\Gamma_1(z),\Gamma_2(z),\cdots,\Gamma_N(z))\\&=\underset{\Leftrightarrow}{\otimes}\Big(\sum_{m_1=1}^{M_1}\beta_{1,m_1}\times z^{s_{m_1},d_{m_1}},\sum_{m_2=1}^{M_2}\beta_{2,m_2}\times z^{s_{m_2},d_{m_2}},\cdots,\sum_{m_N=1}^{M_N}\beta_{N,m_N}\times z^{s_{m_N},d_{m_N}}\Big)\\&=\sum_{m_1=1}^{M_1}\sum_{m_2=1}^{M_2}\cdots\sum_{m_N=1}^{M_N}\Big(\prod_{i=1}^{N}\beta_{i,m_i}\Big)\times z_{\sum_{i=1}^{N}s_{m_i},\sum_{i=1}^{N}d_{m_i}}\\&=\sum_{l=1}^{L}\gamma_l\times z^{s_l,d_l}\end{aligned} \tag{4-31}$$

由于性能损耗与传输性能量成比例，因此，性能不足的元件处于 l 状态时所获得的性能为$(1-\lambda)s_l$。所以，式（4-31）所获得的通用生成函数可以改写为

$$\overline{\Gamma}_{\{1,2,\cdots,N\}}(z)=\sum_{l=1}^{L}\gamma_l\times z^{(1-\lambda)s_l,d_l} \tag{4-32}$$

而性能不足元件可以接收的性能总量还受到公共总线传输能力的限制。因此，该通用生成函数可以通过运算符 $\phi(z)$变形为

$$\phi(z)=\Big(\sum_{l=1}^{L}\gamma_l\times z^{(1-\lambda)s_l,d_l}\Big)\underset{\leftarrow}{\otimes}\Big(\sum_{j=1}^{J}\alpha_j\times z^{c_j}\Big)=\sum_{l=1}^{L}\sum_{j=1}^{J}\gamma_l\alpha_j\times z^{\max\{0,\ d_l-\min((1-\lambda)s_l,c_j)\}} \tag{4-33}$$

综上所述，系统的可用性可通过下式计算：

$$A=\sum_{l=1}^{L}\sum_{j=1}^{J}\gamma_l\alpha_j\times I(\max\{0,\ d_l-\min((1-\lambda)s_l,c_j)\}=0) \tag{4-34}$$

4.3.3　考虑第三类传输损耗的系统可用性评估

在本类传输损耗中，假定损耗量同时受到传输距离和传输总量的影响。与第一类传输损耗类似，元件 e_i的性能和需求的联合通用生成函数为

$$\Delta_i(z)=\sum_{b=1}^{h(i)}\sum_{r=1}^{\theta(i)}p_{i,b}q_{i,r}\times z^{g_{i,b},w_{i,r}} \tag{4-35}$$

设定初始通用生成函数$U_0(z)=z^{0,0}$，其中 z 上标的第一个 0 表示总累积性能，该数值既能为正（盈余）也能为负（不足），第二个 0 表示不考虑性能共享时的系统总不足性能，该值为非负。定义通用生成函数算子$\odot$：

$$\begin{aligned}U_1(z)&=U_0(z)\odot\Delta_1(z)\\&=(z^{0,0})\otimes\Big(\sum_{b=1}^{h(1)}\sum_{r=1}^{\theta(1)}p_{1,b}q_{1,r}\times z^{g_{1,b},w_{1,r}}\Big)\\&=\sum_{b=1}^{h(1)}\sum_{r=1}^{\theta(1)}1\times p_{1,b}q_{1,r}\\&\quad\times z^{(g_{1,b}-w_{1,r})+0(1-\rho)\cdot I(0\geqslant 0)+0/(1-\rho)\cdot I(0<0),\ 0\cdot I(0<0)+(w_{1,r}-g_{1,b})\cdot I(w_{1,r}\geqslant g_{1,b})}\\&=\sum_{l_1=1}^{L_1}\gamma_{l_1}\times z^{(x_{l_1},\tilde{d}_{l_1})}\end{aligned} \tag{4-36}$$

式中：L_1为状态总数；γ_{l_1}为该系统处于状态l_1时的对应概率；x_{l_1}为累积性能；$\tilde{d}_{l_1}$为该单元件系统的总不足性能。

通过运用式（4-36）中定义的算子，由两个元件构成的系统通用生成函数可如下式所得

$$
\begin{aligned}
U_2(z) &= U_1(z) \odot \Delta_2(z) \\
&= \left(\sum_{l_1=1}^{L_1} \gamma_{l_1} \times z^{(x_{l_1}, \tilde{d}_{l_1})}\right) \odot \left(\sum_{b=1}^{h(2)} \sum_{r=1}^{\theta(2)} p_{2,b} q_{2,r} \times z^{g_{2,b}, w_{2r}}\right) \\
&= \sum_{l_1=1}^{L_1} \sum_{b=1}^{h(2)} \sum_{r=1}^{\theta(2)} \gamma_{l_1} p_{2,b} q_{2,r} \\
&\quad \times z^{(g_{2,b}-w_{2r})+x_{l_1}(1-\rho)\cdot I(x_{l_1}\geqslant 0)+x_{l_1}/(1-\rho)\cdot I(x_{l_1}<0),\ \tilde{d}_{l_1}\cdot I(x_{l_1}<0)+(w_{2r}-g_{2,b})\cdot I(w_{2r}\geqslant g_{2,b})} \\
&= \sum_{l_2=1}^{L_2} \gamma_{l_2} \times z^{(x_{l_2}, \tilde{d}_{l_2})}
\end{aligned}
\tag{4-37}
$$

式中：x_{l_2}为考虑了性能共享后的累积性能；$\tilde{d}_{l_2}$为该系统的总不足性能。

类似地，通过对每个$(i=2,3,\cdots,N-1)$运用算子$\odot$，所有U_{i+1}均能如下式所得

$$
\begin{aligned}
U_{i+1}(z) &= U_i(z) \odot \Delta_{i+1}(z) \\
&= \sum_{l_i=1}^{L_i} \gamma_{l_i} \times z^{(x_{l_i}, \tilde{d}_{l_i})} \odot \left(\sum_{b=1}^{h(i+1)} \sum_{r=1}^{\theta(i+1)} p_{i+1,b} q_{i+1,r} \times z^{g_{i+1,b}, w_{i+1,r}}\right) \\
&= \sum_{l_i=1}^{L_i} \sum_{b=1}^{h(i+1)} \sum_{r=1}^{\theta(i+1)} \gamma_{l_i} p_{i+1,b} q_{i+1,r} \times z^{\left[\begin{array}{l}(g_{i+1,b}-w_{i+1,r})+x_{l_i}(1-\rho)\cdot I(x_{l_i}\geqslant 0)+x_{l_i}/(1-\rho)\cdot I(x_{l_i}<0), \\ \tilde{d}_{l_i}\cdot I(x_{l_i}<0)+(w_{i+1,r}-g_{i+1,b})\cdot I(w_{i+1,r}\geqslant g_{i+1,b})\end{array}\right]} \\
&= \sum_{l_{i+1}=1}^{L_{i+1}} \gamma_{l_{i+1}} \times z^{(x_{l_{i+1}}, \tilde{d}_{l_{i+1}})}
\end{aligned}
\tag{4-38}
$$

最后，包含 N 个元件的系统对应通用生成函数为

$$
U_N(z) = \sum_{l_N=1}^{L_N} \gamma_{l_N} \times z^{(x_{l_N}, \tilde{d}_{l_N})} \tag{4-39}
$$

由于公共总线的传输能力为离散随机变量，其概率分布的通用生成函数可以表示为$\eta(z)$。因此，由 N 个元件组成的多态系统在性能共享后，其最终性能盈余和性能不足可由通用生成函数算子$\underset{\varphi}{\otimes}$表示为

$$
\begin{aligned}
\phi(z) = U_N(z) \underset{\varphi}{\otimes} \eta(z) &= \left(\sum_{l_N=1}^{L_N} \gamma_{l_N} \times z^{(x_{l_N}, \tilde{d}_{l_N})}\right) \underset{\varphi}{\otimes} \left(\sum_{j=1}^{J} \alpha_j z^{c_j}\right) \\
&= \sum_{l_N=1}^{L_N} \sum_{j=1}^{J} \gamma_{l_N} \alpha_j \times z^{(x_{l_N}, c_j, \tilde{d}_{l_N})}
\end{aligned}
\tag{4-40}
$$

因此，该系统可用性为

$$
A = \sum_{l_N=1}^{L_N} \sum_{j=1}^{J} \gamma_{l_N} \alpha_j \times I(x_{l_N} \geqslant 0) \times I(c_j \geqslant \tilde{d}_{l_N}) \tag{4-41}
$$

4.4 优化方法

因为式（4-19）中的优化问题为高度复杂的非线性问题，可以通过穷举法获得最优解难以实现。所以本章通过改进的遗传算法（genetic algorithm，GA）求解所提出的优化模型。现有文献表明这种全局搜索算法对于求解上述问题十分有效[57-58]。因此，遗传算法由于其高效性和易操作性被广泛应用于可靠性领域[59-60,78]。本节将简单介绍所构建的改进遗传算法。

1. 编码

优化问题的每个解将由向量$\boldsymbol{\Omega}=\{\Omega_1,\Omega_2,\cdots,\Omega_N\}$表示。对于任意的数值$\Omega_i(i=1,2,\cdots,N)$，其能同时表示元件$e_i$的预防性替换间隔时间$T_i$和保护资源分配量$x_i$，$\Omega_i$的定义如下：

$$0\leqslant\Omega_i<(\xi+1)\times\Lambda\quad(\Lambda=\max(\Lambda_1,\Lambda_2,\cdots,\Lambda_N))\tag{4-42}$$

式中：ξ为单个元件所允许被分配保护资源的最大值；Λ_i为元件e_i的所有预防性更换策略的个数。

2. 解码

优化问题中的决策变量$\boldsymbol{T}$、$\boldsymbol{\chi}$可以通过以下方式解码获得：对于每个元件e_i的保护资源分配方案为$\chi_i=\lfloor\Omega_i/\Lambda\rfloor$，其预防性替换方案的序号为$v_i=1+\text{mod}_{\Lambda_i}(\Omega_i-\lfloor\Omega_i/\Lambda\rfloor\Lambda)$，其中$\lfloor x\rfloor$为不超过$x$的最大整数，$\text{mod}_x y$为$y$除以$x$的余数。获得$v_i$后，预防性替换方案的具体值为$T_i=h_{v_i}$。

3. 适应度函数

确定每个元件e_i的维修策略和保护方案后，单个元件的可用性可通过式(4-18)计算得出；而整个系统的三类传输损耗可用性$A(\boldsymbol{T},\boldsymbol{\chi})$可通过4.4.1节、4.4.2节和4.4.3节中给出的可用性评估方法获得。由于目标函数为总成本最小化，因此适应度函数采用罚函数方法确定，即

$$F(\boldsymbol{T},\boldsymbol{\chi})=\varepsilon\cdot\max(A^*-A,0)+\sum_{i=1}^{N}\alpha_i\chi_i+C_{\text{PM}}+C_{\text{MR}}+C_{\text{ME}}\tag{4-43}$$

式中：ε为一个足够大的实数。

4. 交叉和变异

交叉过程采用单点交叉法，即对于确定的两个亲代字符串1和字符串2，以交叉概率随机生成一个实数$i(1\leqslant i\leqslant N)$，子代字符串1由亲代字符串1的前$i$个数以及亲代字符串2的后$N-i$个数组成，同时，子代字符串2由亲代字符串2的前$i$个数以及亲代字符串1的后$N-i$个数组成。

对于变异过程的操作单点变异为：以一定概率选择某个解，随机生成某个位置，然后用新生成的Ω_i替换其值。

4.5 案例分析

在本节中，以国内某个区域电力配送系统为例，进行了两组数值分析。在4.5.1节中，研究串联系统在不同公共总线以及不同传输损耗机制下的系统可靠性变化。在4.5.2节中，研究了在不同传输损耗机制下的最优维修策略和保护方案变化情况。

4.5.1 不同传输损耗机制的可靠性

以中国的区域配电系统为例，通常每个城市都有一个或多个发电厂，所有发电厂和用户都连接在长距离输电线上，这样的系统称为配电系统。因为城市内部的供电距离远小于城市之间的距离，因此每个发电站通常会优先考虑其所在城市用户的用电量，以减少输电损耗。只有当城市发电量超过用电量需求时，盈余电力才会通过城市之间的长距离传输线传输到电力供应不足的其他城市[61]。但是，由于城市之间的距离较长，因此在电力传输过程中会出现功率损耗。除了传输距离之外，在整个长距离输电线路上传输的电量也会受传输过程中的电压影响。考虑到传输过程中的功率损耗，系统在电力传输后必须满足所有城市的需求，否则该系统视为失效。该案例结构如图4-3所示，该系统由10个城市e_1、e_2、e_3、e_4、e_5、e_6、e_7、e_8、e_9和e_{10}组成，每个城市包括一个发电厂和一个城市用户群。由于连接不同城市的长距离输电线具有电力共享的功能，因此可将其视为公共总线。尽管在同一个城市中，从发电厂到城市用户的电力传输存在性能损耗，但是由于与城市间的传输损耗相比，其值很小，因此本章不考虑这部分的电力损耗。该系统可视为如图4-4所示的多态性能共享系统。

通过查阅中国统计年鉴，国内一个普通城市的电力消耗量通常在$(5-40)\times 10^6$kW·h之间。因此，在本例中，每个城市的发电量G_i和电力需求W_i设定为在10、15、20、25（单位：十亿千瓦·时，即10^9kW·h）之间取值的离散随机变量。每个城市的发电量和电力需求的参数如表4-1和表4-2所示。为了比较不同传输能力对系统可靠性的影响，采用两种传输能力：①传输能力$C=(20,30)$，对应概率为$(0.4,0.6)$；②传输能力$C=(5,10)$，对应概率为$(0.4,0.6)$。

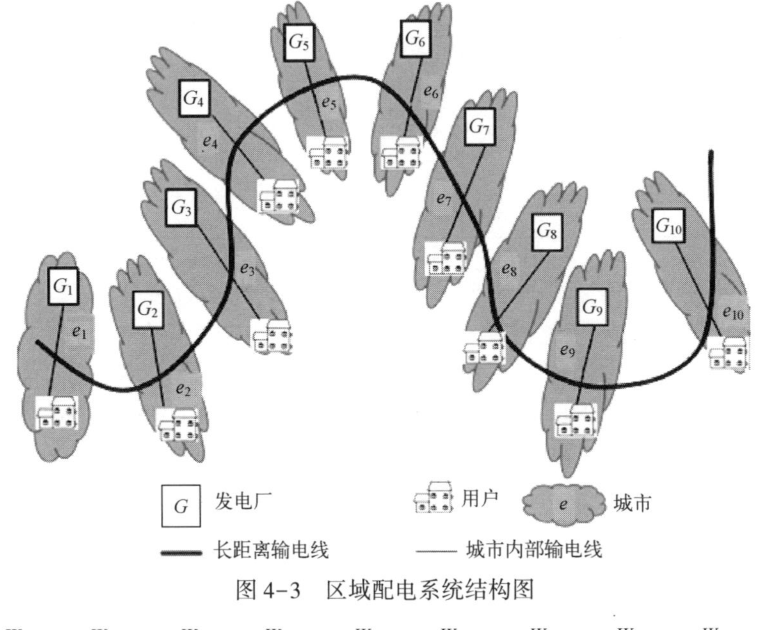

图 4-3　区域配电系统结构图

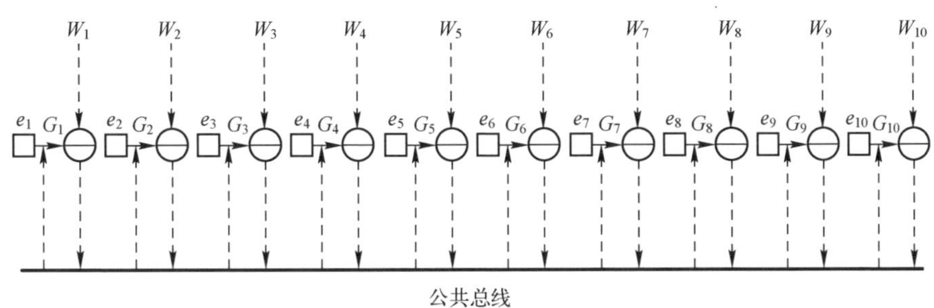

图 4-4　区域配电系统结构简化图

表 4-1　城市发电能力的概率分布

发电量/（10^9kw・h）	e_1	e_2	e_3	e_4	e_5	e_6	e_7	e_8	e_9	e_{10}
10	0. 3	0	0	0. 5	0	0. 8	0	0	0	0
15	0. 7	0. 1	0. 3	0. 5	0	0. 2	0. 5	0. 3	0	0
20	0	0. 9	0. 7	0	0. 3	0	0. 5	0. 7	0. 2	0. 1
25	0	0	0	0	0. 7	0	0	0	0. 8	0. 9

表 4-2　城市电力需求的概率分布

电力需求/（10^9kw・h）	e_1	e_2	e_3	e_4	e_5	e_6	e_7	e_8	e_9	e_{10}
10	0. 7	0. 4	0	0. 3	0	0. 8	0	0	0	0

续表

电力需求/(10^9kw·h)	e_1	e_2	e_3	e_4	e_5	e_6	e_7	e_8	e_9	e_{10}
15	0.3	0.6	0.6	0.7	0.8	0.2	0.8	0.5	0.6	0.8
20	0	0	0.4	0	0.2	0	0.2	0.5	0.4	0.2
25	0	0	0	0	0	0	0	0	0	0

该系统在不同传输损耗机制下的可靠性随损耗参数变化如图 4-5 所示。图中表明了系统可靠性 R 随着 a、ρ 和 λ 的增加而明显降低。因为 a、ρ 和 λ 的取值越大，意味着在性能传输过程中越多的电力损耗，所以对应的系统可靠性便越低。换而言之，传输损耗参数是影响区域配电系统可靠性的关键因素之一。为了提高系统可靠性，电力公司应该采取措施减少电力在传输过程中的损耗。

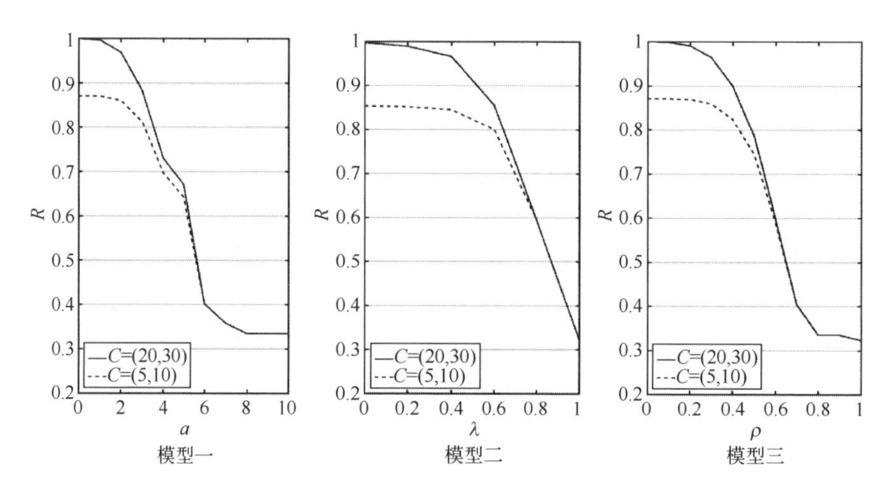

图 4-5　处于不同公共总线传输能力下的不同传输损耗机制系统可靠性

当传输损耗参数在一定值以下（$a\leqslant6$，$\rho\leqslant0.8$ 或 $\lambda\leqslant0.7$）时，公共总线更大的传输能力其系统可靠性更高，因为系统将允许更多的盈余性能用于重新分配，以补充性能不足的元件。当传输损耗参数超过某个值（$a>6$，$\rho>0.8$ 或 $\lambda>0.7$）时，传输能力不会影响系统可靠性，因为能够用于重新分配的盈余性能小于传输能力，也就是说有限的传输能力未能得到充分利用。电力公司应在采取措施减少电力损耗的基础上，更好地部署具有更高传输能力的公共总线以提高系统的可靠性。

4.5.2　最优维修和保护策略

本节研究系统同 4.5.1 节所提出的区域配电系统相同。每个城市的发电量与用电量的概率分布如表 4-1 和表 4-2 所示。电厂由于内部退化会产生故障，发电厂必须关闭以进行维护，因此该发电厂并不总是工作。此外，发电厂有遭受网络攻击的风险。例如，2019 年 1 月，黑客破坏了以色列的国家电网，导致该国大部分地区断电。为了防止发电厂被黑客破坏，电力公司可以部署工业防火墙，这被称为个体防护措施，用以抵抗黑客的攻击。在发电厂中，一般的备件通常需要几个月的更换时间，一次更换的相应费用在数万至数百万元人民币之间。最低限度的维修费用通常在数千至数十万元人民币之间，进行最小维修通常需要几个小时。为了便于说明，假定最小维修时间单位为一个月，最小维修成本单位为一万元。

本研究的目标是确定每座发电厂的最佳预防性替换时间间隔和最佳保护资源分配，以使总成本降至最低，同时满足给定的系统可用性要求 A^*。为了简化模型，假设外部攻击以固定频率 $f=0.5$ 对发电厂进行攻击。单次攻击强度为固定常数 $d=3$。系统的运行总时间为 $T_c=100$ 个月。每个发电厂的预防性替换时间间隔均有 7 种方案可供选择，即 $\Lambda_1=\Lambda_2=\cdots=\Lambda_{10}=7$，并且每个 e_i 来说，$T_i\in\{3,4,6,8,10,14,20\}$（单位：月）。三类传输损耗机制的相应参数分别为 $a=1$，$\lambda=0.4$，$\rho=0.25$，竞争强度参数为 $\varpi=1$。每个发电厂允许分配的最大保护资源量为 $\xi=10$。其他计算系统可用性的相关参数列于表 4-3。这些数据部分来自电力公司的实际运营数据（出于保密目的，未公开），部分基于合理假设。

表 4-3　多态发电厂相关参数表

参　数	e_1	e_2	e_3	e_4	e_5	e_6	e_7	e_8	e_9	e_{10}
δ_i/(10^3元)	35	40	40	45	50	50	55	45	40	50
σ_{pi}/(10^3元)	100	100	110	110	120	140	140	130	125	115
τ_{mi}/月	0.011	0.015	0.014	0.012	0.015	0.01	0.016	0.013	0.012	0.017
σ_{mi}/(10^3元)	8	8	7	8	6	8	8	7	7	6
τ_{ri}/月	0.012	0.014	0.015	0.016	0.017	0.017	0.018	0.014	0.016	0.013
σ_{ri}/(10^3元)	12.5	13	12	13.5	13	12.5	10.5	10	11.5	12
τ_{pi}/月	0.006	0.007	0.007	0.008	0.008	0.006	0.005	0.009	0.006	0.01

续表

参　　数	e_1	e_2	e_3	e_4	e_5	e_6	e_7	e_8	e_9	e_{10}
$\Im_i(3)$	0.48	0.42	0.42	0.44	0.49	0.44	0.42	0.45	0.45	0.43
$\Im_i(4)$	0.81	0.83	0.87	0.91	0.94	0.88	0.87	0.87	0.88	0.98
$\Im_i(6)$	2.40	2.30	2.40	2.40	2.60	2.50	2.50	2.60	2.50	2.40
$\Im_i(8)$	5.5	6.1	5.7	6	6	5.8	5.8	6.1	5.8	6
$\Im_i(10)$	8	9	9	8	8.5	9	9.5	8	9	9
$\Im_i(14)$	15	16	15	17	14	15	16	16	15	16
$\Im_i(20)$	30	31	32	30	32	31	30	31	33	32

在公共总线传输能力 $C=(20\quad 30;0.4\quad 0.6)$ 的情况下，三种不同传输损耗机制的最佳保护资源分配和更换间隔结果列在表 4-4、表 4-5 以及表 4-6 中。在公共总线传输能力 $C=(10\quad 15;0.4\quad 0.6)$ 的情况下，三种不同传输损耗机制的最佳保护资源分配和更换间隔结果列在表 4-7、表 4-8 以及表 4-9 中。从表格结果可以看出，系统总成本随着系统可用性要求的提高而增加。通常，当系统可用性要求提高时，所有发电厂的预防性替换时间间隔会缩短。通过比较表 4-4、表 4-5、表 4-6 以及表 4-7、4-8 和 4-9 中的结果，可以看到，当公共总线的传输能力减少时，系统总成本会增加。因此，电力公司可以选择具有更高容量的公共总线，只要额外成本低于由于现有公共总线传输能力较低而增加的系统运行成本即可。

表 4-4　第一类传输损耗机制下的最优保护分配和替换间隔 $[C=(20\quad 30;0.4\quad 0.6)]$

参　　数			e_1	e_2	e_3	e_4	e_5	e_6	e_7	e_8	e_9	e_{10}
模型 1	$A^*=0.85$ $A=0.8505$ $C_{\text{Total}}=21116$	$\boldsymbol{T}^*$	10	10	14	10	6	14	14	14	14	10
		$\boldsymbol{\chi}^*$	5	6	6	4	2	4	7	6	3	4
	$A^*=0.90$ $A=0.9001$ $C_{\text{Total}}=25966$	$\boldsymbol{T}^*$	10	6	3	10	6	14	6	14	6	6
		$\boldsymbol{\chi}^*$	9	4	8	7	6	7	8	5	10	6
	$A^*=0.92$ $A=0.9201$ $C_{\text{Total}}=29553$	$\boldsymbol{T}^*$	6	4	10	3	6	6	6	6	4	6
		$\boldsymbol{\chi}^*$	10	7	8	4	7	9	9	8	6	3

表 4-5　第二类传输损耗机制下的最优保护分配和替换间隔
[$C=(20\quad 30;0.4\quad 0.6)$]

参　数			e_1	e_2	e_3	e_4	e_5	e_6	e_7	e_8	e_9	e_{10}
模型 2	$A^*=0.85$ $A=0.8512$ $C_{\text{Total}}=18992$	$\boldsymbol{T}^*$	14	14	20	20	14	20	20	14	20	20
		$\boldsymbol{\chi}^*$	6	5	4	3	3	2	2	3	4	2
	$A^*=0.90$ $A=0.9013$ $C_{\text{Total}}=19785$	$\boldsymbol{T}^*$	14	14	20	14	20	14	20	14	20	14
		$\boldsymbol{\chi}^*$	8	4	4	4	3	4	3	3	5	3
	$A^*=0.92$ $A=0.9228$ $C_{\text{Total}}=20260$	$\boldsymbol{T}^*$	6	14	14	10	14	14	20	14	14	14
		$\boldsymbol{\chi}^*$	10	4	4	3	2	4	3	3	4	3

表 4-6　第三类传输损耗机制下的最优保护分配和替换间隔
[$C=(20\quad 30;0.4\quad 0.6)$]

参　数			e_1	e_2	e_3	e_4	e_5	e_6	e_7	e_8	e_9	e_{10}
模型 3	$A^*=0.85$ $A=0.8501$ $C_{\text{Total}}=21899$	$\boldsymbol{T}^*$	6	10	14	6	14	14	10	10	10	10
		$\boldsymbol{\chi}^*$	10	7	4	6	6	10	4	5	6	4
	$A^*=0.90$ $A=0.9001$ $C_{\text{Total}}=28155$	$\boldsymbol{T}^*$	4	6	14	6	4	6	6	6	8	4
		$\boldsymbol{\chi}^*$	6	5	8	6	9	9	5	5	8	8
	$A^*=0.92$ $A=0.9205$ $C_{\text{Total}}=33438$	$\boldsymbol{T}^*$	4	3	6	4	4	6	3	6	6	4
		$\boldsymbol{\chi}^*$	8	6	6	6	9	4	10	5	5	9

表 4-7　第一类传输损耗机制下的最优保护分配和替换间隔
[$C=(10\quad 15;0.4\quad 0.6)$]

参　数			e_1	e_2	e_3	e_4	e_5	e_6	e_7	e_8	e_9	e_{10}
模型 1	$A^*=0.85$ $A=0.8500$ $C_{\text{Total}}=22759$	$\boldsymbol{T}^*$	10	14	8	6	14	10	8	14	14	6
		$\boldsymbol{\chi}^*$	10	9	9	3	8	6	10	6	4	8
	$A^*=0.90$ $A=0.9001$ $C_{\text{Total}}=29817$	$\boldsymbol{T}^*$	6	4	6	4	4	10	6	6	8	3
		$\boldsymbol{\chi}^*$	5	6	4	4	6	10	6	5	7	10
	$A^*=0.92$ $A=0.9201$ $C_{\text{Total}}=34359$	$\boldsymbol{T}^*$	4	4	4	4	3	6	4	6	4	4
		$\boldsymbol{\chi}^*$	5	7	8	8	9	9	7	6	9	8

表 4-8　第二类传输损耗机制下的最优保护分配和替换间隔
[C=(10　15;0.4　0.6)]

参　　数			e_1	e_2	e_3	e_4	e_5	e_6	e_7	e_8	e_9	e_{10}
模型 2	$A^*=0.85$ $A=0.8571$ $C_{\text{Total}}=19799$	$\boldsymbol{T}^*$	10	14	14	10	14	14	20	14	14	14
		$\boldsymbol{\chi}^*$	5	4	5	4	3	4	2	3	4	3
	$A^*=0.90$ $A=0.9012$ $C_{\text{Total}}=20205$	$\boldsymbol{T}^*$	6	14	14	10	14	14	20	14	14	14
		$\boldsymbol{\chi}^*$	8	4	3	3	2	3	2	3	3	2
	$A^*=0.92$ $A=0.9207$ $C_{\text{Total}}=20854$	$\boldsymbol{T}^*$	4	14	14	10	14	14	20	14	14	14
		$\boldsymbol{\chi}^*$	8	5	4	4	3	3	2	3	4	3

表 4-9　第三类传输损耗机制下的最优保护分配和替换间隔
[C=(10　15;0.4　0.6)]

参　　数			e_1	e_2	e_3	e_4	e_5	e_6	e_7	e_8	e_9	e_{10}
模型 3	$A^*=0.85$ $A=0.8505$ $C_{\text{Total}}=22792$	$\boldsymbol{T}^*$	14	6	6	10	6	14	8	10	14	6
		$\boldsymbol{\chi}^*$	4	5	4	6	7	4	4	2	5	3
	$A^*=0.90$ $A=0.9001$ $C_{\text{Total}}=33651$	$\boldsymbol{T}^*$	3	6	6	10	4	4	3	6	6	3
		$\boldsymbol{\chi}^*$	7	7	4	8	10	7	9	10	5	7
	$A^*=0.92$ $A=0.9201$ $C_{\text{Total}}=41136$	$\boldsymbol{T}^*$	3	3	3	4	4	3	3	4	4	3
		$\boldsymbol{\chi}^*$	8	9	8	7	9	10	10	5	9	9

4.6　本章总结

本章提出了一种考虑传输损耗的性能共享多态串联系统，考虑了三种不同的传输损耗机制，并建立了相应的可靠性模型。通过扩展的通用生成函数方法，对每个模型提出了系统可靠性评估算法。为了提高系统可用性，本章考虑了元件维修策略和保护的联合优化问题，通过确定元件的最佳更换间隔和最佳保护资源分配，将系统运行成本降至最低。最后以配电系统为例，应用了所提出可靠性评估算法和优化模型。案例分析结果为系统运营者如何合理安排维修策略以及如何保护系统免受外部攻击的影响提供了方法支撑。

符号及说明列表	
G_i	元件 e_i的随机性能
W_i	元件 e_i的随机需求
$p_{i,b}$	元件 e_i处于状态 b 时的概率
$w_{i,r}$	元件 e_i的需求处于状态 r 时的数值
α_j	C 的概率质量函数
X_k	元件 e_1 累加到第 k 个元件 e_k的总性能
S	可传输的总盈余性能
D	可补充的总不足性能
$\rho^{(j-i)}$	任意两个元件 e_i和 e_j($i<j$)之间的性能损失
T_i	预防性替换的固定间隔时间
$\Im_i(t)$	元件 e_i的期望失效次数
σ_{pi}	元件 e_i每次预防性替换成本
σ_{mi}	元件 e_i每次最小维修的成本
δ_i	元件 e_i的保护资源的单位成本
f	外部影响的频率
d	外部影响的强度
ϖ	竞争强度参数
τ_{mi}	元件 e_i内部退化而失效的最小维修时间
τ_{ri}	元件 e_i因外部影响而产生的最小维修时间
τ_{pi}	预防性替换时间
$A(T,X)$	系统在给定预防性替换策略和元件保护资源分配下的可用性
A^*	系统所要求满足的最低可用性
$I(x)$	示性函数，如果 x 为真，则 $I(x)=1$，否则 $I(x)=0$

第五章

多层级性能共享多态系统可靠性建模与优化

前面介绍的性能共享都局限于同一层级的性能共享组。实际上，由于地理原因或技术问题，系统可能存在多个层级共享性能组。在多级性能共享的情形下，子系统内部的各元件之间的性能共享受到子系统公共总线传输容量的限制，同时子系统之间的性能共享又受到系统公共总线传输容量限制，因此基于多层级性能共享系统的可靠性建模与计算更具挑战。多层级共享在实际中广泛存在，例如电力系统和计算机网络。电力系统通常由主传输线将电力传输到不同的地区，而每个区域都由传输线将电力传输到每个家庭。计算机网络也可以由一些主通道将不同的计算机组连接在一起，而每个计算机组通过内部网络将组内不同计算机相连接。本章考虑一个多层级性能共享系统，即子系统之间的性能通过系统公共总线进行共享，子系统内部的性能共享通过各自子系统的公共总线。

5.1 多层级性能共享系统

图 5-1 展示一个由 3 个子系统构成的多层级性能共享系统。更一般地，考虑一个由 M 个子系统串联构成的多层级性能共享系统，其中每个子系统 i 都由 n_i 个元件组构成，元件组内并联，并且每个元件组的性能需求以及每个组元件个数不一定相同。令 d_{ji} 表示子系统 i 中第 j 个元件组的性能需求。令 n_{ij} 表示子系统 i 中第 j 个元件组的元件个数。系统中每个元件的性能均为离散随机变量。令 (G_{rji},P_{rji}) 表示子系统 i 中第 j 个元件组中的第 r 个元件的性能分布，其中该元件具有 K_{rji} 种不同的性能状态，且有 $G_{rji}(1)>G_{rji}(2)>\cdots>G_{rji}(K_{rji})$，而 $P_{rji}(k)=Pr(G_{rji}(k))$ 表示该元件处于状态 k 时性能为 $G_{rji}(k)$ 的概率。在元件组内部，元件为并联模式，因此每个元件组的性能为该组所有元件的性能之和。每个子系统中的元件组均连接在该子系统的公共总线上，同一子系统中的元件组可以通过该子系统公共总线进行性能共享，但性能共享

的总量受到子系统公共总线传输容量的限制。令 C_i 表示第 i 个子系统的公共总线传输容量。此外，每个子系统均连接到系统公共总线，盈余性能或不足性能可以通过系统公共总线在不同子系统之间传输。类似地，在子系统之间共享的总性能受到系统公共总线传输容量 C 的限制。值得注意的是，当一个子系统与另一个子系统进行性能共享，共享的性能不仅占用系统公共总线传输容量，还占用该子系统的子系统公共总线传输容量。

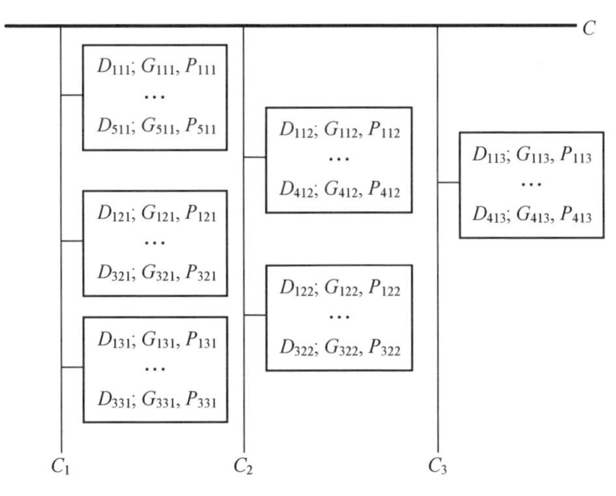

图 5-1　多层级性能共享系统结构

5.2　可靠性建模

本节基于通用生成函数方法评估系统的可靠性[79-82]。由于该系统具有多个层级，因此需要构建不同层级结构的性能分布通用生成函数。

对于子系统 i 中第 j 个元件组中的任意元件 r，其性能分布的通用生成函数形式可表示为

$$u_{rji}(z) = \sum_{k=1}^{K_{rji}} p_{rji}(k) \times z^{G_{rji}(k)} \tag{5-1}$$

子系统 i 中的任意元件组 j 的性能分布可以通过该组内部所有元件的性能分布来获得，即

$$\widetilde{u}_{ji}(z) = \prod_{r=1}^{n_{ji}} u_{rji}(z) = \sum_{b=1}^{K_{ji}} p_b \times z^{G_{ji}(b)} \tag{5-2}$$

对于子系统 i 中的任意元件组 j，给定其性能为 $G_{ji}(b)$，此时它的不足性能为 $\max(D_{ji}-G_{ji}(b),0)$。同样，它的盈余性能为 $\max(G_{ji}(b)-D_{ji},0)$。因此，

子系统 i 中的任意元件组 j 的不足性能和盈余性能可以通过通用生成函数表示为

$$u_{ji}(z)=\sum_{b=1}^{K_{ji}} p_b \times z^{\max\{D_{ji}-G_{ji}(b),0\},\max\{G_{ji}(b)-D_{ji},0\}} \tag{5-3}$$

对于子系统 i，子系统中的所有元件的总不足性能或总盈余性能可以通过对该系统中各个元件的不足性能或盈余性能求和获得。因此，子系统 i 性能分布的通用生成函数可以表示为

$$u_i(z)=\oplus(u_{1i}(z),u_{2i}(z),\cdots,u_{ni}(z))=\sum_{b=1}^{K_i} p_b \times z^{\{d_{bi},s_{bi}\}} \tag{5-4}$$

其中通用生成函数算子⊕定义为

$$\begin{aligned}u_{ji}(z)\oplus u_{vi}(z)&=\left(\sum_{b_j=1}^{K_{ji}} p_{b_j} \times z^{\max\{D_{ji}-G_{ji}(b_j),0\},\max\{G_{ji}(b_j)-D_{ji},0\}}\right)\\&\quad\oplus\left(\sum_{b_v=1}^{K_{vi}} p_{b_v} \times z^{\max\{D_{vi}-G_{vi}(b_j),0\},\max\{G_{vi}(b_v)-D_{vi},0\}}\right)\\&=\sum_{b_j=1}^{K_{ji}}\sum_{b_v=1}^{K_{vi}}(p_{b_v}\times p_{b_j})\times z^{\left\{\begin{matrix}\max\{D_{ji}-G_{ji}(b_j),0\}+\max\{D_{vi}-G_{vi}(b_j),0\},\\ \max\{G_{ji}(b_j)-D_{ji},0\}+\max\{G_{vi}(b_v)-D_{vi},0\}\end{matrix}\right\}}\end{aligned} \tag{5-5}$$

根据系统可靠性定义可知，如果存在任意子系统 i 的子系统公共总线传输容量小于该子系统的不足性能，则系统必定失效。因此在系统可靠性计算中，满足 $d_{bi}>C_i$ 的所有项可以忽略。在 $d_{bi}\leqslant C_i$ 的情形下，则需要比较 d_{bi} 和 s_{bi}。如果 $d_{bi}>s_{bi}$，意味着该子系统需要从其他子系统借用一些性能，借用的性能总量应为 $d_{bi}-s_{bi}$。反之，如果 $d_{bi}\leqslant s_{bi}$ 成立，这意味着该子系统存在盈余性能可以共享给其他子系统，而可以传输给其他子系统的最大性能为 $\min(s_{bi}-d_{bi},C_i-d_{bi})$。因此，对于任意子系统 i，其需要借用的性能和能够共享给其他子系统的性能可以表示为

$$\begin{aligned}U_i(z)&=\phi(u_i(z))=\phi\left(\sum_{b=1}^{K_i} p_b \times z^{\{d_{bi},s_{bi}\}}\right)\\&=\sum_{b=1}^{K_i} p_b \times I(d_{bi}\leqslant C_i)\times z^{\{\max(d_{bi}-s_{bi},0),\max(\min(s_{bi}-d_{bi},C_i-d_{bi}),0)\}}\end{aligned} \tag{5-6}$$

式中：$I(x)$ 为示性函数，$I(真)=1$，$I(假)=0$。

整个系统的不足性能和盈余性能可以表示为

$$U(z)=\oplus(U_1(z),U_2(z),\cdots,U_M)=\sum_{v=1}^{K} p_v \times z^{\{d_v,s_v\}} \tag{5-7}$$

当且仅当系统的不足性能不超过系统的盈余性能和整个系统主干公共总线的最大传输容量时，系统方可成功运行。因此，系统可靠性可以表示为

$$R = \sum_{v=1}^{K} p_v \times I(d_v \leqslant \min(s_v, C)) \tag{5-8}$$

假设元件的总数为 Q。元件分配问题可以视为将 Q 个元件构成的集合 E 划分为 $N=n_1+n_2+\cdots+n_Q$ 个互斥子集 $E_n(1\leqslant n\leqslant N)$ 的问题，上述子集具有如下性质

$$\bigcup_{n=1}^{N} E_n = E \tag{5-9}$$

$$E_i \cap E_j = \varnothing \quad (i\neq j) \tag{5-10}$$

对于每个 $n_1+n_2+\cdots+n_i\leqslant n\leqslant n_1+n_2+\cdots+n_{i+1}$，每个集合 E_n 表示分配至子系统 $i+1$ 中第 $n-(n_1+n_2+\cdots+n_i)$ 个元件组的元件，它可以包含 0 到 Q 个元件。集合 E 的划分可以用向量 $\boldsymbol{H}=\{h(j),1\leqslant j\leqslant Q\}$ 表示，其中 $h(j)(1\leqslant h(j)\leqslant N)$ 表示元件 j 分配至集合 $E_{h(j)}$。每个集合 E_n 的势为

$$|E_n| = \sum_{j=1}^{Q} 1(h(j) = n) \tag{5-11}$$

因此，该优化问题即为寻找使得系统可靠性最大化的向量 $\boldsymbol{H}=\{h(1),h(2),\cdots,h(N)\}$。

$$\begin{aligned} &\text{Maximize } R(\boldsymbol{H}) \\ &\text{s.t. } h(j) = 1,2,\cdots,N;\ j = 1,2,\cdots,Q \end{aligned} \tag{5-12}$$

5.3 优化方法

对于式（5-12）中的组合优化问题，当 M 和 N 都很大时，计算量巨大，采用枚举法搜索最优解变得不具可操作性。因此，本章采用遗传算法（GA）对上述优化问题进行求解。

编码和解码：每个解由向量 $S=\{s_1,s_2,\cdots,s_Q\}$ 表示，其中 $s_q=1,2,\cdots,N$ 表示每个元件 q 的分配情形（$q=1,2,\cdots,Q$）。特别地，任意元件 q 的分配情形可以通过对解向量中的 s_q 进行如下解码获知：找到满足 $n_1+n_2+\cdots+n_i<s_q\leqslant n_1+n_2+\cdots+n_{i+1}$ 的 i，然后将元件 q 分配至子系统 $i+1$ 的第 $s_q-(n_1+n_2+\cdots+n_i)$ 个元件组。

交叉过程：给定父代向量 $\boldsymbol{S}_1$、$\boldsymbol{S}_2$ 以及子代向量 $\boldsymbol{O}$，向量 $\boldsymbol{O}$ 中的第 $q(1\leqslant q\leqslant Q)$ 个数值等于 $\boldsymbol{S}_1$ 或 $\boldsymbol{S}_2$ 的第 q 个数值，即采用单点交叉法，交叉概率为 0.5。

变异过程：该过程以一定概率交换解向量中两个随机位置的数值。

5.4 数值实验

以图 5-1 的系统结构为例，该系统需将 10 个元件分配至 6 个元件组中。每个元件组的需求水平为 $d_{11}=d_{21}=d_{31}=6$、$d_{12}=d_{22}=5$、$d_{13}=4$。每个元件的性能分布如表 5-1 所列。主干公共总线和各个分支公共总线传输容量 $C=10$、$C_1=2$、$C_2=2$ 和 $C_3=2$。

表 5-1 系统各元件的容量分布

元件/容量	4	2	0
e_1	0.8	0.1	0.1
e_2	0.8	0.1	0.1
e_3	0.8	0.1	0.1
e_4	0.6	0.2	0.2
e_5	0.6	0.2	0.2
e_6	0.6	0.2	0.2
e_7	0.5	0.3	0.2
e_8	0.5	0.3	0.2
e_9	0.5	0.3	0.2
e_{10}	0.5	0.3	0.2

5.4.1 元件固定的系统可靠性

作为示例，假设元件分配向量 $\boldsymbol{H}=\{6,5,4,3,2,1,2,5,6,3\}$ 给定。由 $\boldsymbol{H}$ 的定义可知，系统中 6 个元件组的元件分配分别为 $\{6\}$、$\{5,7\}$、$\{4,10\}$、$\{3\}$、$\{2,8\}$、$\{1,9\}$。此外，表示不同元件组性能分布的通用生成函数可以计算为

$$\tilde{u}_{11}=u_{111}=0.6z^4+0.2z^2+0.2z^0$$

$$\begin{aligned}\tilde{u}_{21}=u_{121}u_{221}&=(0.6z^4+0.2z^2+0.2z^0)(0.5z^4+0.3z^2+0.2z^0)\\&=0.3z^8+0.28z^6+0.28z^4+0.1z^2+0.04z^0\end{aligned}$$

$$\begin{aligned}\tilde{u}_{31}=u_{131}u_{231}&=(0.6z^4+0.2z^2+0.2z^0)(0.5z^4+0.3z^2+0.2z^0)\\&=0.3z^8+0.28z^6+0.28z^4+0.1z^2+0.04z^0\end{aligned}$$

$$\tilde{u}_{12}=u_{112}=0.8z^4+0.1z^2+0.1z^0$$

$$\begin{aligned}\tilde{u}_{22}=u_{122}u_{222}&=(0.8z^4+0.1z^2+0.1z^0)(0.5z^4+0.3z^2+0.2z^0)\\&=0.4z^8+0.29z^6+0.24z^4+0.05z^2+0.02z^0\end{aligned}$$

$$\tilde{u}_{31}=u_{131}u_{231}=(0.8z^4+0.1z^2+0.1z^0)(0.5z^4+0.3z^2+0.2z^0)$$

$= 0.4z^{8}+0.29z^{6}+0.24z^{4}+0.05z^{2}+0.02z^{0}$

因为 $d_{11}=d_{21}=d_{31}=6$，$d_{12}=d_{22}=5$，$d_{13}=4$，所以表示不同元件组的不足性能和盈余性能的通用生成函数为

$$u_{11}=0.6z^{(2,0)}+0.2z^{(4,0)}+0.2z^{(6,0)}$$

$$u_{21}=u_{31}=0.3z^{(0,2)}+0.28z^{(0,0)}+0.28z^{(2,0)}+0.1z^{(4,0)}+0.04z^{(6,0)}$$

$$u_{21}=0.8z^{(1,0)}+0.1z^{(3,0)}+0.1z^{(5,0)}$$

$$u_{22}=0.4z^{(0,3)}+0.29z^{(0,1)}+0.24z^{(1,0)}+0.05z^{(3,0)}+0.02z^{(5,0)}$$

$$u_{31}=0.4z^{(0,4)}+0.29z^{(0,2)}+0.24z^{(0,0)}+0.05z^{(2,0)}+0.02z^{(4,0)}$$

根据式（5-4）和式（5-6），3 个子系统的通用生成函数为

$$U_{1}=0.1548z^{(0,0)}+0.04704z^{(2,0)}$$

$$U_{2}=0.32z^{(0,3)}+0.232z^{(0,1)}+0.192z^{(1,0)}+0.04z^{(3,0)}+0.016z^{(5,0)}$$

$$U_{3}=0.69z^{(0,2)}+0.24z^{(0,0)}+0.05z^{(2,0)}$$

根据式（5-7）和式（5-8），系统可靠性 $R=0.135$。

5.4.2　元件最优分配

本节的优化问题为确定使系统可靠性 R 最大化的最优元件分配策略 $\boldsymbol{H}$。根据前文所提的遗传算法，搜索到最优的 $\boldsymbol{H}$ 为{6,2,3,3,2,4,1,4,1,5}，对应的系统可靠性为 $R=0.236$。此时，分配至 6 个元件组的元件集合分别为{7,9}、{2,5}、{3,4}、{6,8}、{10}、{1}。

由于子系统公共总线传输容量较小，所以此时系统的最优可靠性不高。固定其他参数不变，变动各子系统公共总线传输容量为 $C_{1}=C_{2}=C_{3}=5$ 后，最优的 $\boldsymbol{H}$ 为{2,1,6,5,4,6,3,2,4,1}，对应的系统可靠性为 $R=0.353$。此时，6 个元件组包含的元件分别为{2,10}、{1,8}、{7}、{5,9}、{4}、{3,6}。如果进一步将各个元件组的需求水平调整为 $d_{11}=d_{21}=d_{31}=3$，$d_{12}=d_{22}=3$，$d_{13}=1$，最优的 $\boldsymbol{H}$ 为{4,2,6,5,1,2,1,1,3,5}对应的系统可靠性为 $R=0.998$，各个元件组的集合分别为{5,7,8}、{2,6}、{9}、{1}、{4,10}、{3}。

为了更好地研究性能共享对系统可靠性的影响，假定系统不包含公共总线，即 $C=0$、$C_{1}=0$、$C_{2}=0$ 和 $C_{3}=0$。对于 $d_{11}=d_{21}=d_{31}=6$、$d_{12}=d_{22}=5$、$d_{13}=4$，此时最优的 $\boldsymbol{H}$ 为{1,2,6,4,4,2,2,1,1,4}，对应的系统可靠性是 $R=0.105$，6 个元件组的元件集合分别为{1,8,9}、{2,6,7}、∅、{4,5,10}、∅、{3}。通过进一步将各个元件组的需求水平调整为 $d_{11}=d_{21}=d_{31}=3$、$d_{12}=d_{22}=3$、$d_{13}=1$，最优的 $\boldsymbol{H}$ 为{2,4,4,6,2,6,1,1,2,1}，系统可靠性为 $R=0.867$，每个元件组的元件集合分别为{7,8,10}、{1,5,9}、∅、{2,3}、∅、{4,6}。对于上述两种情形，系统可靠性均低于存在性能共享时的可靠性。因此，如果需要维持相同

的系统可靠性水平，则应在系统各个元件组中增加更多的元件，从而提供更多的性能。

5.5 本章总结

本章考虑了一个具有多层级的性能共享的多态系统。子系统之间的性能共享通过系统公共总线实现，而子系统内部的性能共享则通过该子系统的公共总线实现。子系统内部的性能共享受限于子系统公共总线传输容量，而子系统之间的性能共享受限于系统公共总线传输容量。通过改进通用生成函数，本章提出了多层级性能共享系统的可靠性评估方法。算例分析表明优化分配元件位置能够显著提高多层级性能共享系统的可靠性。

符号及说明列表	
M	多层级性能共享系统的子系统个数
n_i	每个子系统 i 中的元件个数
d_{ji}	子系统 i 中第 j 个元件组的性能需求
s_{ji}	子系统 i 中第 j 个元件组的不足性能
n_{ij}	子系统 i 中第 j 个元件组的元件个数
$G_{rji}(k)$	子系统 i 中第 j 个元件组中的第 r 个元件的性能分布
$P_{rji}(k)$	子系统 i 中第 j 个元件组中的第 r 个元件处于状态 k 时性能为 $G_{rji}(k)$ 的概率
K_{rji}	子系统 i 中第 j 个元件组中的第 r 个元件的性能状态数
C_i	第 i 个子系统的公共总线传输容量
$G_{ji}(b)$	子系统 i 中的任意元件组 j 的性能
Q	元件的总数
$I(x)$	示性函数，则 I(真)$=1$，否则 I(假)$=0$

第六章

相邻两级性能共享多态系统可靠性建模与优化

前面几章介绍的性能共享机制均是通过公共总线进行性能传输从而实现性能共享，系统中任意一个连接到公共总线的元件都可以将盈余性能传输给其他任一连接到公共总线的元件。通过公共总线的性能共享与元件的位置无关，在传输过程中不受距离的限制[43,82-83]。但是，实际系统中性能共享往往会受到位置或距离等因素的限制，即盈余性能只能传递到与其直接连接的元件，之后再传递给其他非相邻元件[70]。例如，发电站在进行电能传输时，多余的电能首先会传递到与其距离最近的电厂，之后再传递到相距较远的其他发电厂。此外，元件首先在第一层级进行性能共享，然后再进行第二层级的共享[84]，并且共享受到一级和二级传输器传输能力的限制。因此，在多级系统中实现性能共享更加困难，系统的可靠性估算更具挑战性。本章考虑具有两级的系统，性能通过一级渠道在各子系统间实现共享，通过二级渠道实现子系统内各个元件的性能共享。在每个子系统中，一个元件的盈余性能首先传输给它的邻近元件，然后通过其邻近元件进一步共享给非邻近的元件。同样地，一个子系统的盈余性能也首先传输给它的邻近子系统，然后通过其邻近子系统共享给非邻近子系统。两个相邻元件或子系统之间所传输的盈余性能受到它们之间性能传输器容量的限制。这种配置使得性能共享更加困难，系统可靠性评估也更具有挑战性。本章旨在建立该系统的可靠性模型，并提出相应的可靠性评估算法。

6.1 可靠性模型

如图 6-1 所示：考虑一个由 M 个子系统组成的串联系统，子系统 i 由 n_i 个元件串联组成，其中 $i=1,2,\cdots,M$。任意两个相邻元件和任意两个相邻子系统之间均存在一个性能传输器。也就是说，性能共享只能发生在两个相邻的元件或子系统之间。系统的可靠性定义为各元件均满足自身性能需求的概率。

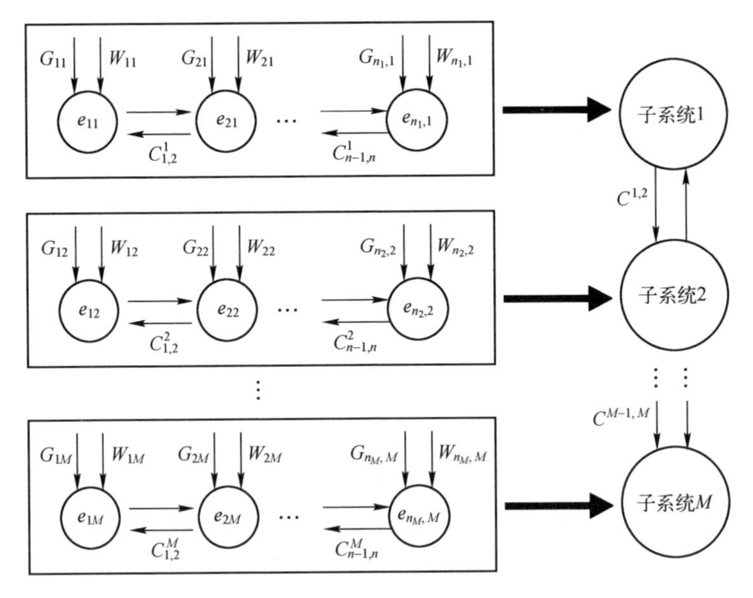

图 6-1　两级性能共享系统的结构

令随机变量 G_{ji} 表示子系统 i 中的第 j 个元件的性能，即元件 e_{ji} 的性能，其概率质量函数为 $p_{ji}(k)=P(G_{ji}=G_{ji}(k))$，其中 $k=1,2,\cdots,k_{ji}$，k_{ji} 为随机变量 G_{ji} 的状态个数；$p_{ji}(k)$ 为元件 e_{ji} 处于状态 k 的概率；$G_{ji}(k)$ 为当元件 e_{ji} 在状态 k 时的性能值。为不失一般性，我们假设 $G_{ji}(1)>G_{ji}(2)>\cdots>G_{ji}(k_{ji})$。另一方面，元件 e_{ji} 必须满足随机需求 W_{ji}，其概率质量函数为 $q_{ji}(h)=P(W_{ji}=W_{ji}(h))$，其中 $h=1,2,\cdots,h_{ji}$，h_{ji} 为离散随机变量 W_{ji} 状态的个数；$q_{ji}(h)$ 为元件需求处于状态 h 的概率；$W_{ji}(h)$ 为元件处于状态 h 时的需求值。

令 $Z_{ji}=G_{ji}-W_{ji}$ 表示元件 e_{ji} 性能和需求之间的差异。$Z_{ji}>0$ 意味着元件 e_{ji} 存在盈余性能 Z_{ji}，$Z_{ji}<0$ 意味着元件 e_{ji} 存在不足性能 $-Z_{ji}$。元件 e_{ji} 和元件 $e_{j+1,i}$ 的盈余性能可以通过它们之间的性能传输器进行传输，然后进一步在子系统 i 中共享给其他元件。令随机变量 $C_{j,j+1}^i$ 表示连接元件 e_{ji} 和元件 $e_{j+1,i}$ 的性能传输器的传输容量，其状态空间为 $\{C_{j,j+1}^i(1),C_{j,j+1}^i(2),\cdots,C_{j,j+1}^i(m_{ji})\}$，对应的概率为 $\{\tau_{j,j+1}^i(1),\tau_{j,j+1}^i(2),\cdots,\tau_{j,j+1}^i(m_{ji})\}$。

在两级性能共享系统中，性能首先在各个子系统内部进行重新分配，然后再共享给相邻的子系统。因此，本节首先分析每个子系统内部的性能共享。

令 B_j^i 表示子系统 i 中包含 j 个元件的集合 $\{e_{1i},e_{2i},\cdots,e_{ji}\}$。因此，包含子系统 i 全部元件的集合即为 $B_{n_i}^i$。考虑子系统 i 中的第一个元件，在这种情况下我们可以用 B_1^i 表示其仅包含元件 e_{1i}，当且仅当 $Z_{1i}\geqslant 0$ 时，元件 e_{1i} 才能满足其性能需求。之后，将元件 e_{2i} 添加到集合 B_1^i 中得到集合 B_2^i，此时集合 B_2^i 包含了两个元件：元件 e_{1i} 和元件 e_{2i}。根据前面的定义，连接元件 e_{1i} 和元件 e_{2i} 的性能传输器的容量为 $C_{1,2}^i$，因此可在元件 e_{1i} 和元件 e_{2i} 之间传输的性能盈余受限于性能传输器容量 $C_{1,2}^i$。依此类推，加入元件 e_{3i}，元件 e_{4i}，…，元件 $e_{n_i,i}$，我们可以构造集合 $B_3^i,B_4^i,\cdots,B_{n_i}^i$。

令 S_j^i 表示集合 B_j^i 中的累积性能盈余或性能不足。$S_j^i\geqslant 0$ 意味着存在性能盈余，否则，就意味着性能不足，不足量为 $-S_j^i$。显然，$S_1^i=Z_{1i}$。

令 Y_j^i 表示可以在集合 B_j^i 和元件 $e_{j+1,i}$ 之间传输的性能总量。对于 $j=2,3,\cdots,n_i$，S_j^i 可以推导如下：

$$S_{j+1}^i=Y_j^i+Z_{j+1,i} \tag{6-1}$$

其中

$$\begin{aligned}Y_j^i&=\varphi(S_j^i,C_{j,j+1}^i)\\&=(-\infty)\times I\{-S_j^i>C_{j,j+1}^i\}+C_{j,j+1}^i\times I\{S_j^i>C_{j,j+1}^i\}+S_j^i\times I\{|S_j^i|\leqslant C_{j,j+1}^i\}\end{aligned} \tag{6-2}$$

在式（6-2）中，$I\{x\}$ 为一个指示函数，当 x 为真时，$I\{x\}=1$，否则 $I(x)=0$。如果 $-S_j^i>C_{j,j+1}^i$，集合 B_j^i 中元件的性能不足不能被元件 $e_{j+1,i}$ 补充，因为性能不足总量超过了性能传输器的传输容量。在这种情况下，由于子系统 i 失效，该系统失效，此时可令 Y_j^i 为 $-\infty$。如果 $S_j^i>C_{j,j+1}^i$，这意味着集合 B_j^i 中的元件存在性能盈余。然而，可传输到元件 $e_{j+1,i}$ 的性能盈余总量受到性能传输器容量 $C_{j,j+1}^i$ 的限制。如果 S_j^i 的绝对值不大于性能传输器的容量 $C_{j,j+1}^i$，那么可以传输到元件 $e_{j+1,i}$（或由元件 $e_{j+1,i}$ 补充）的性能盈余（或性能不足）为 S_j^i。

集合 $B_{n_i}^i$ 包含子系统 i 中的所有元件，$S_{n_i}^i$ 表示子系统 i 中所有元件经过性能共享后的累积性能。$S_{n_i}^i\geqslant 0$ 意味着子系统 i 存在 $S_{n_i}^i$ 单位的性能盈余，$S_{n_i}^i<0$ 意味着子系统 i 存在 $S_{n_i}^i$ 单位的性能不足。

为了分析性能如何在相邻的子系统之间共享，令变量 K_i 表示由子系统 1，2，…，i 组成的集合 Ω_i 中的累积性能盈余或性能不足。显然有 $K_1=S_{n_1}^1$。令 Q_i 表示可以传输到子系统 $i+1$（或由子系统 $i+1$ 补充）的总盈余性能（或性能不足），那么 $K_i(i=1,2,\cdots,M-1)$ 可以由如下递推公式求得

$$K_{i+1}=Q_i+S_{n_{i+1}}^{i+1} \tag{6-3}$$

其中

$$\begin{aligned}Q_i&=\varphi(K_i,C^{i,i+1})\\&=(-\infty)\times I\{-K_i>C^{i,i+1}\}+C^{i,i+1}\times I\{K_i>C^{i,i+1}\}+K_i\times I\{|K_i|\leqslant C^{i,i+1}\}\end{aligned} \tag{6-4}$$

在式（6-4）中，随机变量 $C^{i,i+1}$ 表示子系统 i 和 $i+1$ 之间性能传输器的传输容量。$-K_i>C^{i,i+1}$ 意味着集合 Ω_i 中的不足性能总量大于传输器的传输容量

$C^{i,i+1}$，性能不足不能被完全补充，因此 Q_i 为 $-\infty$。如果集合 Ω_i 中的性能盈余大于传输容量 $C^{i,i+1}$，可以传输到子系统 $i+1$ 的最大性能盈余受到性能传输器容量 $C^{i,i+1}$ 的限制。最后，如果性能盈余或性能缺陷 K_i 小于性能传输器的传输容量 $C^{i,i+1}$，K_i 单位的性能盈余或不足将会添加到子系统 $i+1$，然后就得到集合 Ω_{i+1} 的性能盈余或不足。

基于上述分析，系统的可靠性为

$$R=P(K_M \geqslant 0) \tag{6-5}$$

6.2 可靠性评估算法

本章假设元件或系统的性能和需求的分布均为离散随机分布，通用生成函数方法是评估此类系统的有效方法。本节旨在扩展现有的通用生成函数技术来评估所提出的基于两级性能共享系统的可靠性。

离散随机变量 G_{ji} 表示元件 e_{ji} 的性能，随机变量 W_{ji} 表示元件 e_{ji} 的需求，$C_{j,j+1}^{i}$ 表示连接元件 e_{ji} 和元件 $e_{j+1,i}$ 的性能传输器的传输容量。根据 Levitin[98]，它们可以用 UGF 表示如下：

$$u_{ji}(z)=\sum_{k=1}^{k_{ji}} p_{ji}(k) \times z^{G_{ji}(k)} \tag{6-6}$$

$$\Delta_{ji}(z)=\sum_{h=1}^{h_{ji}} q_{ji}(h) \times z^{W_{ji}(h)} \tag{6-7}$$

$$\eta_{ji}(z)=\sum_{m=1}^{m_{ji}} \tau_{ji}(m) \times z^{C_{j,j+1}^{i}(m)} \tag{6-8}$$

元件 e_{ji} 的性能盈余或不足的 UGF 可以通过运算符 $\oplus$ 表示如下：

$$\begin{aligned}\Gamma_{ji}(z)=u_{ji}(z)\oplus\Delta_{ji}(z) &= \left[\sum_{k=1}^{k_{ji}} p_{ji}(k) \times z^{G_{ji}(k)}\right]\oplus\left[\sum_{h=1}^{h_{ji}} q_{ji}(h) \times z^{W_{ji}(h)}\right]\\ &=\sum_{k=1}^{k_{ji}}\sum_{h=1}^{h_{ji}}\left[p_{ji}(k) \times q_{ji}(h)\right] \times z^{G_{ji}(k)-W_{ji}(h)}\\ &=\sum_{v=1}^{v_{ji}} \gamma_{ji}(v) \times z^{Z_{ji}(v)}\end{aligned} \tag{6-9}$$

式中：$v_{j,i}$ 为可能的状态总数；$\gamma_{ji}(v)$ 为在状态 v 时，即 $Z_{ji}=Z_{ji}(v)$ 发生的概率。

假设在集合 B_j^i 中的累积性能盈余和不足 S_j^i 的状态空间为 $\{S_j^i(1), S_j^i(2), \cdots, S_j^i(r_{ij})\}$，对应的概率为 $\{\alpha_j^i(1), \alpha_j^i(2), \cdots, \alpha_j^i(r_{ij})\}$。随机变量 S_j^i 的 UGF 可以表示为

$$U_{S_j^i}(z)=\sum_{r=1}^{r_{ij}} \alpha_j^i(r) \times z^{S_j^i(r)} \tag{6-10}$$

式中：$\alpha_j^i(r)=P(S_j^i=S_j^i(r))$。

根据式（6-2），$Y_j^i=\varphi(S_j^i,C_{j,j+1}^i)$。因此，可以通过定义运算符$\oplus_\varphi$获得随机变量 Y_j^i的 UGF：

$$\begin{aligned}U_{Y_j^i} &= U_{S_j^i} \oplus_\varphi \eta_{ji}(z)\\ &=\left[\sum_{r=1}^{r_{ij}}\alpha_j^i(r)\times z^{S_j^i(r)}\right]\oplus_\varphi\left[\sum_{m=1}^{m_{ji}}\tau_{ji}(m)\times z^{C_{j,j+1}^i(m)}\right]\\ &=\sum_{r=1}^{r_{ij}}\sum_{m=1}^{m_{ji}}[\alpha_j^i(r)\times\tau_{ji}(m)]\times z^{\varphi(S_j^i(r),C_{j,j+1}^i(m))}\\ &=\sum_{b=1}^{b_j^i}\theta_j^i(b)\times z^{Y_j^i(b)}\end{aligned}\tag{6-11}$$

式中：$\theta_j^i(b)=P(Y_j^i=Y_j^i(b))$，并且

$$\begin{aligned}\varphi(S_j^i(r),C_{j,j+1}^i(m))=&(-\infty)\times I\{-S_j^i(r)>C_{j,j+1}^i(m)\}\\ &+C_{j,j+1}^i(m)\times I\{S_j^i(r)>C_{j,j+1}^i(m)\}\\ &+S_j^i(r)\times I\{|S_j^i(r)|\leqslant C_{j,j+1}^i(m)\}\end{aligned}\tag{6-12}$$

结合 Y_j^i和 S_j^i的 UGF，S_{j+1}^i的 UGF 可以根据式（6-1）计算如下：

$$\begin{aligned}U_{S_{j+1}^i}(z) &= U_{Y_j^i}(z)\otimes\Gamma_{j+1,i}(z)\\ &=\left[\sum_{b=1}^{b_j^i}\theta_j^i(b)\times z^{Y_j^i(b)}\right]\otimes\left[\sum_{v=1}^{v_{j+1,i}}\gamma_{j+1,i}(v)\times z^{Z_{j+1,i}(v)}\right]\\ &=\sum_{b=1}^{b_j^i}\sum_{v=1}^{v_{j+1,i}}[\theta_j^i(b)\times\gamma_{j+1,i}(v)]\times z^{Y_j^i(b)+Z_{j+1,i}(v)}\\ &=\sum_{r=1}^{r_{i,j+1}}\alpha_{j+1}^i(r)\times z^{S_{j+1}^i(r)}\end{aligned}\tag{6-13}$$

重复式（6-10）~式（6-13）的步骤，可以获得每个子系统 $S_{n_i}^i$的 UGF（$i=1,2,\cdots,M$）。要注意的是，$S_{n_i}^i$的 UGF 表示子系统 i 的性能盈余或不足的状态。为了得到整个系统的可靠性，还需要考虑两个相邻子系统之间的性能共享。

假设在集合 Ω_i中累积的性能盈余或不足 K_i的状态空间为$\{K_i(1),K_i(2),\cdots,K_i(l_i)\}$，对应的概率为$\{\beta_i(1),\beta_i(2),\cdots,\beta_i(l_i)\}$。随机变量 K_j^i可以用 UGF 表示如下：

$$U_{K_i}(z)=\sum_{l=1}^{l_i}\beta_i(l)\times z^{K_i(l)}\tag{6-14}$$

式中：$\beta_i(l)=P(K_i=K_i(l))$。

假设在子系统 i 和子系统 $i+1$ 之间的性能传输器的传输容量 $C^{i,i+1}$服从概

率质量函数 $\omega_i(t)=P(C^{i,i+1}=C^{i,i+1}(t))$，并且 $\sum_{t=1}^{t_i}\omega_i(t)=1$。$C^{i,i+1}$可以用 UGF 表示如下：

$$\nabla_i(z)=\sum_{t=1}^{t_i}\omega_i(t)\times z^{C^{i,i+1}(t)} \tag{6-15}$$

根据式（6-4），$Q_i=\varphi(K_i,C^{i,i+1})$，可以用运算符$\oplus_\varphi$来计算随机变量 Q_i 的 UGF：

$$\begin{aligned}U_{Q_i}&=U_{K_i}(z)\oplus_\varphi\nabla_i(z)\\&=\left[\sum_{l=1}^{l_i}\beta_i(l)\times z^{K_i(l)}\right]\oplus_\varphi\left[\sum_{t=1}^{t_i}\omega_i(t)\times z^{C^{i,i+1}(t)}\right]\\&=\sum_{l=1}^{l_i}\sum_{t=1}^{t_i}[\beta_i(l)\times\omega_i(t)]\times z^{\varphi(K_i(l),C^{i,i+1}(t))}\\&=\sum_{\rho=1}^{\rho_i}\lambda_i(\rho)\times z^{Q_i(\rho)}\end{aligned} \tag{6-16}$$

式中：$\lambda_i(\rho)=P(Q_i=Q_i(\rho))$，并且

$$\begin{aligned}\varphi(K_i(l),C^{i,i+1}(t))=&(-\infty)\times I\{-K_i(l)>C^{i,i+1}(t)\}\\&+C^{i,i+1}(t)\times I\{K_i(l)>C^{i,i+1}(t)\}\\&+K_i(l)\times I\{|K_i(l)|\leqslant C^{i,i+1}(t)\}\end{aligned} \tag{6-17}$$

结合 K_i和 $C^{i,i+1}$的 UGF，K_{i+1}的 UGF 可以根据式（6-3）计算：

$$\begin{aligned}U_{K_{i+1}}(z)&=U_{Q_i}(z)\otimes U_{S^{i+1}_{n_{i+1}}}(z)\\&=\left[\sum_{\rho=1}^{\rho_i}\lambda_i(\rho)\times z^{Q_i(\rho)}\right]\otimes\left[\sum_{r=1}^{r_{i+1,n_{i+1}}}\alpha^{i+1}_{n_{i+1}}(r)\times z^{S^{i+1}_{n_{i+1}}(r)}\right]\\&=\sum_{\rho=1}^{\rho_i}\sum_{r=1}^{r_{i+1,n_{i+1}}}[\lambda_i(\rho)\times\alpha^{i+1}_{n_{i+1}}(r)]\times z^{Q_i(\rho)+S^{i+1}_{n_{i+1}}(r)}\\&=\sum_{l=1}^{l_{i+1}}\beta_{i+1}(l)\times z^{K_{i+1}(l)}\end{aligned} \tag{6-18}$$

对于每个 $i=1,2,\cdots,M$，分别重复式（6-14）~式（6-18）的步骤，可以得到每一个 K_i的 UGF。

整个系统的可靠性就可以表示为

$$R=\sum_{l=1}^{l_M}\beta_M(l)\times I\{K_M(l)\geqslant 0\} \tag{6-19}$$

综上所述，本节总结算法 6-1 用于计算基于两级性能共享系统的可靠性。

算法 6-1　评估系统可靠性的算法

1. **for** $i=1,2,\cdots,M$
2. **for** $j=1,2,\cdots,n_i$
3. 根据式（6-6）计算 $u_{ji}(z)$
4. 根据式（6-7）计算 $\Delta_{ji}(z)$
5. 根据式（6-9）计算 $\Gamma_{ji}(z)$
6. **if** $j\neq n_i$
7. 根据式（6-8）计算 $\eta_{ji}(z)$
8. **end**
9. **end**
10. **end**
11. **for** $i=1,2,\cdots,M$
12. $U_{S_1^i}(z)=\Gamma_{1i}(z)$
13. **for** $j=1,2,\cdots,n_i-1$
14. 根据式（6-11）计算 $U_{Y_j^i}(z)=U_{S_j^i}(z)\oplus_{\varphi}\eta_{ji}(z)$
15. 根据式（6-13）计算 $U_{S_{j+1}^i}(z)=U_{Y_j^i}(z)\otimes\Gamma_{j+1,i}$
16. **end**
17. **end**
18. $U_{K_1}(z)=U_{S_{n_1}^1}(z)$
19. **for** $i=1,2,\cdots,M-1$
20. 根据式（6-15）计算$\nabla_i(z)$
21. 根据式（6-16）计算 $U_{Q_i}(z)=U_{K_i}(z)\oplus_{\varphi}\nabla_i(z)$
22. 根据式（6-18）计算 $U_{K_{i+1}}(z)=U_{Q_i}(z)\otimes U_{S_{n_{i+1}}^{i+1}}(z)$
23. **end**
24. $U_{K_M}(z)$可以表示为 $U_{K_M}(z)=\sum_{l=1}^{l_M}\beta_M(l)\times z^{K_M(l)}$
25. 根据式（6-19）计算系统可靠性为 $R=\sum_{l=1}^{l_M}\beta_M(l)\times I(K_M(l)\geqslant 0)$

6.3　元件的优化分配和排序

通过算法 6-1 可以计算具有两级性能共享的多态系统的可靠性。然而，不难看出元件的位置分配会影响系统的可靠性，因为可传输的性能总量受到子系统内任意两个相邻元件之间性能传输器容量和任意两个相邻子系统之间性能传输器容量的限制。

基于两个相邻元件和两个相邻子系统之间的传输容量限制，可获得一些简单直观的准则来确定元件的最佳位置分配：①性能盈余较多的元件应放置在各子系统中间，以便将盈余性能传输给邻近的性能不足元件。②性能不足的元件应放在性能盈余的元件附近。③各子系统的元件分配应均衡，以减少不必要的传输。为提供一个严谨的方法，本节将最优元件分配问题表述如下。

考虑如图 6-1 的系统结构，系统由 M 个子系统串联组成，并且每个子系统由 n_i 个元件串联组成。因此，系统中元件的总数为 $N=\sum_{i=1}^{M} n_i$。元件分配的优化问题即决定该 N 个元件怎样分配到 N 个位置上去。

为了准确表述元件分配问题，令子系统 1 的第一个位置为 $\mathcal{P}_1$，子系统 1 的第二个位置为 $\mathcal{P}_2$，…，子系统 1 的最后一个位置为 $\mathcal{P}_{n_1}$，子系统 2 的第一个位置为 $\mathcal{P}_{n_1+1}$。依此类推，N 个位置分别为 $\mathcal{P}_1,\mathcal{P}_2,\cdots,\mathcal{P}_N$。

对于编号为 $1,2,\cdots,N$ 的 N 个异质元件的集合，元件的分配和排序可以通过一个由从 1~N 的 N 个不同整数组成的字符串的排列 $\mathcal{H}$ 来确定。在这样的字符串中，第 i 个数字意味着索引等于这个数字的元件被分配到位置 $\mathcal{P}_i$。例如，考虑 $N=10$ 的情况，字符串 $\mathcal{H}=\{3,5,7,9,6,1,10,8,4,2\}$，意味着第三个元件分配到位置 $\mathcal{P}_1$，第五个元件分配到位置 $\mathcal{P}_2$，第七个元件分配给位置 $\mathcal{P}_3$，依此类推。

因此，该优化问题即为找到一个使系统可靠性最高的排列 $\mathcal{H}^*$：

$$\mathcal{H}^*=\mathrm{argmax}_{\mathcal{H}}(R(\mathcal{H})) \tag{6-20}$$

要注意的是，式（6-20）中的优化问题是一个有 $N!$ 个可行解的复杂组合优化问题。因此，在有限的时间内，使用随机搜索求解该问题是不现实的。考虑到该优化问题的复杂性，本章将使用遗传算法对该问题进行求解，遗传算法已经被证明在解决可靠性优化问题中非常有效[53,85-87]。考虑到优化问题的结构，本章将采用遗传算法的有序交叉方法，具体的细节可以在 Goldberg 和 Lingle[88] 和 Oliver 等[89] 文献中找到。

6.4 算例分析和数值实验

本节中首先通过一个简单的算例来详细说明如何采用算法 6-1 计算具有两级性能共享的多态系统的可靠性，然后使用遗传算法找到所提出系统的最优元件分配和排序。

6.4.1　算例分析

考虑由 3 个子系统组成的发电系统：子系统 1 由 3 个独立的发电机组串联组成，子系统 2 有两个发电机组，子系统 3 有一个发电机组。各机组性能及需求分布如表 6-1 所列。每个传输器的容量分布为 $C_{1,2}^1=[3\ 1;0.7\ 0.3]$、$C_{2,3}^1=[3\ 1;0.7\ 0.3]$、$C_{1,2}^2=[3\ 10;0.7\ 0.1\ 0.2]$、$C^1=[6\ 3;0.7\ 0.3]$和$C^2=[4\ 0;0.9\ 0.1]$。

表 6-1　系统参数

位置	$\mathcal{P}_1$			$\mathcal{P}_2$		$\mathcal{P}_3$			$\mathcal{P}_4$			$\mathcal{P}_5$			$\mathcal{P}_6$	
元件	e_{11}			e_{21}		e_{31}			e_{12}			e_{22}			e_{13}	
G_{ji}	4	2	1	2	0	3	1	0	3	1	—	4	2	1	5	3
	0.6	0.2	0.2	0.7	0.3	0.7	0.1	0.2	0.7	0.3	—	0.4	0.2	0.4	0.4	0.6
W_{ji}	3	1	—	2	1	—	2	0	2	1	—	3	0	—	4	1
	0.7	0.3	—	0.6	0.4	—	0.5	0.5	0.3	0.7	—	0.8	0.2	—	0.8	0.2

元件 e_{ji}的性能 UGF$u_{ji}(z)$和需求 UGF$\Delta_{ji}(z)$可以基于式（6-6）和式（6-7）从表 6-1 中给出的数据来计算，然后根据 $\Gamma_{ji}(z)=u_{ji}(z)\oplus\Delta_{ji}(z)$可以计算每个元件的性能盈余或不足的 UGF 如下：

$\Gamma_{11}(z)=0.18z^3+0.48z^1+0.06z^0+0.14z^{-1}+0.14z^{-2}$,

$\Gamma_{21}(z)=0.28z^1+0.42z^0+0.12z^{-1}+0.18z^{-2}$

$\Gamma_{31}(z)=0.35z^3+0.4z^1+0.1z^0+0.05z^{-1}+0.1z^{-2}$,

$\Gamma_{12}(z)=0.49z^2+0.21z^1+0.21z^0+0.09z^{-1}$

$\Gamma_{22}(z)=0.08z^4+0.04z^2+0.4z^1+0.16z^{-1}+0.32z^{-2}$,

$\Gamma_{13}(z)=0.08z^4+0.12z^2+0.32z^1+0.48z^{-1}$

各子系统内的性能传输器的容量 UGF 根据式（6-8）可以表示如下：

$\eta_{11}(z)=0.7z^3+0.3z^1$,　$\eta_{21}(z)=0.7z^3+0.3z^1$,　$\eta_{12}(z)=0.7z^3+0.1z^1+0.2z^0$

子系统之间的性能传输器容量 UGF 可以根据式（6-15）表示为

$$\nabla_1(z)=0.7z^6+0.3z^3,\nabla_2(z)=0.9z^4+0.1z^0$$

考虑子系统 1 内部的性能共享，基于算法 6-1，推导过程如下，最后得到 $U_{s_3^1}(z)$。

$$[U_{S_1^1}=\Gamma_{11}(z)]\Rightarrow[U_{Y_1^1}(z)=U_{S_1^1}(z)\oplus_{\varphi}\eta_{11}(z)]\Rightarrow[U_{S_2^1}(z)=U_{Y_1^1}(z)\otimes\Gamma_{21}(z)]$$

$$\Rightarrow[U_{Y_2^1}(z)=U_{S_2^1}(z)\oplus_{\varphi}\eta_{21}(z)]\Rightarrow[U_{S_3^1}(z)=U_{Y_2^1}(z)\otimes\Gamma_{31}(z)]$$

$$U_{S_3^1}(z)=0.0216z^6+0.0403z^5+0.1436z^4+0.0972z^3+0.2168z^2+0.1141z^1+0.1262z^0$$

$$+0.0786z^{-1}+0.0375z^{-2}+0.0239z^{-3}+0.0061z^{-4}+0.0026z^{-5}+0.0915z^{-\infty}$$

考虑子系统 2 内部的性能共享，可以得到 $U_{s_2^2}(z)$。

$$[U_{S_1^2}=\Gamma_{12}(z)]\Rightarrow[U_{S_2^2}(z)=U_{Y_1^2}(z)\otimes\Gamma_{22}(z)]$$

$$U_{S_2^2}(z)=0.0274z^6+0.0174z^5+0.0417z^4+0.1516z^3+0.1008z^2+0.1978z^1$$
$$+0.1733z^0+0.1254z^{-1}+0.1235z^{-2}+0.0230z^{-3}+0.0181z^{-\infty}$$

考虑子系统 3 内部的性能共享，可以得到 $U_{s_1^3}(z)$。

$$U_{S_1^3}(z)=\Gamma_{13}(z)=0.08z^4+0.12z^2+0.32z^1+0.48z^{-1}$$

考虑子系统之间的性能共享，基于算法 6-1，推导过程如下：

$$[U_{K_1}(z)=U_{S_3^1}(z)]\Rightarrow[U_{Q_1}=U_{K_1}(z)\oplus_\varphi\nabla_1(z)]\Rightarrow[U_{K_2}(z)=U_{Q_1}(z)\otimes U_{S_2^2}(z)]$$
$$\Rightarrow[U_{Q_2}=U_{K_2}(z)\oplus_\varphi\nabla_2(z)]\Rightarrow[U_{K_3}(z)=U_{Q_2}(z)\otimes U_{S_1^3}(z)]$$

最后可以得到

$$U_{K_3}(z)=0.0224z^8+0.0088z^7+0.0422z^6+0.1105z^5+0.0606z^4+0.1848z^3+0.1056z^2+0.1097z^1$$
$$+0.0690z^0+0.0888z^{-1}+0.0331z^{-2}+0.0203z^{-3}+0.0097z^{-4}+0.0046z^{-5}+0.1299z^{-\infty}$$

系统可靠性是

$$R=0.0224+0.0088+0.0422+0.1105+0.0606+0.1848+0.1056+0.1097+0.0690$$
$$=0.7136$$

6.4.2 数值实验

为了说明组件分配和排序对系统可靠性的影响，考虑一个由 18 个多态元件，4 个子系统串联组成的系统，每个子系统中分别有 6 个、5 个、4 个和 3 个元件。系统和元件的参数如表 6-2～表 6-5 所列。

表 6-2 子系统 1 的参数

位置	$\mathcal{P}_1$		$\mathcal{P}_2$		$\mathcal{P}_3$		$\mathcal{P}_4$			$\mathcal{P}_5$			$\mathcal{P}_6$		
元件	e_{11}		e_{21}		e_{31}		e_{41}			e_{51}			—		
G_{ji}	4	2	2	0	5	8	3	1	—	2	0	—	4	2	1
	0.7	0.3	0.8	0.2	0.4	0.6	0.9	0.1	—	0.8	0.2	—	0.6	0.2	0.2
W_{ji}	2	1	3	2	4	2	3	1	—	2	1	0	3	1	—
	0.7	0.3	0.6	0.4	0.5	0.5	0.4	0.6	—	0.3	0.5	0.2	0.3	0.7	—
$C_{j,j+1}^i$	3	1	2	1	2	1	3	1	0	3	2	—	—	—	—
	0.7	0.3	0.8	0.2	0.8	0.2	0.6	0.3	0.1	0.5	0.5	—	—	—	—
C^i	5	3	1	—	—	—	—	—	—	—	—	—	—	—	—
	0.7	0.2	0.1	—	—	—	—	—	—	—	—	—	—	—	—

表 6-3　子系统 2 的参数

位置	$\mathcal{P}_7$		$\mathcal{P}_8$		$\mathcal{P}_9$			$\mathcal{P}_{10}$		$\mathcal{P}_{11}$	
元件	e_{12}		e_{22}		e_{32}			e_{42}		e_{52}	
G_{ji}	5	3	3	0	4	2	0	5	3	3	2
	0.6	0.4	0.9	0.1	0.6	0.2	0.2	0.5	0.5	0.5	0.5
W_{ji}	2	1	3	1	2	1	—	3	1	4	3
	0.7	0.3	0.5	0.5	0.8	0.2	—	0.2	0.8	0.3	0.7
$C_{j,j+1}^{i}$	3	1	2	1	3	2	1	3	0	—	—
	0.4	0.6	0.5	0.5	0.5	0.4	0.1	0.6	0.4	—	—
C^{i}	4	2	—	—	—	—	—	—	—	—	—
	0.5	0.5	—	—	—	—	—	—	—	—	—

表 6-4　子系统 3 的参数

位置	$\mathcal{P}_{12}$			$\mathcal{P}_{13}$		$\mathcal{P}_{14}$			$\mathcal{P}_{15}$	
元件	e_{13}			e_{23}		e_{33}			e_{43}	
G_{ji}	5	3	1	3	2	5	3	—	5	0
	0.7	0.2	0.1	0.8	0.2	0.5	0.5	—	0.8	0.2
W_{ji}	5	2	—	4	3	2	1	—	3	1
	0.4	0.6	—	0.5	0.5	0.1	0.9	—	0.5	0.5
$C_{j,j+1}^{i}$	2	1	—	3	1	3	2	1	—	—
	0.6	0.4	—	0.7	0.3	0.7	0.1	0.2	—	—
C^{i}	5	3	—	—	—	—	—	—	—	—
	0.8	0.2	—	—	—	—	—	—	—	—

表 6-5　子系统 4 的参数

位置	$\mathcal{P}_{16}$			$\mathcal{P}_{17}$			$\mathcal{P}_{18}$	
元件	e_{14}			e_{24}			e_{34}	
G_{ji}	4	2	0	4	1	—	3	1
	0.5	0.3	0.2	0.7	0.3	—	0.5	0.5
W_{ji}	2	1	—	4	3	2	3	1
	0.3	0.7	—	0.1	0.4	0.5	0.5	0.5
$C_{j,j+1}^{i}$	3	2	—	3	1	—	—	—
	0.9	0.1	—	0.8	0.2	—	—	—

基于上述参数设置，如果元件分配和排序为 1,2,3,…,18，系统可靠性为 0.7969。在运行遗传算法 1000 代后，得到元件顺序为 $\mathcal{P}_1,\mathcal{P}_2,\cdots,\mathcal{P}_{18}=10,13,4,6,9,12,2,1,8,16,15,7,3,5,17,11,14,18$，其可靠性为 0.9094，即系统可靠性提高了 14.12%。

为了进一步分析性能传输器的传输容量对系统可靠性的影响，通过改变所有性能传输器的传输容量，又进行了 6 组实验，即把所有性能传输器的传输容量分别增加和减少 10%、20%和 30%，然后比较固定分配和遗传算法在 1000 代后找到的最优分配两种情况下的系统可靠性。

图 6-2 显示了性能传输器在不同传输容量下，固定分配的系统可靠性和遗传算法经过 1000 代后得到的最优分配的系统可靠性。x 轴上的“0”表示表 6-2～表 6-5 所列的传输器容量，“0.1”指的是各性能传输器容量增加 10%的情况，“-0.1”指的是各性能传输器容量减少 10%，依此类推。通过图 6-2 可以看到，通过遗传算法找到的最优元件分配可以显著提高系统可靠性。另外，在两种情况下（固定分配或遗传算法找到的最优分配），系统可靠性都随容量增加而增加，随容量减少而降低。

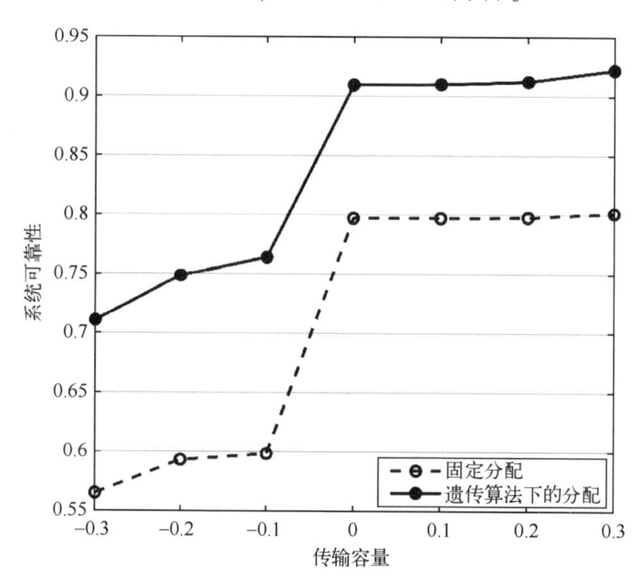

图 6-2　在不同传输容量下的系统可靠性

6.5　本章总结

本章考虑了一个只允许在相邻子系统或相邻元件之间进行性能共享的

两级性能共享系统，即不是将所有子系统连接到一个公共总线上，而是任意两个相邻子系统之间存在一个性能传输器。类似地，在每个子系统内，任意两个相邻的多态元件之间存在一个性能传输器。任意两个相邻的子系统或相邻元件之间所能传输的性能量受到它们之间性能传输器容量的限制。本章建立了具有两级性能共享的多态串联系统的可靠性模型，并通过扩展UGF方法提出了相应的可靠性评估算法。为了使系统可靠性最大化，采用遗传算法进行优化元件分配和排序。数值实验表明，通过优化元件的分配和排序可以显著提高系统的可靠性。

符号及说明列表	
M	串联系统中子系统的个数
n_i	子系统 i 中的元件个数
e_{ji}	子系统 i 中的第 j 个元件
G_{ji}	元件 e_{ji} 的随机性能
$p_{ji}(k)$	元件 e_{ji} 的随机性能的概率质量函数
k_{ji}	随机变量 G_{ji} 的状态个数
W_{ji}	元件 e_{ji} 的随机性能需求
$q_{ji}(h)$	元件 e_{ji} 的随机性能需求的概率质量函数
h_{ji}	随机变量 W_{ji} 状态的个数
Z_{ji}	元件 e_{ji} 的性能和需求之间的差异
$C^i_{j,j+1}$	连接元件 e_{ji} 和元件 $e_{j+1,i}$ 的性能传输器的传输容量
B^i_j	子系统 i 中的前 j 个元件组成的集合 $\{e_{1i},e_{2i},\cdots,e_{ji}\}$
S^i_j	集合 B^i_j 中的累积性能盈余或性能不足
Y^i_j	集合 B^i_j 和元件 $e_{j+1,i}$ 之间传输的性能总量
Ω_i	由子系统 $1,2,\cdots,i$ 组成的集合
K_i	集合 Ω_i 中的累积性能盈余（或性能不足）
Q_i	可以传输到子系统 i+1（或由子系统 i+1 补充）的总性能盈余（或性能不足）
$C^{i,i+1}$	子系统 i 和 i+1 之间的性能传输器的传输容量
$\omega_i(t)$	传输容量 $C^{i,i+1}$ 的概率质量函数
$I(x)$	示性函数，如果 x 为真，则 $I(x)=1$，否则 $I(x)=0$

第七章

两个公共总线的性能共享系统可靠性

前面几章所讨论的性能共享系统都只包含一个公共总线，本章考虑一个包含两个公共总线的系统。在许多实际问题中，并不是所有的元件都可以通过单一的公共总线连接，这受到公共总线的长度或连接个数的限制。因此通过研究多条公共总线共享性能的多态系统的可靠性具有重要的现实意义。本章基于通用生成函数技术[90]，提出了具有两条公共总线性能共享系统的可靠性评估方法，所提出的方法可以很容易扩展到三个或者更多公共总线的情形。

7.1 基于两个公共总线的可靠性模型

如图 7-1 所示，考虑一个由 N 个多态元件构成的串联系统。令随机变量 G_j 和 W_j 表示元件 X_j 的性能和需求，其中 G_j 和 W_j 的概率质量函数已知($j=1,2,\cdots,N$)。元件 $X_1,X_2,\cdots,X_{m-1},X_m,X_{m+1},\cdots,X_k$ 连接在随机传输容量为 C^1 的公共总线上，其中 C^1 的概率质量函数已知。元件 $X_m,X_{m+1},\cdots,X_{k-1},X_k,X_{k+1},\cdots,X_N$ 连接在另一条随机传输容量为 C^2 的公共总线上，同样地，C^2 的概率质量函数已知。性能超过需求的元件都可以通过公共总线将盈余性能传输给性能不足的元件，但是在每个公共总线上传输的总性能不能超过其传输容量。通过两条公共总线性能再分配以后，如果仍然存在至少一个元件的需求没有得到满足，系统将会失效。

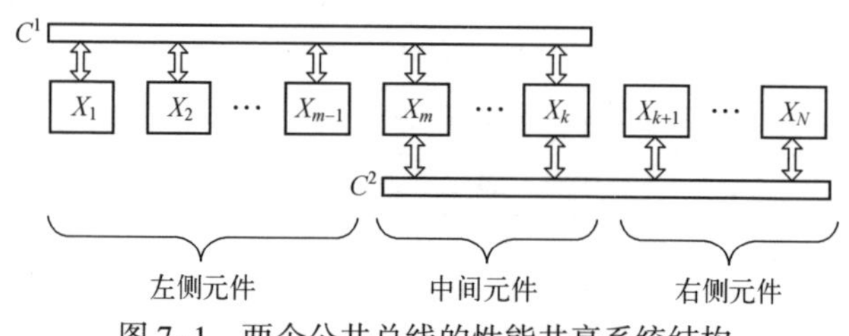

图 7-1　两个公共总线的性能共享系统结构

根据元件的连接情形，可以将 N 个元件分为 3 个部分：左侧元件组由 X_1，$X_2,\cdots,X_{m-1}$组成；中间元件组由 $X_m,X_{m+1},\cdots,X_k$组成；右侧元件组由剩余的元件组成。因此，左侧元件组的总盈余性能为 $S^1=\sum_{j=1}^{m-1}\max(G_j-W_j,0)$，并且该部分的总不足性能为 $D^1=\sum_{j=1}^{m-1}\max(W_j-G_j,0)$。类似地，中间元件组的总盈余性能为 $S^2=\sum_{j=m}^{k}\max(G_j-W_j,0)$，中间元件组的总不足性能为 $D^2=\sum_{j=m}^{k}\max(W_j-G_j,0)$。右侧元件组的总性能盈余为 $S^3=\sum_{j=k+1}^{n}\max(G_j-W_j,0)$，右侧元件组的总性能不足为 $D^3=\sum_{j=k+1}^{n}\max(W_j-G_j,0)$。

7.2　系统性能不足的分析

为了推导出整个系统的期望性能不足，根据 D^1、S^1、C^1 的大小以及 D^3、S^3、C^2 的大小顺序，本章分成 9 种情形讨论。其中将具有相同的系统性能不足 ϕ 的情形合并为一种情形进行研究。具体过程如下所示，详细的推导过程见本章附录。

情形一：
$$\begin{cases}D^1\leqslant S^1\leqslant C^1\\D^3\leqslant S^3\leqslant C^2\end{cases},\begin{cases}D^1\leqslant S^1\leqslant C^1\\D^3\leqslant C^2\leqslant S^3\end{cases},\begin{cases}D^1\leqslant C^1\leqslant S^1\\D^3\leqslant S^3\leqslant C^2\end{cases},\begin{cases}D^1\leqslant C^1\leqslant S^1\\D^3\leqslant C^2\leqslant S^3\end{cases}\tag{7-1}$$

系统性能不足为

$$\varphi=\max\{D^2-\min(S^1+S^2+S^3-D^1-D^3,C^1+C^2-D^1-D^3),0\}\tag{7-2}$$

情形二：
$$\begin{cases}D^1\leqslant S^1\leqslant C^1\\S^3\leqslant D^3\leqslant C^2\end{cases},\begin{cases}D^1\leqslant S^1\leqslant C^1\\S^3\leqslant C^2\leqslant D^3\end{cases},\begin{cases}D^1\leqslant C^1\leqslant S^1\\S^3\leqslant D^3\leqslant C^2\end{cases},\begin{cases}D^1\leqslant C^1\leqslant S^1\\S^3\leqslant C^2\leqslant D^3\end{cases}\tag{7-3}$$

系统性能不足为

$$\begin{aligned}\varphi=&\max\{D^2-\min(S^1+S^2-D^1,C^1+C^2-D^1),0\}\\&+\max\{D^3-\min[S^1+S^2+S^3-D^1-\min(D^2,S^1+S^2-D^1,C^1+C^2-D^1),C^1+C^2-D^1-\min(D^2,S^1+S^2-D^1,C^1+C^2-D^1)],0\}\end{aligned}\tag{7-4}$$

情形三：
$$\begin{cases}S^1\leqslant D^1\leqslant C^1\\D^3\leqslant S^3\leqslant C^2\end{cases},\begin{cases}S^1\leqslant C^1\leqslant D^1\\D^3\leqslant S^3\leqslant C^2\end{cases},\begin{cases}S^1\leqslant D^1\leqslant C^1\\D^3\leqslant C^2\leqslant S^3\end{cases},\begin{cases}S^1\leqslant C^1\leqslant D^1\\D^3\leqslant C^2\leqslant S^3\end{cases}\tag{7-5}$$

系统性能不足为

$$\begin{aligned}\varphi=&\max\{D^2-\min(S^2+S^3-D^3,C^1+C^2-D^3),0\}\\&+\max\{D^1-\min[S^1+S^2+S^3-D^3-\min(D^2,S^2+S^3-D^3,C^1+C^2-D^3),C^1+C^2-D^3-\min(D^2,S^2+S^3-D^3,C^1+C^2-D^3)],0\}\end{aligned}\tag{7-6}$$

情形四：$\begin{cases}D^1\leqslant S^1\leqslant C^1\\C^2\leqslant D^3\leqslant S^3\end{cases}$，$\begin{cases}D^1\leqslant S^1\leqslant C^1\\C^2\leqslant S^3\leqslant D^3\end{cases}$，$\begin{cases}D^1\leqslant C^1\leqslant S^1\\C^2\leqslant D^3\leqslant S^3\end{cases}$，$\begin{cases}D^1\leqslant C^1\leqslant S^1\\C^2\leqslant S^3\leqslant D^3\end{cases}$ (7-7)

系统性能不足为

$$\varphi=D^3-C^2+\max\{D^2-\min(S^1+S^2-D^1,C^1-D^1),0\} \tag{7-8}$$

情形五：$\begin{cases}C^1\leqslant S^1\leqslant D^1\\D^3\leqslant S^3\leqslant C^2\end{cases}$，$\begin{cases}C^1\leqslant S^1\leqslant D^1\\D^3\leqslant S^3\leqslant C^2\end{cases}$，$\begin{cases}C^1\leqslant D^1\leqslant S^1\\D^3\leqslant C^2\leqslant S^3\end{cases}$，$\begin{cases}C^1\leqslant S^1\leqslant D^1\\D^3\leqslant C^2\leqslant S^3\end{cases}$ (7-9)

系统性能不足为

$$\varphi=D^1-C^1+\max\{D^2-\min(S^2+S^3-D^3,C^2-D^3),0\} \tag{7-10}$$

情形六：$\begin{cases}S^1\leqslant D^1\leqslant C^1\\S^3\leqslant D^3\leqslant C^2\end{cases}$，$\begin{cases}S^1\leqslant D^1\leqslant C^1\\S^3\leqslant C^2\leqslant D^3\end{cases}$，$\begin{cases}S^1\leqslant C^1\leqslant D^1\\S^3\leqslant D^3\leqslant C^2\end{cases}$，$\begin{cases}S^1\leqslant C^1\leqslant D^1\\S^3\leqslant C^2\leqslant D^3\end{cases}$

(7-11)

系统性能不足为

$$\begin{aligned}\varphi&=d_L+d_M+d_R\\&=\max\{D^1-\min(S^1+S^2,C^1),0\}\\&\quad+\max\{D^2-\min[S^1+S^2+S^3-\min(S^1+S^2,C^1,D^1),C^1+C^2-\min(S^1+S^2,C^1,D^1)],0\}\\&\quad+\max\left\{D^3-\min\left\{\begin{matrix}S^1+S^2+S^3-\min(S^1+S^2,C^1,D^1)-\min[S^1+S^2+S^3-\min(S^1+S^2,C^1,D^1),C^1+C^2-\min(S^1+S^2,C^1,D^1),D^2],\\C^1+C^2-\min(S^1+S^2,C^1,D^1)-\min[S^1+S^2+S^3-\min(S^1+S^2,C^1,D^1),C^1+C^2-\min(S^1+S^2,C^1,D^1),D^2]\end{matrix}\right\},0\right\}\end{aligned}$$

(7-12)

情形七：$\begin{cases}S^1\leqslant D^1\leqslant C^1\\C^2\leqslant S^3\leqslant D^3\end{cases}$，$\begin{cases}S^1\leqslant D^1\leqslant C^1\\C^2\leqslant D^3\leqslant S^3\end{cases}$，$\begin{cases}S^1\leqslant C^1\leqslant D^1\\C^2\leqslant S^3\leqslant D^3\end{cases}$，$\begin{cases}S^1\leqslant C^1\leqslant D^1\\C^2\leqslant D^3\leqslant S^3\end{cases}$

(7-13)

系统性能不足为

$$\begin{aligned}\varphi&=d_L+d_M+d_R\\&=D^3-C^2+\max\{D^1-\min(S^1+S^2,C^1),0\}\\&\quad+\max\{D^2-\min[S^1+S^2-\min(S^1+S^2,C^1,D^1),C^1-\min(S^1+S^2,C^1,D^1)],0\}\end{aligned}$$

(7-14)

情形八：$\begin{cases}C^1\leqslant S^1\leqslant D^1\\S^3\leqslant D^3\leqslant C^2\end{cases}$，$\begin{cases}C^1\leqslant D^1\leqslant S^1\\S^3\leqslant D^3\leqslant C^2\end{cases}$，$\begin{cases}C^1\leqslant S^1\leqslant D^1\\S^3\leqslant C^2\leqslant D^3\end{cases}$，$\begin{cases}C^1\leqslant D^1\leqslant S^1\\S^3\leqslant C^2\leqslant D^3\end{cases}$

(7-15)

系统性能不足为

$$\begin{aligned}\varphi&=d_L+d_M+d_R\\&=D^1-C^1+\max\{D^3-\min(S^2+S^3,C^2),0\}\\&\quad+\max\{D^2-\min[S^2+S^3-\min(S^2+S^3,C^2,D^3),C^2-\min(S^2+S^3,C^2,D^3)],0\}\end{aligned}$$

(7-16)

情形九：$\begin{cases}C^1\leqslant D^1\leqslant S^1\\C^2\leqslant D^3\leqslant S^3\end{cases}$，$\begin{cases}C^1\leqslant D^1\leqslant S^1\\C^2\leqslant S^3\leqslant D^3\end{cases}$，$\begin{cases}C^1\leqslant S^1\leqslant D^1\\C^2\leqslant D^3\leqslant S^3\end{cases}$，$\begin{cases}C^1\leqslant S^1\leqslant D^1\\C^2\leqslant S^3\leqslant D^3\end{cases}$

（7-17）

系统性能不足为

$$\varphi=d_L+d_M+d_R=D^1+D^2+D^3-C^1-C^2 \tag{7-18}$$

7.3　系统可靠性评估

本章同样采用通用生成函数技术对系统可靠性进行评估。在本章中，任意元件 X_j 的随机性能 G_j 分别以 $\{p_{j,1},p_{j,2},\cdots,p_{j,H_j}\}$ 的概率取值 $\{g_{j,1},g_{j,2},\cdots,g_{j,H_j}\}$，并且 $\sum_{h=1}^{H_j}p_{j,h}=1$。随机需求 W_j 分别以 $\{q_{j,1},q_{j,2},\cdots,q_{j,K_j}\}$ 的概率取值 $\{w_{j,1},w_{j,2},\cdots,w_{j,K_j}\}$，并且 $\sum_{h=1}^{H_j}p_{j,h}=1$。第一条公共总线的随机传输容量 C^1 分别以 $\{\alpha_1^1,\alpha_2^1,\cdots,\alpha_L^1\}$ 的概率取值 $\{c_1^1,c_2^1,\cdots,c_L^1\}$，并且 $\sum_{h=1}^{L}\alpha_h=1$。第二条公共总线的随机传输容量 C^2 分别以 $\{\beta_1^2,\beta_2^2,\cdots,\beta_M^2\}$ 的概率取值 $\{c_1^2,c_2^2,\cdots,c_M^2\}$，并且 $\sum_{h=1}^{M}\beta_h=1$。因此 G_j、W_j、C^1 和 C^2 的通用生成函数可以表示为

$$u_j(z)=\sum_{h=1}^{H_j}p_{j,h}z^{g_{j,h}} \tag{7-19}$$

$$w_j(z)=\sum_{h=1}^{K_j}q_{j,h}z^{w_{j,h}} \tag{7-20}$$

$$\eta^1(z)=\sum_{h=1}^{L}\alpha_h z^{c_h^1} \tag{7-21}$$

$$\eta^2(z)=\sum_{h=1}^{M}\beta_h z^{c_h^2} \tag{7-22}$$

其中 $p_{j,h}=\Pr\{G_j=g_{j,h}\}$，$q_{j,h}=\Pr\{W_j=w_{j,h}\}$，$\alpha_h=\Pr\{C^1=c_h^1\}$ 和 $\beta_h=\Pr\{C^2=c_h^2\}$。

由于系统的性能不足与各个元件组的性能盈余或不足以及公共总线传输容量相关，因此定义通用生成函数算子 $\underset{\lambda}{\otimes}$ 进行如下运算，以获得 n 个独立随机变量 $\lambda(Y_1,Y_2,\cdots,Y_n)$ 函数的通用生成函数形式，

$$\begin{aligned}U(z)&=\underset{\lambda}{\otimes}(u_1(z),u_2(z),\cdots,u_n(z))\\&=\underset{\lambda}{\otimes}\left(\sum_{h_1=1}^{k_1}\alpha_{1h_1}z^{y_{1h_1}},\sum_{h_2=1}^{k_2}\alpha_{2h_2}z^{y_{2h_2}},\cdots,\sum_{h_n=1}^{k_n}\alpha_{nh_n}z^{y_{nh_n}}\right)\end{aligned}$$

$$= \sum_{h_1=1}^{k_1}\sum_{h_2=1}^{k_2}\cdots\sum_{h_n=1}^{k_n}\prod_{i=1}^{n}\alpha_{ih_i}z^{\lambda(y_{1h_1},y_{2h_2},\cdots,y_{nh_n})} \tag{7-23}$$

令 $\lambda_1(x,y)=(\max(x-y,0),\max(y-x,0))$，即可得到 $(S_j,D_j)=\lambda_1(G_j,W_j)$。因此可以通过通用生成函数算子 $\underset{\lambda_1}{\otimes}$ 来计算 (S_j,D_j) 的通用生成函数。

$$\Delta_j(z)=\underset{\lambda_1}{\otimes}(u_j(z),w_j(z)) \tag{7-24}$$

同理，(S^1,D^1)，(S^2,D^2) 和 (S^3,D^3) 的通用生成函数可以表示为

$$U_1(z)=\underset{\lambda_2}{\otimes}(\Delta_1(z),\Delta_2(z),\cdots,\Delta_{m-1}(z)) \tag{7-25}$$

$$U_2(z)=\underset{\lambda_3}{\otimes}(\Delta_m(z),\Delta_{m+1}(z),\cdots,\Delta_k(z)) \tag{7-26}$$

$$U_3(z)=\underset{\lambda_4}{\otimes}(\Delta_{k+1}(z),\Delta_{k+2}(z),\cdots,\Delta_N(z)) \tag{7-27}$$

其中 $\lambda_2((x_1,y_1),(x_2,y_2),\cdots,(x_{m-1},y_{m-1}))=\left(\sum_{j=1}^{m-1}x_j,\sum_{j=1}^{m-1}y_j\right)$

$$\lambda_3((x_m,y_m),(x_{m+1},y_{m+1}),\cdots,(x_k,y_k))=\left(\sum_{j=m}^{k}x_j,\sum_{j=m}^{k}y_j\right) \tag{7-28}$$

并且 $\lambda_4((x_{k+1},y_{k+1}),(x_{k+2},y_{k+2}),\cdots,(x_N,y_N))=\left(\sum_{j=k+1}^{N}x_j,\sum_{j=k+1}^{N}y_j\right)$。

最后可以得到系统的通用生成函数为

$$U(z)=\underset{\lambda_5}{\otimes}(U_1(z),U_2(z),U_3(z),\eta^1(z),\eta^2(z))=\sum_{j=1}^{F}\pi_j\times z^{(s_j^1,d_j^1,s_j^2,d_j^2,s_j^3,d_j^3,c_j^1,c_j^2)} \tag{7-29}$$

其中 $\lambda_5((x_1,y_1),(x_2,y_2),(x_3,y_3),z_1,z_2)=(x_1,y_1,x_2,y_2,x_3,y_3,z_1,z_2)$，并且 $\pi_j=P\{(S^1,D^1,S^2,D^2,S^3,D^3,C^1,C^2)=(s_j^1,d_j^1,s_j^2,d_j^2,s_j^3,d_j^3,c_j^1,c_j^2)\}$，所以，系统可靠性可通过如下计算获得：

$$R=\sum_{j=1}^{F}\pi_j\times\theta(s_j^1,d_j^1,s_j^2,d_j^2,s_j^3,d_j^3,c_j^1,c_j^2) \tag{7-30}$$

其中

$$\theta(s_j^1,d_j^1,s_j^2,d_j^2,s_j^3,d_j^3,c_j^1,c_j^2)=\begin{cases}1, & \phi(s_j^1,d_j^1,s_j^2,d_j^2,s_j^3,d_j^3,c_j^1,c_j^2)=0\\0, & \phi(s_j^1,d_j^1,s_j^2,d_j^2,s_j^3,d_j^3,c_j^1,c_j^2)>0\end{cases}$$

整个系统的期望不足性能为

$$E(D)=\sum_{j=1}^{F}\pi_j\times\varphi(s_j^1,d_j^1,s_j^2,d_j^2,s_j^3,d_j^3,c_j^1,c_j^2) \tag{7-31}$$

7.4 数值实验

考虑由5个独立的发电站 $(X_1,X_2,\cdots,X_5)$ 组成的发电系统。每个元件 X_j 具

有随机离散性能 G_j 以及随机需求 W_j、G_j 和 W_j 的可能取值和相应的概率如表 7-1 所列。

表 7-1　每个元件性能和需求的概率质量函数

元件	性能 G_j	性能的概率	需求 W_j	需求的概率
1	[1　3　5]	[0.3　0.4　0.3]	[0　3　4]	[0.4　0.5　0.1]
2	[0　3]	[0.6　0.4]	[1　2　0]	[0.2　0.4　0.4]
3	[2　3　7]	[0.3　0.1　0.6]	[2　6]	[0.4　0.6]
4	[1　2　4]	[0.6　0.2　0.2]	[0　2　4]	[0.3　0.5　0.2]
5	[0　2]	[0.5　0.5]	[3　1]	[0.4　0.6]

元件 X_1、X_2、X_3 连接到第一条公共总线，元件 X_3、X_4、X_5 通过另一条公共总线性能再分配系统连接。表 7-2 列出了第一条公共总线 C^1 和第二条公共总线 C^2 的可能取值和相应的概率。

表 7-2　两条公共总线传输容量的概率质量函数

性能再分配系统	传输容量	容量的概率
C^1	[4　10　0]	[0.4　0.5　0.1]
C^2	[2　8　9]	[0.4　0.4　0.2]

基于通用生成函数技术所构建的系统可靠性评估方法，系统可靠性和期望不足性能分别为 $R=0.6065$ 和 $E(D)=1.4519$。在没有公共总线的情形下，得到的值为 $R=0.0615$ 和 $E(D)=3.7700$。在两条公共总线传输容量为无穷大的情形下，得到的值分别为 $R=0.6370$ 和 $E(D)=1.3613$。图 7-2 展示了 3 种情形下整个系统不足性能的累积分布。结果表明具有两条公共总线性能共享的多态系统显著提高了系统可靠性，并且降低了性能不足。

当第一条公共总线传输容量增加到[10　15]，并且对应概率为[0.5　0.5]时，得到的值分别为 $R=0.6332$，$E(D)=1.3675$。当第一条公共总线传输容量增加到[10　15　20]，并且对应概率为[0.4　0.4　0.2]时，得到的值为 $R=0.6174$，$E(D)=1.4252$。结果表明，公共总线传输容量的增加能够大大提高系统可靠性，并降低系统期望不足性能。

为了研究公共总线的长度对系统可靠性和期望不足性能的影响，首先令第二条公共总线固定连接 X_3、X_4、X_5，当第一条公共总线只连接 X_1 时，得到的值为 $R=0.2450$，$E(D)=2.7004$。当第一条公共总线连接 X_1、X_2 得到的值为

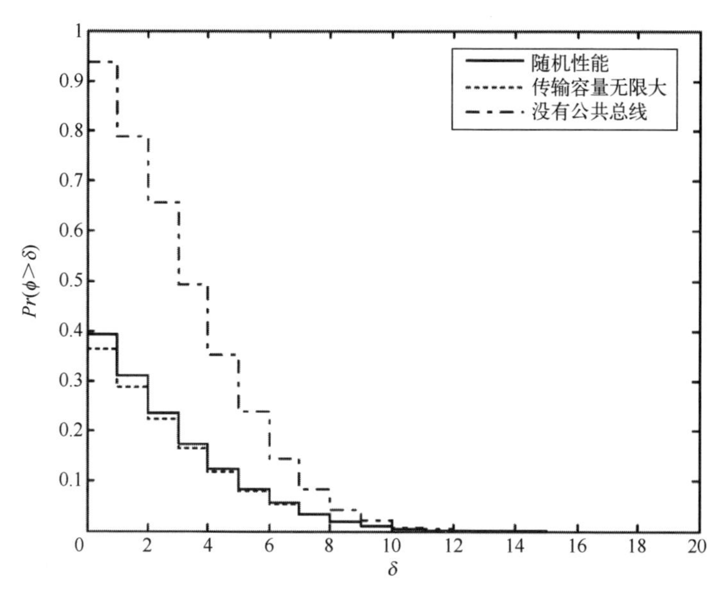

图 7-2　多态系统中的不足性能的累积分布

$R=0.3465$，$E(D)=2.2972$。当第一条公共总线连接 X_1、X_2、X_3、X_4，得到的值是 $R=0.6065$，$E(D)=1.4519$。当第一条公共总线连接所有元件 X_1、X_2、X_3、X_4、X_5时，得到的值是 $R=0.6065$，$E(D)=1.4519$。同理，固定第一条公共总线连接 X_1、X_2、X_3，并增加第二条公共总线的长度。当第二条公共总线只连接 X_5 时，得到的值为 $R=0.1103$，$E(D)=2.8094$。当第二条公共总线连接 X_4、X_5 时，得到的值为 $R=0.3127$，$E(D)=2.3402$。当第二条公共总线连接 X_2、X_3、X_4、X_5时，得到的值为 $R=0.6190$，$E(D)=1.4057$。当第二条公共总线连接所有元件 X_1、X_2、X_3、X_4、X_5时，得到的值为 $R=0.6206$，$E(D)=1.4020$。结果表明，增加一个公共总线的长度可以显著提高系统的可靠性，降低系统期望不足性能。

7.5 本章总结

本章将性能共享模型扩展到具有两条公共总线的 N 个元件，并且基于通用生成函数技术，提出了评估系统可靠性和系统期望不足性能的算法。结果表明，具有两条公共总线的多态系统能够大幅提高系统可靠性，降低系统期望不足性能。此外，增加公共总线传输容量和长度也可以提高系统可靠性，降低系统期望不足性能。

7.6 本章附录

情形一：$\begin{cases}D^1\leqslant S^1\leqslant C^1\\D^3\leqslant S^3\leqslant C^2\end{cases}$，$\begin{cases}D^1\leqslant S^1\leqslant C^1\\D^3\leqslant C^2\leqslant S^3\end{cases}$，$\begin{cases}D^1\leqslant C^1\leqslant S^1\\D^3\leqslant S^3\leqslant C^2\end{cases}$，$\begin{cases}D^1\leqslant C^1\leqslant S^1\\D^3\leqslant C^2\leqslant S^3\end{cases}$　（A1）

在这些情形下，左侧元件组和右侧元件组的性能盈余均可满足其自身的需求，并且左侧元件组的性能盈余可以通过第一条公共总线传输给中间元件组。右侧元件组的性能盈余可以通过第二条公共总线传输给中间元件组。经过性能共享后，三部分元件组的性能不足以及系统的性能不足可由下式计算得到：

$$d_L=0,\quad d_R=0,\quad \mathrm{MRP}=S^1-D^1+S^3-D^3+S^2,\quad \mathrm{MRC}=C^1-D^1+C^2-D^3$$

$$\begin{aligned}d_M&=\max\{D^2-\min(\mathrm{MRP},\mathrm{MRC}),0\}\\&=\max\{D^2-\min(S^1+S^2+S^3-D^1-D^3,C^1+C^2-D^1-D^3),0\}\end{aligned}$$

$$\begin{aligned}\varphi&=d_L+d_M+d_R=\max\{D^2-\min(\mathrm{MRP},\mathrm{MRC}),0\}\\&=\max\{D^2-\min(S^1+S^2+S^3-D^1-D^3,C^1+C^2-D^1-D^3),0\}\end{aligned}$$

情形二：$\begin{cases}D^1\leqslant S^1\leqslant C^1\\S^3\leqslant D^3\leqslant C^2\end{cases}$，$\begin{cases}D^1\leqslant S^1\leqslant C^1\\S^3\leqslant C^2\leqslant D^3\end{cases}$，$\begin{cases}D^1\leqslant C^1\leqslant S^1\\S^3\leqslant D^3\leqslant C^2\end{cases}$，$\begin{cases}D^1\leqslant C^1\leqslant S^1\\S^3\leqslant C^2\leqslant D^3\end{cases}$　（A2）

在这些情形下，左侧元件组的性能可以满足其自身的需求，而右侧元件组由于性能有限而不能满足自身的需求，此时，左侧元件组的性能盈余可以通过第一条公共总线传输到中间元件组，接着中间元件组的性能盈余可以通过第二条公共总线传输至右侧元件组。经过性能共享后，三部分元件组的性能不足以及系统的性能不足可由下式计算得到：

$$d_L=0,\quad \mathrm{MRP}=S^1-D^1+S^2,\quad \mathrm{MRC}=C^1-D^1+C^2,$$

$$d_M=\max\{D^2-\min(\mathrm{MRP},\mathrm{MRC}),0\}=\max\{D^2-\min(S^1+S^2-D^1,C^1+C^2-D^1),0\}$$

$$\begin{aligned}\mathrm{RRP}&=S^3+\mathrm{MRP}-\min(D^2,\mathrm{MRP},\mathrm{MRC})\\&=S^1+S^2+S^3-D^1-\min(D^2,S^1+S^2-D^1,C^1+C^2-D^1)\end{aligned}$$

$$\mathrm{RRC}=\mathrm{MRC}-\min(D^2,\mathrm{MRP},\mathrm{MRC})=C^1+C^2-D^1-\min(D^2,S^1+S^2-D^1,C^1+C^2-D^1)$$

$$\begin{aligned}d_R&=\max\{D^3-\min(\mathrm{RRP},\mathrm{RRC}),0\}\\&=\max\{D^3-\min[S^1+S^2+S^3-D^1-\min(D^2,S^1+S^2-D^1,C^1+C^2-D^1),C^1+C^2-D^1-\min(D^2,S^1+S^2-D^1,C^1+C^2-D^1)],0\}\end{aligned}$$

$$\begin{aligned}\varphi&=d_L+d_M+d_R\\&=\max\{D^2-\min(S^1+S^2-D^1,C^1+C^2-D^1),0\}\\&\quad+\max\{D^3-\min[S^1+S^2+S^3-D^1-\min(D^2,S^1+S^2-D^1,C^1+C^2-D^1),C^1+C^2-D^1-\min(D^2,S^1+S^2-D^1,C^1+C^2-D^1)],0\}\end{aligned}$$

情形三：$\begin{cases}S^1\leqslant D^1\leqslant C^1\\D^3\leqslant S^3\leqslant C^2\end{cases}$，$\begin{cases}S^1\leqslant C^1\leqslant D^1\\D^3\leqslant S^3\leqslant C^2\end{cases}$，$\begin{cases}S^1\leqslant D^1\leqslant C^1\\D^3\leqslant C^2\leqslant S^3\end{cases}$，$\begin{cases}S^1\leqslant C^1\leqslant D^1\\D^3\leqslant C^2\leqslant S^3\end{cases}$　（A3）

情形三与情形二中的情况对称，所以只需要对情形二中的结果稍加修改，即

$$d_R=0,\quad \mathrm{MRP}=S^3-D^3+S^2,\quad \mathrm{MRC}=C^2-D^3+C^1$$

$$\begin{aligned}d_M&=\max\{D^2-\min(\mathrm{MRP},\mathrm{MRC}),0\}\\&=\max\{D^2-\min(S^2+S^3-D^3,C^1+C^2-D^3),0\}\end{aligned}$$

$$\begin{aligned}\mathrm{LRP}&=S^1+\mathrm{MRP}-\min(D^2,\mathrm{MRP},\mathrm{MRC})\\&=S^1+S^2+S^3-D^3-\min(D^2,S^2+S^3-D^3,C^1+C^2-D^3)\end{aligned}$$

$$\begin{aligned}\mathrm{LRC}&=\mathrm{MRC}-\min(D^2,\mathrm{MRP},\mathrm{MRC})\\&=C^1+C^2-D^3-\min(D^2,S^2+S^3-D^3,C^1+C^2-D^3)\end{aligned}$$

$$\begin{aligned}d_L&=\max\{D^1-\min(\mathrm{LRP},\mathrm{LRC}),0\}\\&=\max\{D^1-\min[S^1+S^2+S^3-D^3-\min(D^2,S^2+S^3-D^3,C^1+C^2-D^3),C^1+C^2-D^3-\min(D^2,S^2+S^3-D^3,C^1+C^2-D^3)],0\}\end{aligned}$$

$$\begin{aligned}\varphi&=d_L+d_M+d_R\\&=\max\{D^2-\min(S^2+S^3-D^3,C^1+C^2-D^3),0\}\\&\quad+\max\{D^1-\min[S^1+S^2+S^3-D^3-\min(D^2,S^2+S^3-D^3,C^1+C^2-D^3),C^1+C^2-D^3-\min(D^2,S^2+S^3-D^3,C^1+C^2-D^3)],0\}\end{aligned}$$

情形四：$\begin{cases}D^1\leqslant S^1\leqslant C^1\\C^2\leqslant D^3\leqslant S^3\end{cases}$, $\begin{cases}D^1\leqslant S^1\leqslant C^1\\C^2\leqslant S^3\leqslant D^3\end{cases}$, $\begin{cases}D^1\leqslant C^1\leqslant S^1\\C^2\leqslant D^3\leqslant S^3\end{cases}$, $\begin{cases}D^1\leqslant C^1\leqslant S^1\\C^2\leqslant S^3\leqslant D^3\end{cases}$ （A4）

在这些情形下，左侧元件组可以满足自身的需求，但由于传输容量有限，右侧元件组不能满足自身的需求。左侧元件组的性能盈余可以通过第一条公共总线传输到中间元件组。经过性能共享后，三部分元件组的不足性能以及系统的不足性能可由下式计算所得：

$$d_L=0,\quad d_R=D^3-C^2,\quad \mathrm{MRP}=S^1-D^1+S^2,\quad \mathrm{MRC}=C^1-D^1$$

$$\begin{aligned}d_M&=\max\{D^2-\min(\mathrm{MRP},\mathrm{MRC}),0\}\\&=\max\{D^2-\min(S^1+S^2-D^1,C^1-D^1),0\}\end{aligned}$$

$$\begin{aligned}\varphi&=d_L+d_M+d_R\\&=D^3-C^2+\max\{D^2-\min(S^1+S^2-D^1,C^1-D^1),0\}\end{aligned}$$

情形五：$\begin{cases}C^1\leqslant S^1\leqslant D^1\\D^3\leqslant S^3\leqslant C^2\end{cases}$, $\begin{cases}C^1\leqslant S^1\leqslant D^1\\D^3\leqslant S^3\leqslant C^2\end{cases}$, $\begin{cases}C^1\leqslant D^1\leqslant S^1\\D^3\leqslant C^2\leqslant S^3\end{cases}$, $\begin{cases}C^1\leqslant S^1\leqslant D^1\\D^3\leqslant C^2\leqslant S^3\end{cases}$ （A5）

情形五与情形四中的情形对称，同理，只需要对情形四中的结果稍加修改即可获得所需结果，即

$$d_R=0,\quad d_L=D^1-C^1,\quad \mathrm{MRP}=S^3-D^3+S^2,\quad \mathrm{MRC}=C^2-D^3$$

$$\begin{aligned}d_M&=\max\{D^2-\min(\mathrm{MRP},\mathrm{MRC}),0\}\\&=\max\{D^2-\min(S^2+S^3-D^3,C^2-D^3),0\}\end{aligned}$$

$$\begin{aligned}\varphi&=d_L+d_M+d_R\\&=D^1-C^1+\max\{D^2-\min(S^2+S^3-D^3,C^2-D^3),0\}\end{aligned}$$

情形六：$\begin{cases}S^1\leqslant D^1\leqslant C^1\\S^3\leqslant D^3\leqslant C^2\end{cases}$，$\begin{cases}S^1\leqslant D^1\leqslant C^1\\S^3\leqslant C^2\leqslant D^3\end{cases}$，$\begin{cases}S^1\leqslant C^1\leqslant D^1\\S^3\leqslant D^3\leqslant C^2\end{cases}$，$\begin{cases}S^1\leqslant C^1\leqslant D^1\\S^3\leqslant C^2\leqslant D^3\end{cases}$　（A6）

在这些情形下，左侧元件组和右侧元件组都不存在性能盈余，但中间元件组的性能盈余可以通过第一条公共总线传输到左侧元件组，并且也可以通过第二条公共总线传输到右侧元件组。经过性能共享后，三部分元件组的不足性能以及系统的不足性能可由下式计算所得：

$$\mathrm{LRP}=S^1+S^2,\quad \mathrm{LRC}=C^1$$

$$d_L=\max\{D^1-\min(\mathrm{LRP},\mathrm{LRC}),0\}=\max\{D^1-\min(S^1+S^2,C^1),0\}$$

$$\mathrm{MRP}=\mathrm{LRP}-\min(\mathrm{LRP},\mathrm{LRC},D^1)+S^3=S^1+S^2+S^3-\min(S^1+S^2,C^1,D^1)$$

$$\mathrm{MRC}=\mathrm{LRC}-\min(\mathrm{LRP},\mathrm{LRC},D^1)+C^2=C^1+C^2-\min(S^1+S^2,C^1,D^1)$$

$$\begin{aligned}d_M&=\max\{D^2-\min(\mathrm{MRP},\mathrm{MRC}),0\}\\&=\max\{D^2-\min[S^1+S^2+S^3-\min(S^1+S^2,C^1,D^1),C^1+C^2-\min(S^1+S^2,C^1,D^1)],0\}\end{aligned}$$

$$\begin{aligned}\mathrm{RRP}&=\mathrm{MRP}-\min(\mathrm{MRP},\mathrm{MRC},D^2)\\&=S^1+S^2+S^3-\min(S^1+S^2,C^1,D^1)\\&\quad-\min\{S^1+S^2+S^3-\min(S^1+S^2,C^1,D^1),C^1+C^2-\min(S^1+S^2,C^1,D^1),D^2\}\end{aligned}$$

$$\begin{aligned}\mathrm{RRC}&=\mathrm{MRC}-\min(\mathrm{MRP},\mathrm{MRC},D^2)\\&=C^1+C^2-\min(S^1+S^2,C^1,D^1)\\&\quad-\min\{S^1+S^2+S^3-\min(S^1+S^2,C^1,D^1),C^1+C^2-\min(S^1+S^2,C^1,D^1),D^2\}\end{aligned}$$

$$d_R=\max(D^3-\min(\mathrm{RRP},\mathrm{RRC}),0)$$

$$\begin{aligned}\varphi&=d_L+d_M+d_R\\&=\max\{D^1-\min(S^1+S^2,C^1),0\}\\&\quad+\max\{D^2-\min[S^1+S^2+S^3-\min(S^1+S^2,C^1,D^1),C^1+C^2-\min(S^1+S^2,C^1,D^1)],0\}\\&\quad+\max\left\{D^3-\min\begin{Bmatrix}S^1+S^2+S^3-\min(S^1+S^2,C^1,D^1)-\min[S^1+S^2+S^3-\min(S^1+S^2,C^1,D^1),C^1+C^2-\min(S^1+S^2,C^1,D^1),D^2],\\C^1+C^2-\min(S^1+S^2,C^1,D^1)-\min[S^1+S^2+S^3-\min(S^1+S^2,C^1,D^1),C^1+C^2-\min(S^1+S^2,C^1,D^1),D^2]\end{Bmatrix},0\right\}\end{aligned}$$

情形七：$\begin{cases}S^1\leqslant D^1\leqslant C^1\\C^2\leqslant S^3\leqslant D^3\end{cases}$，$\begin{cases}S^1\leqslant D^1\leqslant C^1\\C^2\leqslant D^3\leqslant S^3\end{cases}$，$\begin{cases}S^1\leqslant C^1\leqslant D^1\\C^2\leqslant S^3\leqslant D^3\end{cases}$，$\begin{cases}S^1\leqslant C^1\leqslant D^1\\C^2\leqslant D^3\leqslant S^3\end{cases}$　（A7）

在这些情形下，左侧元件组不能满足自身的需求，因为它没有足够的盈余性能，右侧元件组由于有限的传输容量也不能满足其自身的需求。中间元件组的盈余性能可以通过第一条公共总线传输到左侧元件组。经过性能共享后，三部分元件组的不足性能以及系统的不足性能可由下式计算得到：

$$d_R=D^3-C^2,\quad \mathrm{LRP}=S^1+S^2,\quad \mathrm{LRC}=C^1$$

$$d_L=\max\{D^1-\min(\mathrm{LRP},\mathrm{LRC}),0\}=\max\{D^1-\min(S^1+S^2,C^1),0\}$$

$$\mathrm{MRP}=\mathrm{LRP}-\min(\mathrm{LRP},\mathrm{LRC},D^1)=S^1+S^2-\min(S^1+S^2,C^1,D^1)$$

$$\mathrm{MRC}=\mathrm{LRC}-\min(\mathrm{LRP},\mathrm{LRC},D^1)=C^1-\min(S^1+S^2,C^1,D^1)$$

$$d_M = \max\{D^2 - \min(\text{MRP},\text{MRC}),0\}$$
$$= \max\{D^2 - \min[S^1+S^2-\min(S^1+S^2,C^1,D^1),C^1-\min(S^1+S^2,C^1,D^1)],0\}$$
$$\varphi = d_L+d_M+d_R$$
$$= D^3-C^2+\max\{D^1-\min(S^1+S^2,C^1),0\}$$
$$+\max\{D^2-\min[S^1+S^2-\min(S^1+S^2,C^1,D^1),C^1-\min(S^1+S^2,C^1,D^1)],0\}$$

情形八：$\begin{cases}C^1\leqslant S^1\leqslant D^1\\S^3\leqslant D^3\leqslant C^2\end{cases}$，$\begin{cases}C^1\leqslant D^1\leqslant S^1\\S^3\leqslant D^3\leqslant C^2\end{cases}$，$\begin{cases}C^1\leqslant S^1\leqslant D^1\\S^3\leqslant C^2\leqslant D^3\end{cases}$，$\begin{cases}C^1\leqslant D^1\leqslant S^1\\S^3\leqslant C^2\leqslant D^3\end{cases}$ (A8)

情形八与情形七中的情况对称，经过性能共享后，三部分元件组的不足性能以及系统的不足性能可由下式计算所得：

$d_L=D^1-C^1$，　$\text{RRP}=S^2+S^3$，　$\text{RRC}=C^2$

$$d_R=\max\{D^3-\min(\text{RRP},\text{RRC}),0\}=\max\{D^3-\min(S^2+S^3,C^2),0\}$$
$$\text{MRP}=\text{RRP}-\min(\text{RRP},\text{RRC},D^3)=S^2+S^3-\min(S^2+S^3,C^2,D^3)$$
$$\text{MRC}=\text{RRC}-\min(\text{RRP},\text{RRC},D^3)=C^2-\min(S^2+S^3,C^2,D^3)$$
$$d_M = \max\{D^2-\min(\text{MRP},\text{MRC}),0\}$$
$$= \max\{D^2-\min[S^2+S^3-\min(S^2+S^3,C^2,D^3),C^2-\min(S^2+S^3,C^2,D^3)],0\}$$
$$\varphi = d_L+d_M+d_R$$
$$= D^1-C^1+\max\{D^3-\min(S^2+S^3,C^2),0\}$$
$$+\max\{D^2-\min[S^2+S^3-\min(S^2+S^3,C^2,D^3),C^2-\min(S^2+S^3,C^2,D^3)],0\}$$

情形九：$\begin{cases}C^1\leqslant D^1\leqslant S^1\\C^2\leqslant D^3\leqslant S^3\end{cases}$，$\begin{cases}C^1\leqslant D^1\leqslant S^1\\C^2\leqslant S^3\leqslant D^3\end{cases}$，$\begin{cases}C^1\leqslant S^1\leqslant D^1\\C^2\leqslant D^3\leqslant S^3\end{cases}$，$\begin{cases}C^1\leqslant S^1\leqslant D^1\\C^2\leqslant S^3\leqslant D^3\end{cases}$ (A9)

在这些情形下，左侧元件组和右侧元件组由于有限的传输容量都不能满足其自身的需求。不同部分之间都不存在盈余性能共享。此时，系统的不足性能为

$d_L=D^1-C^1$，　$d_R=D^3-C^2$，　$d_M=D^2$

$$\varphi=d_L+d_M+d_R=D^1+D^2+D^3-C^1-C^2$$

符号及说明列表	
N	系统元件的个数
G_j	元件 j 的随机性能
W_j	元件 j 的随机需求
C^1	第一条公共总线的随机传输容量
C^2	第二条公共总线的随机传输容量
S^1	左侧元件组的总盈余性能

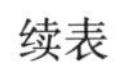

续表

符号及说明列表	
S^2	中间元件组的总盈余性能
S^3	右侧元件组的总盈余性能
D^1	左侧元件组的总不足性能
D^2	中间元件组的总不足性能
D^3	右侧元件组的总不足性能
$\otimes_\lambda$	通用生成函数算子
g_{jh}	随机变量 G_j 的第 h 个状态取值
$\bar{g}_j$	随机变量 G_j 的最大状态取值
w_{jk}	随机变量 W_j 的第 k 个状态取值
$\bar{w}_j$	随机变量 W_j 的最大状态取值
c_l^1	随机变量 C^1 的第 l 个状态取值
c_m^2	随机变量 C^2 的第 m 个取值
$u_j(z)$	元件 j 性能分布的通用生成函数
$w_j(z)$	元件 j 需求分布的通用生成函数
$\eta^1(z)$	第一条公共总线传输容量分布的通用生成函数
$\eta^2(z)$	第二条公共总线传输容量分布的通用生成函数
LRP	左侧元件组性能传输后的剩余性能
MRP	中间元件组性能传输后的剩余性能
RRP	右侧元件组性能传输后的剩余性能
LRC	左侧元件组性能传输后的剩余传输容量
MRC	中间元件组性能传输后的剩余传输容量
RRC	右侧元件组性能传输后的剩余传输容量
d_L	左侧元件组性能传输后的不足性能
d_M	中间元件组性能传输后的不足性能
d_R	右侧元件组性能传输后的不足性能
$\phi=d_L+d_M+d_R$	整个系统性能传输后的不足性能
R	系统可靠性
$E(D)$	系统期望不足性能

第八章

基于性能共享的串并联系统可靠性建模与维修优化

前面几章分别从不同的性能共享机制介绍了性能共享技术在多态系统中的应用，本章将介绍性能共享在不同系统结构中的应用。本章研究了一个带有公共总线的串并联系统，如图 8-1 所示。每个子系统都由若干个元件并联而成，而各个子系统之间是串联关系。同时，每个子系统的性能等于该系统中所有元件的性能之和，而且每个子系统都有一个需要满足的需求。各个子系统连接到公共总线实现性能共享，即具有盈余性能的子系统可以把盈余性能传输给性能不足的子系统，但是系统中传输的性能总量受到公共总线传输容量的限制。

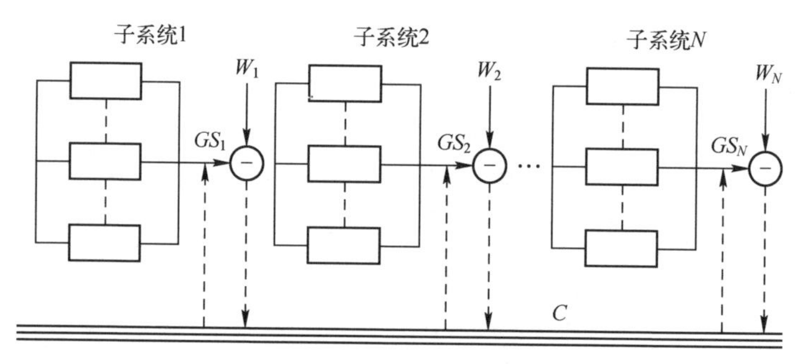

图 8-1　带有性能共享组的串并联系统

8.1　系统可靠性建模

如图 8-1 所示，考虑一个由 N 个子系统构成的串并联系统，每个子系统 j 具有 H_j 个并联元件。整个系统中有 M 个多态元件，每个元件 e_i 的性能是随机变量，其概率质量函数为 $p_{i,b}=P(G_i=g_{i,b})$，$\sum_{b=1}^{h(i)} p_{i,b}=1$，其中 $p_{i,b}$ 为元件 e_i 处于状态 b 的概率，$g_{i,b}$ 为对应的性能，$h(i)$ 为元件 e_i 所属状态的总数。每个子系统 j 都必须满足随机需求 W_j，其概率质量函数为 $q_{j,r}=P(W_j=w_{j,r})$，$\sum_{r=1}^{\theta(j)} q_{j,r}=1$，其中 $q_{i,r}$ 为子系统 j 的需求为状态 r 的概率，$w_{j,r}$ 为对应的需求率，$\theta(j)$ 为子系统 j 需求量状态的总数。各个子系统都连接到公共总线（性能共享组），并且该公共总线传输容量是随机变量 C，其概率质量函数为 $\alpha_\beta=P(C=\zeta_\beta)$，$\sum_{\beta=1}^{B}\alpha_\beta=1$，其中 α_β 为公共总线性能共享系统处于状态 β 的概率，ζ_β 为对应的传输容量，B 为公共总线性能共享系统的状态总数。

系统中的总盈余性能为

$$S=\sum_{j=1}^{N} S_j=\sum_{j=1}^{N}\max\Big(\sum_{e_i\in E_j} G_i - W_j,0\Big) \tag{8-1}$$

系统中的总不足性能为

$$D=\sum_{j=1}^{N} D_j=\sum_{j=1}^{N}\max\Big(W_j-\sum_{e_i\in E_j} G_i,0\Big) \tag{8-2}$$

系统中传输的性能总量不会超过 $\min(S,D)$。另外，传输总量还受到性能共享组容量 C 的限制。因此，系统中可以传输的性能总量为

$$Z=\min(S,D,C)=\min\Big(\sum_{j=1}^{N}\max\Big(\sum_{e_i\in E_j} G_i - W_j,0\Big),\sum_{j=1}^{N}\max\Big(W_j-\sum_{e_i\in E_j} G_i,0\Big),C\Big) \tag{8-3}$$

其中 S 和 D 统计相关，而 S 和 D 以及 D 和 C 都是统计独立的。

性能重新分配后的系统不足性能为

$$\begin{aligned}\hat{D}&=D-Z=D-\min(S,D,C)=\max(0,D-\min(S,C))\\&=\max\Big(0,\sum_{j=1}^{N}\max\Big(W_j-\sum_{e_i\in E_j} G_i,0\Big)-\min\Big(\sum_{j=1}^{N}\max\Big(\sum_{e_i\in E_j} G_i - W_j,0\Big),C\Big)\Big)\end{aligned} \tag{8-4}$$

性能重新分配后的盈余性能表示为

$$\begin{aligned}\hat{S}&=S-Z=S-\min(S,D,C)=\max(0,S-\min(D,C))\\&=\max\Big(0,\sum_{j=1}^{N}\max\Big(\sum_{e_i\in E_j} G_i - W_j,0\Big)-\min\Big(\sum_{j=1}^{N}\max\Big(W_j-\sum_{e_i\in E_j} G_i,0\Big),C\Big)\Big)\end{aligned} \tag{8-5}$$

如果性能重新分配后的系统不足性能为零，那么系统才是可靠的。系统可靠性可以表示为

$$\begin{aligned}R &= P\{\hat{D}=0\}\\ &= P\left\{\max\left(0,\sum_{j=1}^{N}\max\left(W_j-\sum_{e_i\in E_j}G_i,0\right)-\min\left(\sum_{j=1}^{N}\max\left(\sum_{e_i\in E_j}G_i-W_j,0\right),C\right)\right)=0\right\}\end{aligned} \tag{8-6}$$

如果 $C=0$，式（8-4）简化为

$$\hat{D}=D-\min(S,D,C)=D=\sum_{j=1}^{N}\max\left(W_j-\sum_{e_i\in E_j}G_i,0\right) \tag{8-7}$$

并且系统可靠性变为

$$R=P\{\hat{D}=0\}=P\left\{\sum_{j=1}^{N}\max\left(W_j-\sum_{e_i\in E_j}G_i,0\right)=0\right\}=P\left\{\prod_{j}\left(W_j\leqslant\sum_{e_i\in E_j}G_i\right)\right\} \tag{8-8}$$

如果 $C=\infty$，式（8-4）变为

$$\begin{aligned}\hat{D} &= D-\min(S,D,C)=D-\min(S,D)=\max(0,D-S)\\ &= \max\left(0,\sum_{j=1}^{N}\max\left(W_j-\sum_{e_i\in E_j}G_i,0\right)-\sum_{j=1}^{N}\max\left(\sum_{e_i\in E_j}G_i-W_j,0\right)\right)\\ &= \max\left(0,\sum_{j=1}^{N}W_j-\sum_{j=1}^{N}\sum_{e_i\in E_j}G_i\right)\\ &= \max\left(0,\sum_{j=1}^{N}W_j-\sum_{i=1}^{M}G_i\right)\end{aligned} \tag{8-9}$$

在此情况下系统可靠性表示为

$$R=P\{\hat{D}=0\}=P\left\{\max\left(0,\sum_{j=1}^{N}W_j-\sum_{i=1}^{M}G_i\right)=0\right\}=P\left\{\sum_{j=1}^{N}W_j\leqslant\sum_{i=1}^{M}G_i\right\} \tag{8-10}$$

8.2　系统元件的维修

系统元件的失效率随着时间的变化而变化，为了增加系统的可用性，对系统元件进行预防替换是一种有效的途径[91-93]。由于预防性替换需要很大的成本，常常会在预防替换期间进行小修，其中小修与预防替换的区别是预防替换可以使系统元件恢复如新，而小修仅仅能使元件可以工作但是不改变元件的失效率[94-95]。在元件维修时间可以忽略不计的前提下，元件预防替换周期越小，元件可用性越大，因此系统可用性也越大。

令 T 为系统的寿命时间。系统的每个元件 e_i 在时间 $[0,t]$ 内的期望失效次数为 $\lambda_i(t)$。每过时间 T_i，就预防替换元件 e_i 一次，T_i 的可能取值组成集合 $Q(i)=\{\tau_1(i),\tau_2(i),\cdots,\tau_{K(i)}(i)\}$，其中对于任意 $\tau_j(j=1,2,\cdots,K(i)-1)$，$\tau_j(i)<\tau_{j+1}(i)$ 成立，$K(i)$ 为元件 e_i 的预防替换周期的可能取值的个数。令 c_{pi} 为元件 e_i 的预防替换成本，且 t_{pi} 为元件 e_i 所需的预防替换时间。

当元件在预防替换之前失效时，采用小修可以使元件恢复到工作状态，但并不改变元件的失效率。元件 e_i 的小修成本和时间分别为 c_{mi} 和 t_{mi}。总维修成本为预防替换和小修的成本之和。元件 e_i 的总预防替换次数是 T/T_i-1；因此，系统的总预防替换成本为

$$C_P = \sum_{i=1}^{M} c_{pi}(T/T_i - 1) \tag{8-11}$$

元件 e_i 在预防替换之前的期望失效次数为 $\lambda_i(T_i)$，因此总小修费用为

$$C_M = \sum_{i=1}^{M} c_{mi}\lambda_i(T_i)(T/T_i) \tag{8-12}$$

系统的总维修成本可以表示为

$$C_{\text{Total}} = C_P + C_M = \sum_{i=1}^{M} c_{pi}(T/T_i - 1) + \sum_{i=1}^{M} c_{mi}\lambda_i(T_i)(T/T_i) \tag{8-13}$$

另外，元件 e_i 的可用性为

$$A_i = 1-\frac{t_{pi}(T/T_i-1)+t_{mi}\lambda_i(T_i)(T/T_i)}{T} \tag{8-14}$$

8.3　元件分配和维修优化问题

另一个影响系统可用性的因素是系统中元件的分配策略。本章研究系统元件的分配策略和维修策略的联合优化问题，目标是在达到系统可用性标准的前提下最小化系统的成本。

定义系统中全部元件的集合为 E。系统中元件的分配可以看成是把 E 划分为 N 个不相交的子集 $E_j(j=1,2,\cdots,N)$，并且子集应该满足 $\bigcup_{i=1}^{N} E_j = E$ 和 $E_i \cap E_j = \varnothing, i \neq j$。

定义向量 $\boldsymbol{V}=\{v(i),1\leqslant i\leqslant M\}$ 来表示元件的分配，其中 $v(i)$ 表示元件 e_i 所属的子系统。例如，$v(i)=j$ 表示将元件 e_i 分配给子系统 j。$v(i)$ 可以取 1 到 N 之间的任意一个正整数。容易看出 $E_j(j=1,2,\cdots,N)$ 的势为

$$|E_j| = \sum_{i=1}^{M} 1(v(i)=j) \tag{8-15}$$

研究目标是在满足系统可用性的指标下找到一个使得系统的维修成本最小的元件分配和维修的联合策略。令 $\boldsymbol{T}=\{T_1,T_2,\cdots,T_M\}$，那么该优化问题可以表示如下：

$$\begin{aligned}&\min \ \sum_{i=1}^{M} c_{pi}(T/T_i-1)+\sum_{i=1}^{M} c_{mi}\lambda_i(T_i)(T/T_i)\\&\text{s.t.}\quad A(\boldsymbol{V},\boldsymbol{T})\geqslant A^*\end{aligned} \tag{8-16}$$

式中：$v(i)\in\{1,2,\cdots,N\}$ 和 $T_i\in\{\tau_1(i),\tau_2(i),\cdots,\tau_{K(i)}(i)\}$；$A(\boldsymbol{V},\boldsymbol{T})$ 为给定元件分配策略 $\boldsymbol{V}$ 和维修策略 $\boldsymbol{T}$ 时的系统可用性；A^* 为系统应该达到的最小可用性指标。$A(\boldsymbol{V},\boldsymbol{T})$ 的计算步骤见 8.5 节。

8.4 系统可用性评估

由于系统元件的性能和需求均为离散随机变量，因此本章通过改进通用生成函数方法，提出基于性能共享的多态串并联系统的可靠性算法。

考虑子系统 j 中的多态元件 e_i。元件 e_i 有 h_i 种不同的状态，包括完全失效状态，即随机性能 G_i 可以有 h_i 种不同的值。因此元件 e_i 的通用生成函数表示：

$$u_i(z)=\sum_{b=1}^{h(i)} p_{ib}\times z^{g_{ib}} \tag{8-17}$$

式中：p_{ib} 为元件 e_i 处于 b 状态的概率。特别地，$p_{i1}=1-A_i$ 为元件 e_i 完全失效的概率。

对于子系统 j 中任意一对元件 e_i 和 e_l，元件 e_i 和 e_l 对子系统 j 的总性能的贡献为这两个元件的性能之和。这两个元件的联合通用生成函数可以由 $\underset{\text{sum}}{\otimes}$ 算子得到：

$$\underset{\text{sum}}{\otimes}(u_i(z),u_l(z))=\underset{\text{sum}}{\otimes}\left(\sum_{b=1}^{h(i)} p_{ib}z^{g_{ib}},\sum_{d=1}^{h(l)} p_{ld}z^{g_{ld}}\right)=\sum_{b=1}^{h(i)}\sum_{d=1}^{h(l)} p_{ib}p_{ld}z^{g_{ib}+g_{ld}} \tag{8-18}$$

容易看出算子 $\underset{\text{sum}}{\otimes}$ 满足以下规则：

$$\underset{\text{sum}}{\otimes}(u_i(z),u_l(z))=\underset{\text{sum}}{\otimes}(u_l(z),u_i(z)) \tag{8-19}$$

$$\begin{aligned}\underset{\text{sum}}{\otimes}(u_q(z),\underset{\text{sum}}{\otimes}(u_i(z),u_l(z)))&=\underset{\text{sum}}{\otimes}(\underset{\text{sum}}{\otimes}(u_q(z),u_i(z)),u_l(z))\\&=\underset{\text{sum}}{\otimes}(u_q(z),u_i(z),u_l(z))\end{aligned} \tag{8-20}$$

因此，子系统 j 的通用生成函数为

$$U_j(z)=\underset{\text{sum}}{\otimes}(u_{j_1}(z),u_{j_2}(z),\cdots,u_{j_{|E_j|}}(z))=\sum_{b_1=1}^{h(j_1)}\cdots\sum_{b_{|E_j|}=1}^{h(j_{|E_j|})}\left(\prod_{i=1}^{|E_j|} p_{j_i b_i}\right)z^{\sum_{i=1}^{|E_j|} g_{j_i b_i}} \tag{8-21}$$

式中：$E_j=\{e_{j1},e_{j2},\cdots,e_{j|E_j|}\}$；$|E_j|$为子集 E_j中的元件个数。

另一方面，子系统 j 的需求的通用生成函数可以表示为

$$W_j(z)=\sum_{r=1}^{\theta(j)} q_{jr}\times z^{w_{jr}} \tag{8-22}$$

类似地，性能共享组的容量的通用生成函数为

$$\eta(z)=\sum_{\beta=1}^{B} \alpha_{\beta}\times z^{\zeta_{\beta}} \tag{8-23}$$

元件状态的不同组合以及子系统不同需求的组合会造成系统中的盈余性能 S 和不足性能 D 不同。前面已经讨论过，S 和 D 是相关的。因此，应该用包括 S 和 D 的一个通用生成函数来表示。通用生成函数可以把 S 和 D 的不同取值和它们对应的概率联系起来。为了获得 S 和 D 的联合通用生成函数，第一步就是要获得每个子系统的 S_j和 D_j的通用生成函数。我们使用算子$\underset{\Leftrightarrow}{\otimes}$来得到子系统的通用生成函数，表示为

$$\begin{aligned}
\Delta_j(z)&=U_j(z)\underset{\Leftrightarrow}{\otimes}W_j(z)\\
&=\left(\sum_{b_1=1}^{h(j_1)}\cdots\sum_{b_{|E_j|}=1}^{h(j_{|E_j|})}\left(\prod_{i=1}^{|E_j|}p_{j_ib_i}\right)z^{\sum_{i=1}^{|E_j|}g_{j_ib_i}}\right)\underset{\Leftrightarrow}{\otimes}\left(\sum_{r=1}^{\theta(j)}q_{jr}z^{w_{jr}}\right)\\
&=\sum_{b_1=1}^{h(j_1)}\cdots\sum_{b_{|E_j|}=1}^{h(j_{|E_j|})}\sum_{r=1}^{\theta(j)}\left(\prod_{i=1}^{|E_j|}p_{j_ib_i}\right)q_{jr}z^{\max\left(0,\sum_{i=1}^{|E_j|}g_{j_ib_i}-w_{jr}\right),\max\left(0,w_{jr}-\sum_{i=1}^{|E_j|}g_{j_ib_i}\right)}\\
&=\sum_{\chi=1}^{F_\chi}\pi_{j\chi}\times z^{s_{j\chi},d_{j\chi}}
\end{aligned} \tag{8-24}$$

其中 $\pi_{j\chi}=P\{(S_j=s_{j\chi})\cap(D_j=d_{j\chi})\}$。

定义$\underset{+}{\otimes}$算子如下：

$$\begin{aligned}
\Delta_j(z)\underset{+}{\otimes}\Delta_i(z)&=\left(\sum_{\chi=1}^{F_\chi}\pi_{j\chi}\times z^{s_{j\chi},d_{j\chi}}\right)\underset{+}{\otimes}\left(\sum_{l=1}^{F_l}\pi_{i\ell}\times z^{s_{il},d_{il}}\right)\\
&=\sum_{\chi=1}^{F_\chi}\sum_{l=1}^{F_l}\pi_{il}\pi_{j\chi}z^{s_{j\chi}+s_{il},d_{j\chi}+d_{il}}
\end{aligned} \tag{8-25}$$

令 $\Gamma_{\Omega}(z)$表示集合 Ω 中的所有子系统的盈余性能和不足性能的通用生成函数。集合 $\Omega\cup j$ 的通用生成函数可以用$\underset{+}{\otimes}$算子表示为

$$\begin{aligned}
\Gamma_{\Omega\cup j}(z)&=\Gamma_{\Omega}(z)\underset{+}{\otimes}\Delta_j(z)\\
&=\left(\sum_{f=1}^{F_\Omega}\pi_{\Omega f}\times z^{s_{\Omega f},d_{\Omega f}}\right)\underset{+}{\otimes}\left(\sum_{\chi=1}^{F_j}\pi_{j\chi}\times z^{s_{j\chi},d_{j\chi}}\right)\\
&=\sum_{f=1}^{F_\Omega}\sum_{\chi=1}^{F_j}\pi_{j\chi}\pi_{\Omega f}z^{s_{\Omega f}+s_{j\chi},d_{\Omega f}+d_{j\chi}}
\end{aligned}$$

$$= \sum_{f=1}^{F_{\Omega\cup j}} \pi_{\Omega\cup jf} z^{s_{\Omega\cup jf}, d_{\Omega\cup jf}} \tag{8-26}$$

重复式（8-26），直到通用生成函数包含所有 N 个子系统：

$$\Gamma_{\Omega_N}(z) = \sum_{f=1}^{F_N} \pi_{\Omega_N f} z^{s_{\Omega_N f}, d_{\Omega_N f}} \tag{8-27}$$

式中：Ω_N为 N 个子系统组成的集合。

另一方面，性能盈余的传输也受到公共总线性能共享系统随机传输能力的约束，定义性能共享组容量的通用生成函数为 $\eta(z) = \sum_{\beta=1}^{B} \alpha_\beta z^{\zeta_\beta}$。再分配后系统的不足通用生成函数可以由$\underset{\varphi}{\otimes}$算子得到：

$$\begin{aligned}
\Phi(z) &= \Gamma_{\Omega_N}(z) \underset{\varphi}{\otimes} \eta(z) \\
&= \left(\sum_{f=1}^{F_N} \pi_{\Omega_N f} z^{s_{\Omega_N f}, d_{\Omega_N f}} \right) \underset{\varphi}{\otimes} \left(\sum_{\beta=1}^{B} \alpha_\beta z^{\zeta_\beta} \right) \\
&= \sum_{f=1}^{F_N} \sum_{\beta=1}^{B} \alpha_\beta \pi_{\Omega_N f} z^{\max(0, d_{\Omega_N f} - \min(s_{\Omega_N f}, \zeta_\beta))} \\
&= \sum_{f=1}^{\hat{F}} \gamma_f z^{\hat{d}_f}
\end{aligned} \tag{8-28}$$

系统可用性为性能重新分配后系统性能不足为 0 的概率之和，即 $A = \sum_{f=1}^{\hat{F}} \gamma_f \cdot 1(\hat{d}_f = 0)$。

8.5 优化算法

式（8-16）所表示的是一个复杂的组合优化问题，使用穷举不太现实也不必要。在组合优化中经常使用到遗传算法[96-98]。为了应用遗传算法，需要定义如何对可行解进行编码和解码。

可行解可以用向量 $\boldsymbol{Y}=\{y_1,y_2,\cdots,y_M\}$ 表示，并且 y_i对应元件 e_i。y_i可以同时决定元件 e_i的分配和替换周期，即 $v(i)$ 和 T_i。y_i可以定义如下：

$$0 \leqslant y_i < N \times \kappa, \quad \kappa = \max\{\kappa(1), \kappa(2), \cdots, \kappa(M)\} \tag{8-29}$$

可行解的解码需要以下几个步骤：

步骤 1. 利用 y_i得到 $v(i)$ 和 T_i：

$$v(i) = \lfloor y_i/\kappa \rfloor + 1 \tag{8-30}$$

$$\sigma_i = 1 + \mathrm{mod}_{\kappa(i)}(y_i - \lfloor y_i/\kappa \rfloor \kappa) \tag{8-31}$$

式中：σ_i为元件 e_i在向量 $Q(i)$ 中的替换周期；$\lfloor x \rfloor$为取小于或等于 x 的最大整

数，$\text{mod}_{x_1}x_2=x_2-\lfloor x_2/x_1\rfloor x_1$。替换周期可以表示为 $T_i=\tau_{\sigma_i}(i)$。$v(i)$ 和 T_i 的值由 y_i 确定。

步骤 2. 给定 $v(i)$ 和 T_i 的值，利用式（8-14）计算 A_i。

步骤 3. 给定向量 $\boldsymbol{V}$ 和 $\boldsymbol{T}$，利用式（8-13）确定系统的总维修成本 C_{Total} 以及利用式（8-28）确定系统的可用性。

步骤 4. 可行解 $\boldsymbol{Y}=\{y_1,y_2,\cdots,y_M\}$ 的适应度可以计算如下：

$$\text{Fit}(Y)=\omega\times(A^*-A)\times 1(A^*>A)+\sum_{i=1}^{M}(c_{pi}(T/T_i-1)+c_{mi}\lambda_i(T_i)(T/T_i)) \tag{8-32}$$

式中：ω 为足够大的惩罚因子。

8.6 算例分析

考虑有 5 个子系统的串并联系统，该系统由 15 个多态元件组成。系统的寿命为 120 个月，并且每个元件的替换周期有 8 种选择，即 $K(1)=K(2)=\cdots=K(15)=8$ 和 $Q(1)=Q(2)=\cdots=Q(15)=8=$ {4 个月，8 个月，12 个月，20 个月，30 个月，50 个月，80 个月，120 个月}。当 T_i 等于 120 个月时，表明不进行预防替换。表 8-1 所列为 15 个元件的性能分布，表 8-2 所列为元件的其他特征。表 8-3 所列为每个子系统的需求分布。性能共享组的容量的可能取值为 $C=(2,5)$，相应概率为$(0.4,0.6)$。

表 8-1　多态元件的性能分布

子系统	性能														
	e_1	e_2	e_3	e_4	e_5	e_6	e_7	e_8	e_9	e_{10}	e_{11}	e_{12}	e_{13}	e_{14}	e_{15}
1	0.7	0.5	0.4	0.3	0	0	0	0	0.2	0	0	0	0	0	0
2	0.3	0.5	0.6	0.7	0.9	0.8	0.7	0.6	0	0.2	0	0	0	0	0
3	0	0	0	0	0.1	0.2	0.3	0.4	0.8	0.8	0.9	0.7	0.2	0	0
4	0	0	0	0	0	0	0	0	0	0	0.1	0.3	0.8	0.7	0.5
5	0	0	0	0	0	0	0	0	0	0	0	0	0	0.3	0.5

表 8-2　多态元件的特征

性能	t_{pi}	c_{pi}	t_{mi}	c_{mi}	$\lambda_i(4)$	$\lambda_i(8)$	$\lambda_i(12)$	$\lambda_i(20)$	$\lambda_i(30)$	$\lambda_i(50)$	$\lambda_i(80)$	$\lambda_i(120)$
e_1	0.008	25	0.42	3.2	0.6	1.1	2.8	6.1	18.5	41.2	95.7	166.3
e_2	0.007	30	0.35	2.1	0.8	1.2	3.1	6.2	17.6	42.5	93.5	168.1

续表

性能	t_{pi}	c_{pi}	t_{mi}	c_{mi}	$\lambda_i(4)$	$\lambda_i(8)$	$\lambda_i(12)$	$\lambda_i(20)$	$\lambda_i(30)$	$\lambda_i(50)$	$\lambda_i(80)$	$\lambda_i(120)$
e_3	0. 006	36	0. 29	1. 9	0. 7	0. 9	2. 9	6. 8	16. 8	45. 2	92. 1	169. 2
e_4	0. 009	43	0. 36	3. 1	0. 6	1. 0	3. 2	6. 5	18. 2	41. 2	92. 5	172. 2
e_5	0. 008	48	0. 26	2. 6	0. 8	1. 2	3. 1	5. 9	17. 9	45. 4	98. 5	162. 6
e_6	0. 009	54	0. 35	2. 5	0. 9	1. 3	3. 0	6. 3	15. 6	43. 2	94. 9	172. 4
e_7	0. 011	57	0. 41	2. 7	0. 6	1. 3	2. 7	6. 9	19. 2	42. 1	97. 2	173. 7
e_8	0. 009	62	0. 38	3. 2	0. 8	1. 4	2. 6	5. 6	20. 1	40. 9	92. 1	168. 4
e_9	0. 008	68	0. 43	2. 6	0. 7	0. 8	2. 8	6. 5	18. 6	45. 6	99. 2	167. 6
e_{10}	0. 012	75	0. 34	1. 8	0. 5	1. 2	3. 2	6. 4	18. 7	44. 5	96. 5	176. 5
e_{11}	0. 008	81	0. 29	1. 6	0. 8	1. 3	3. 3	5. 8	19. 5	42. 1	94. 1	169. 5
e_{12}	0. 011	89	0. 38	2. 6	0. 7	1. 1	2. 8	6. 3	19. 2	41. 9	99. 5	178. 8
e_{13}	0. 009	96	0. 40	2. 2	0. 9	1. 0	2. 7	6. 9	17. 8	40. 9	91. 6	176. 6
e_{14}	0. 008	101	0. 26	1. 7	0. 8	0. 9	3. 2	6. 7	16. 8	42. 4	91. 9	169. 7
e_{15}	0. 012	110	0. 39	2. 5	0. 6	1. 2	2. 9	6. 5	18. 6	41. 8	98. 6	179. 1

表 8-3 每个子系统的需求分布

子系统	需求				
	3	4	5	6	7
1	0. 4	0. 6	0	0	0
2	0. 4	0	0. 5	0. 1	0
3	0	0. 3	0	0. 7	0
4	0	0	0. 4	0. 6	0
5	0	0	0. 2	0. 7	0. 1

如前所述，可行解需要满足条件 $0 \leqslant y_i < N \times K$，即 $0 \leqslant y_i < 40$。给定向量 $\boldsymbol{Y}=\{y_1, y_2, \cdots, y_M\}$，可以将其解码成为 $\boldsymbol{V}$ 和 $\boldsymbol{T}$，并且计算系统可用性和成本。假设存在向量 $\boldsymbol{Y}=\{28,8,30,23,37,25,36,19,38,33,10,13,7,34,17\}$，那么可以根据如下步骤计算系统可用性和成本。

步骤 1. 利用式（8-30）和式（8-31）解码 $\boldsymbol{Y}$。多态元件的分配策略可以表示为 $\boldsymbol{V}=(4,2,4,3,5,4,5,3,5,5,2,2,1,5,3)$，并且替换周期为 $\boldsymbol{T}=(30,4,80,120,50,8,30,20,80,8,12,50,120,12,8)$。

步骤2. 利用式（8-14）计算每个多态元件的可用性。元件的可用性为：$A_1=0.7408, A_2=0.9283, A_3=0.6661, A_4=0.4834, A_5=0.7638, A_6=0.9421, A_7=0.7373, A_8=0.8932, A_9=0.4648, A_{10}=0.9476, A_{11}=0.9197, A_{12}=0.6814, A_{13}=0.4113, A_{14}=0.9301, A_{15}=0.9401$。

步骤3. 利用式（8-13）计算维修费用。总维修费用为9606。系统可用性可以由式（8-28）得到。利用分配向量 $\boldsymbol{V}$ 和替换周期向量 $\boldsymbol{T}$，可以得到元件分配为 $E_1=\{13\}$，$E_2=\{2,11,12\}$，$E_3=\{4,8,15\}$，$E_4=\{1,3,6\}$，$E_5=\{5,7,9,10,14\}$，并且系统可用性为0.7065。

步骤4. 计算解向量 $\boldsymbol{Y}=\{y_1,y_2,\cdots,y_M\}$ 的适应度为

$$\mathrm{Fit}(Y)=\omega\times(A^*-0.7065)\times 1(A^*>0.7065)+9606$$

根据8.6节的优化步骤，得到元件的最佳分配和维修策略，见表8-4，其中 A^* 为最低可用性标准，A 为利用遗传算法求得的最优解对应的系统可用性，C_{total} 为系统总维修成本。可以看出，系统可用性要求越高，系统的总维修成本越大。

表8-4　元件最佳的分配和维修策略

性能	e_1	e_2	e_3	e_4	e_5	e_6	e_7	e_8	e_9	e_{10}	e_{11}	e_{12}	e_{13}	e_{14}	e_{15}
$A^*=0.95$，$A=0.9500$，$C_{\text{total}}=18132$															
$\boldsymbol{V}$	4	4	1	2	4	4	3	5	4	1	3	5	3	2	5
$\boldsymbol{T}$	20	50	4	8	20	8	20	4	20	4	8	4	8	8	4
$A^*=0.90$，$A=0.9009$，$C_{\text{total}}=12314$															
$\boldsymbol{V}$	2	6	2	2	2	3	1	3	3	1	6	2	3	5	3
$\boldsymbol{T}$	30	8	12	30	8	12	8	20	4	12	30	30	20	20	4
$A^*=0.85$，$A=0.8500$，$C_{\text{total}}=8673$															
$\boldsymbol{V}$	3	2	2	4	1	4	4	5	4	4	1	2	1	5	3
$\boldsymbol{T}$	12	12	12	20	20	8	50	8	20	20	50	12	50	8	12
$A^*=0.80$，$A=0.8007$，$C_{\text{total}}=6778$															
$\boldsymbol{V}$	3	4	2	5	1	4	5	1	2	5	2	2	5	4	3
$\boldsymbol{T}$	8	8	30	20	20	30	20	20	30	50	30	30	50	30	8

公共总线传输容量是影响系统的维修成本和可用性的一个关键因素。一般而言，更大的容量会使得维修成本更低，因为更多的盈余性能可以传输到其他不足性能的子系统，因此元件的预防替换不用那么频繁。如果把公共总

线传输容量增加为 $C=(4,10)$，相应概率为$(0.4,0.6)$，同时保持其他参数不变，优化结果如表 8-5 所列。表 8-5 明显显示出随着公共总线传输容量增加，系统的维修费用降低了。比如，当系统可用性为 0.95 时，总维修成本从 18132 降为 7935。

表 8-5　最优的元件分配和维修策略

性能	e_1	e_2	e_3	e_4	e_5	e_6	e_7	e_8	e_9	e_{10}	e_{11}	e_{12}	e_{13}	e_{14}	e_{15}
$A^*=0.95$，$A=0.9501$，$C_{\text{total}}=7935$															
$\boldsymbol{V}$	5	4	1	4	2	2	2	4	3	4	1	4	5	5	3
$\boldsymbol{T}$	8	4	20	50	12	12	12	20	12	50	20	20	30	30	12
$A^*=0.90$，$A=0.9009$，$C_{\text{total}}=6698$															
$\boldsymbol{V}$	5	1	4	4	3	2	4	5	4	2	2	5	3	4	1
$\boldsymbol{T}$	12	20	12	12	20	30	30	20	30	80	80	20	8	50	20
$A^*=0.85$，$A=0.8509$，$C_{\text{total}}=5409$															
$\boldsymbol{V}$	5	1	4	1	3	4	4	1	4	2	2	3	4	2	5
$\boldsymbol{T}$	12	20	30	20	20	30	30	20	30	30	80	20	50	80	20
$A^*=0.80$，$A=0.8002$，$C_{\text{total}}=5136$															
$\boldsymbol{V}$	1	3	2	3	3	2	1	3	2	4	2	4	4	2	5
$\boldsymbol{T}$	20	20	30	20	20	30	20	20	30	50	80	50	50	80	20

8.7　本章总结

本章考虑了一个基于性能共享的多态串并联系统，每个子系统的性能是子系统中多态元件的累积性能。每个子系统满足自身需求后的盈余性能可以传输到其他具有不足性能的子系统，系统中传输的性能总量不超过公共总线传输容量。为了提高元件可用性，元件会被定期替换和在失效时进行小修。本章基于通用生成函数方法，提出了评估系统可用性的算法，构建了在满足系统可用性前提下的最小化系统总维修成本的优化模型，通过遗传算法优化了系统的元件分配和维修策略问题。数值实验表明更严格的系统可用性要求将增加总维修成本、更高的传输容量能够降低维修成本、更长的替换周期降低维修成本但同时降低了系统可用性。

符号及说明列表	
$\eta(\cdot)$	多态元件的集合
E_j	子系统 j 中的多态元件的集合
e_i	多态元件 i
N	串联连接的子系统的数量
M	多态元件的总数量
G_i	元件 e_i 的随机性能
W_j	子系统 j 的随机需求
C	公共总线性能共享系统的随机传输容量
S_j	子系统 j 的随机盈余性能
D_j	子系统 j 的随机不足性能
Z	传输的随机性能总量
$\hat{D}$	性能重新分配后的不足性能
$\hat{S}$	性能重新分配后的盈余性能
$\lambda_i(t)$	在时间 $[0,t]$ 内元件 e_i 的期望失效次数
T_i	元件 e_i 的预防替换周期
$Q(i)$	预防替换周期可能取值的集合
$\tau_j(i)$	元件 e_i 的预防替换周期的第 j 种取值
$K(i)$	元件 e_i 的预防替换周期的可能取值的个数
C_P	总预防替换维修成本
C_M	总小修成本
C_{total}	总维修成本
A_i	元件 e_i 的可用性
$A(\cdot)$	给定维修策略和元件分配时的系统可用性
A^*	系统可用性要求
$\boldsymbol{V}$	每个元件分配的向量
$\boldsymbol{T}$	每个元件的替换周期的向量
$h(i)$	元件 e_i 的状态个数
p_{ib}	元件 e_i 处于状态 b 的概率
g_{ib}	元件 e_i 处于状态 b 的性能
$u_i(\cdot)$	元件 e_i 的性能的通用生成函数

续表

符号及说明列表	
$U_j(\cdot)$	子系统 j 的性能的通用生成函数
$W_j(\cdot)$	子系统 j 的需求的通用生成函数
$\theta(j)$	子系统 j 的需求的状态个数
q_{jr}	子系统 j 的需求处于状态 r 的概率
w_{jr}	子系统 j 处于状态 r 时的需求
$\eta(\cdot)$	公共总线性能共享系统的传输容量的通用生成函数
B	公共总线性能共享系统的状态总数
α_β	公共总线性能共享系统处于状态 β 的概率
ζ_β	公共总线性能共享系统处于状态 β 的传输容量
$v(i)$	元件 e_i 所处的子系统

第九章

基于性能共享的线性滑动窗口系统的优化设计

与前一章串并联系统不同，本章考虑具有公共总线的线性滑动窗口系统。线性滑动窗口系统在实际工业系统中普遍存在[99-101]，但尚未有文献研究其性能共享机制。考虑一个为移动零件提供热量的管道加热系统，管道每个点的温度等于最近的 r 个加热器的累积加热效果。而加热器由不同数量的加热元件组成。由于加热器内部的加热元件的可用性，加热效果会离散地变化。每个加热元件产生的热辐射取决于其耗电量。为了给每个点提供足够的温度，任何 r 个最近的加热器的累积加热效果应不小于最小值 W。为了提高系统可靠性，系统通过公共总线将电能从一个加热器传输到另一个加热器，从而使得所有 r 个最近的加热器都能有更高的概率满足最小需求 W。因为加热元件的热量取决于电力供应，所以电力的重新分配等同于热量的重新分配。为了便于讨论和可靠性建模，本章考虑辐射的传输而不是电力传输，探讨如何对具有公共总线性能共享的线性滑动窗口系统进行建模和如何优化性能共享机制以使系统可靠性最大化。

9.1 系统描述

如图 9-1 所示，考虑一个由 n 个节点线性排列组成的线性滑动窗口系统。每一个节点 $i=1,2,\cdots,n$ 中存在 k_i 个并联多态元件，并且 $k_1+k_2+\cdots+k_n=N$。因此，N 代表了该线性滑动窗口中多态元件的总数。如果任何 r 个连续节点（被称为窗口）的总性能小于预定的需求 W，则系统失效。假设系统中所有多态元件的性能在统计上相互独立。每个节点的总性能和需求 W 是随时间变化的随机变量。在实际应用中，每个多态元件的概率分布和需求 W 的概率分布可以通过历史数据进行估计。不失一般性，令随机变量 G_j 表示多态元件 e_j 的性能，其中 $G_j(1)<G_j(2)<\cdots<G_j(L_j)(j=1,2,\cdots,N)$，其中 L_j 表示性能 G_j 能实现的对应数量。分别以 $\lambda_j(1),\lambda_j(2),\cdots,\lambda_j(L_j)$ 表示 $G_j(1),G_j(2),\cdots,G_j(L_j)$ 的取值概率，并且 $\sum_{l=1}^{L_j}\lambda_j(l)=1$。分别以 $q(1),q(2),\cdots,q(\overline{\omega})$ 表示需求 $W(1)$，$W(2),\cdots,W(\overline{\omega})$ 的取值概率，并且 $q(1)+q(2)+\cdots+q(\overline{\omega})=1$，其中 $\overline{\omega}$ 表示 W 需求能实现的对应数量。

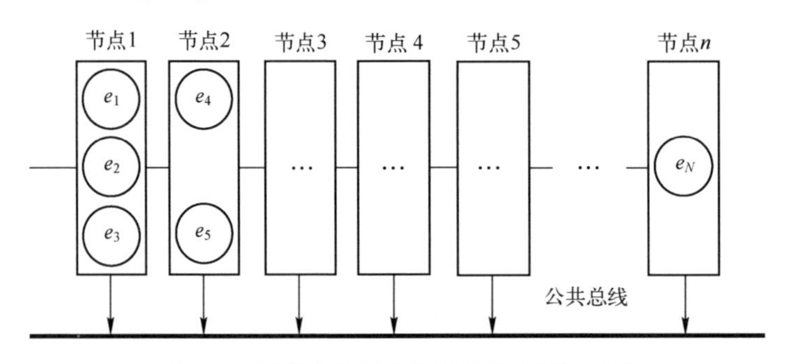

图 9-1　具有公共总线的线性滑动窗口系统

如图 9-1 所示，线性滑动窗口系统的每个节点均连接在公共总线上，性能可以通过该总线传输，但可以通过公共总线传输的性能总量受到公共总线传输容量的限制。令随机变量 C 表示公共总线传输容量，C 的概率质量函数可以表示为：分别以概率为 $\{\gamma(1),\gamma(2),\cdots,\gamma(\chi)\}$ 取值 $C(1),C(2),\cdots,C(\chi)$，并且 $\gamma(1)+\gamma(2)+\cdots+\gamma(\chi)=1$。

为了对线性滑动窗口系统性能共享进行建模，令 $X_{i,l}$ 表示从节点 i 传输到节点 l 的性能总量。需要注意的是，$X_{i,l}$ 是一个非负实数。如果 $X_{i,l}>0,\forall i\in\{1,2,\cdots,n\}$，令 $X_{l,i}=0,\forall l\in\{1,2,\cdots,n\}$。在该定义下，性能传输只能单方向进行，因为双向传输不必要地占用了更多的公共总线传输容量。对于任何具有双向传输的性能共享策略，总是可以找到一个仅具有单向传输的性能共享策略，使之至少达到与双向传输策略相同的效果。通过将传输限制为单方向，还减少了性能共享策略的搜索空间，减少了计算时间。同样地，本章不允许自传输，即对于每个 $l\in\{1,2,\cdots,n\},X_{l,l}=0$。

令 K_i 表示节点 $i(i=1,2,\cdots,n)$ 处所有多态元件的子集，因此子集 K_i 中所有多态元件贡献给节点 i 的总性能是 $\sum_{j\in K_i}G_j$。令 $X_i=\sum_{l=1}^{n}X_{i,l}$ 表示节点 i 传出的性能总量，令 $Y_i=\sum_{l=1}^{n}X_{l,i}$ 表示传入节点 i 的性能总量。因此在性能共享后节点 i 中性能总量为

$$F_i = \sum_{j \in K_i} G_j - X_i + Y_i = \sum_{j \in K_i} G_j - \sum_{l=1}^{n} X_{i,l} + \sum_{l=1}^{n} X_{l,i} \tag{9-1}$$

考虑一组由从节点 l 到节点 $l+r-1$ 组成的 r 个连续节点窗口。该窗口的累积性能是 $\sum_{i=l}^{l+r-1} F_i$，其性能不足是 $D_i = \max\left\{0, W - \sum_{i=l}^{l+r-1} F_i\right\}$。由于线性滑动窗口存在 n 个线性排列节点，所以系统总共包含 $n+r-1$ 组的 r 个连续节点构成的窗口。第一个窗口是从节点 1 到节点 r，最后一个窗口从节点 $n+r-1$ 到节点 n。因此，系统总性能不足可以表示为

$$D = \sum_{l=1}^{n-r+1} D_i = \sum_{l=1}^{n-r+1} \max\left\{0, W - \sum_{i=l}^{l+r-1} F_i\right\} \tag{9-2}$$

需要注意的是，在式（9-2）中的总的性能不足 D 取决于性能共享策略，它由 $X_{i,l}, \forall i, l \in \{1,2,\cdots,n\}$ 的值所表示。由于 $X_{i,l}$ 是一个随机变量，不同的性能共享策略会导致不同的性能不足。令 $D^* = \min\left(\sum_{l=1}^{n-r+1} D_l\right) = \min\left(\sum_{l=1}^{n-r+1} \max\left\{0, W - \sum_{i=1}^{l+r-1} F_i\right\}\right)$ 为在最优性能共享策略下系统所能达到的最小性能不足。因此基于该公共总线性能共享的线性滑动窗口系统可靠性为

$$R_{\text{SWS-CBPS}} = P\left\{\min\left(\sum_{l=1}^{n-r+1} \max\left\{0, W - \sum_{i=l}^{l+r-1} F_i\right\}\right) = 0\right\} \tag{9-3}$$

D^* 是通过确定对于每个 $i, l \in \{1,2,\cdots,n\}$ $X_{i,l}$ 的最优值而获得的，该优化问题还存在几个约束条件。9.4 节将介绍该优化问题的细节。

9.2　具有性能共享的线性滑动窗口系统的状态表示

为了评估具有公共总线性能共享的线性滑动窗口系统可靠性，本章使用通用生成函数来构造每个节点的性能分布、需求分布以及传输容量分布。

基于 9.1 节的定义，元件 e_j 的性能分布可以用以下通用生成函数来表示：

$$u_j(z) = \sum_{l_j=1}^{L_j} \lambda_j(l_j) \times z^{[G_j(l_j)]} \tag{9-4}$$

其中，$j \in \{1,2,\cdots,N\}$。

每个节点的性能是该节点上所有多态元件的累积性能。K_i 表示节点 i 处所有多态元件的集合，$|K_i|$ 表示集合的大小，它等于 k_i。节点 i 的累积性能通用生成函数为

$$\begin{aligned}\Lambda_i(z) &= \oplus\{u_{j_1}(z), \cdots, u_{j_{k_i}}(z)\} \\ &= \oplus\left\{\sum_{l_{j_1}=1}^{L_{j_1}} \lambda_{j_1}(l_{j_1}) \times z^{[G_{j_1}(l_{j_1})]}, \sum_{l_{j_2}=1}^{L_{j_2}} \lambda_{j_2}(l_{j_2}) \times z^{[G_{j_2}(l_{j_2})]}, \cdots, \sum_{l_{j_{k_i}}=1}^{L_{j_{k_i}}} \lambda_{j_{k_i}}(l_{j_{k_i}}) \times z^{[G_{j_{k_i}}(l_{j_{k_i}})]}\right\}\end{aligned}$$

$$= \sum_{l_{j_1}=1}^{L_{j_1}} \sum_{l_{j_2}=1}^{L_{j_2}} \cdots \sum_{l_{j_{k_i}}=1}^{L_{j_{k_i}}} \left(\prod_{j \in K_i} \lambda_j(l_j) \right) \times z^{\left[\sum_{j \in K_i} G_j(l_j) \right]}$$

$$= \sum_{h_i=1}^{H_i} p_i(h_i) \times z^{[\theta_i(h_i)]} \tag{9-5}$$

在式（9-5）中，$u_{j1}(z), u_{j2}(z), \cdots, u_{jk_i}(z)$表示节点 i 中每个元件的性能分布的通用生成函数。节点 i 的性能是该节点中所有元件性能总和。通过算子$\oplus$来构造所有多态元件的联合通用生成函数，即代表节点 i 性能的通用生成函数。式（9-5）中的最后一个等式意味着节点 i 的性能的状态数为 H_i。节点 i 的性能为 $\theta_i(h_i)$的概率等于 $p_i(h_i)$，并且 $\sum_{h_i=1}^{H_i} p_i(h_i) = 1$。

例如：

$$\begin{aligned}
\Lambda_1(z) &= \oplus\{u_{j_1}(z), u_{j_2}(z)\} \\
&= \oplus\{(0.15 \times z^{[0]} + 0.85 \times z^{[5]}), (0.1 \times z^{[0]} + 0.9 \times z^{[10]})\} \\
&= 0.15 \times 0.1 \times z^{[0+0]} + 0.15 \times 0.9 \times z^{[0+10]} + 0.85 \times 0.1 \times z^{[5+0]} + 0.85 \times 0.9 \times z^{[5+10]} \\
&= 0.015 \times z^{[0]} + 0.135 \times z^{[10]} + 0.085 \times z^{[5]} + 0.765 \times z^{[15]}
\end{aligned}$$

注意式（9-5）适用于任意节点 $i(i \in \{1,2,\cdots,n\})$。因此，通过式（9-5）可以构造每个节点的累积性能通用生成函数。如果集合 K_i是空集，即节点 i 中没有元件，式（9-5）简化为 $\Lambda_i(z) = z^0$。

同样，需求变量的通用生成函数可以表达为

$$\Gamma(z) = \sum_{w=1}^{\varpi} q(w) \times z^{[W(w)]} \tag{9-6}$$

公共总线传输容量的通用生成函数可以表达为

$$\Psi(z) = \sum_{\xi=1}^{\chi} \gamma(\xi) \times z^{[C(\xi)]} \tag{9-7}$$

每个节点的性能、需求和公共总线传输容量的每个组合代表一个唯一的系统状态。基于式（9-5）~式（9-7），可以将系统状态通用生成函数构造如下：

$$U(z) = \otimes\{[\Lambda_1(z), \Lambda_2(z), \cdots, \Lambda_n(z)], \Gamma(z), \Psi(z)\}$$

$$= \otimes \left\{ \begin{aligned} & \left[\sum_{h_1=1}^{H_1} p_1(h_1) \times z^{[\theta_1(h_1)]}, \sum_{h_2=1}^{H_2} p_2(h_2) \times z^{[\theta_2(h_2)]}, \cdots, \sum_{h_n=1}^{H_n} p_n(h_n) \times z^{[\theta_n(h_n)]} \right], \\ & \sum_{w=1}^{\varpi} q(w) \times z^{[W(w)]}, \sum_{\xi=1}^{\chi} \gamma(\xi) \times z^{[C(\xi)]} \end{aligned} \right\}$$

$$= \sum_{h_1=1}^{H_1} \sum_{h_2=1}^{H_2} \cdots \sum_{h_n=1}^{H_n} \sum_{w=1}^{\varpi} \sum_{\xi=1}^{\chi} \left[\left(\prod_{i=1}^{n} p_i(h_i) \right) \times q(w) \times \gamma(\xi) \right] \times z^{\{\theta_1(h_1), \theta_2(h_2), \cdots, \theta_n(h_n), W(w), C(\xi)\}}$$

$$= \sum_{s=1}^{S} \alpha_s \times z^{(\beta_s(1),\beta_s(2),\cdots,\beta_s(n),\beta_s(n+1),\beta_s(n+2))}$$

$$= \sum_{s=1}^{S} \alpha_s \times z^{(\boldsymbol{\beta}_s)} \tag{9-8}$$

式中：$S = \left(\prod_{i=1}^{n} H_i\right) \times \overline{\omega} \times \chi$ 为系统状态数；α_s为系统处于状态 s 的概率，可用β_s表示。β_s是一个由 $n+2$ 个元素构成的行向量，前 n 个元素表示每个节点的性能实现值，倒数第二个元素表示需求的实现值，最后一个元素表示公共总线传输容量的实现值。

对于同一个系统状态，即给定每个节点的性能值、需求值以及公共总线传输容量，系统可能是正常工作状态也可能是处于失效状态，与性能共享的策略密切相关。因此本章将构建优化模型，求解最优的性能共享策略，从而提高系统可靠性。

9.3　性能共享的优化

基于上述分析，本章建立了两个优化模型，并分别获得不同的最优性能共享策略。第一个模型假定性能共享过程中不存在性能损失，而第二个模型考虑了性能共享过程中的性能传输损失。

9.3.1　不考虑性能损失的最优性能共享

对于系统状态 s，在性能共享后如果存在一组 r 个连续节点的总性能实现值小于需求值，则该状态被定义为失效状态。

系统处于状态 s 时节点 i 的总性能实现值为

$$f_i(s) = \beta_s(i) - \sum_{l=1}^{n} X_{i,l} + \sum_{l=1}^{n} X_{l,i} \quad (\forall i = 1,2,\cdots,n) \tag{9-9}$$

式中：$X_{i,l}$为从节点 i 传输到节点 l 的性能总量（$i,l \in \{1,2,\cdots,n\}$）。注意，所有的 $X_{i,l}$都是未知的，是优化模型中的决策变量。

当系统处于状态 s，一组从节点 l 到节点 $l+r-1$ 组成的 r 个连续节点（窗口）的性能不足为

$$d_l(s) = \max\left\{0,\beta_s(n+1) - \sum_{i=l}^{l+r-1} f_i(s)\right\} \tag{9-10}$$

若对于任意 $l=1,2,\cdots,n-r+1$，$d_l(s)>0$，则 s 代表失效状态。即

$$\sum_{l=1}^{n-r+1} d_l(s) = \sum_{l=1}^{n-r+1} \max\left\{0,\beta_s(n+1) - \sum_{i=l}^{l+r-1} f_i(s)\right\} > 0 \tag{9-11}$$

最优性能共享策略是最小化所有窗口总性能不足 $\sum_{l=1}^{n-r+1} d_l(s)$ 的策略。如果 $\sum_{l=1}^{n-r+1} d_l(s)$ 的最小值等于零，系统在状态 s 时正常工作。否则，系统在状态 s 下失效。

基于以上讨论，本小节建立了下述优化模型，该模型可用于确定当系统处于状态 s 时的最优性能共享策略。

$$
\begin{aligned}
\min \sum_{l=1}^{n-r+1} d_l(s) &= \sum_{l=1}^{n-r+1} \max\left\{0, \beta_s(n+1) - \sum_{i=l}^{l+r-1} f_i(s)\right\} \\
&= \sum_{l=1}^{n-r+1} \max\left\{0, \beta_s(n+1) - \sum_{i=l}^{l+r-1}\left(\beta_s(i) - \sum_{l=1}^{n} X_{i,l} + \sum_{l=1}^{n} X_{l,i}\right)\right\}
\end{aligned} \tag{9-12}
$$

$$
\text{s. t. } \sum_{i=1}^{n} \sum_{l=1}^{n} X_{i,l} < \beta_s(n+2) \tag{9-13}
$$

$$
X_{i,i} = 0 \quad (\forall i \in \{1,2,\cdots,n\}) \tag{9-14}
$$

$$
\min\{X_{i,l}, X_{l,i}\} = 0 \quad (i \neq l, \forall i,l \in \{1,2,\cdots,n\}) \tag{9-15}
$$

$$
X_i = \sum_{l=1}^{n} X_{i,l} \quad (\forall i = 1,2,\cdots,n) \tag{9-16}
$$

$$
Y_i = \sum_{l=1}^{n} X_{l,i} \quad (\forall i = 1,2,\cdots,n) \tag{9-17}
$$

$$
\min\{X_i, Y_i\} = 0 \quad (\forall i \in \{1,2,\cdots,n\}) \tag{9-18}
$$

$$
\beta_s(i) - \sum_{l=1}^{n} X_{i,l} \geqslant 0 \quad (\forall i \in \{1,2,\cdots,n\}) \tag{9-19}
$$

$$
X_{i,l} \geqslant 0 \quad (\forall i,l \in \{1,2,\cdots,n\}) \tag{9-20}
$$

在该优化模型中，式（9-12）表示窗口的性能不足总量，它是该最小化优化问题的目标函数。如果最优值为零，则认为系统在该状态下工作正常，否则就是失效状态。式（9-13）表示通过公共总线传输的性能总量不应超过处于状态 s 时的传输容量 $\beta_s(n+2)$。式（9-14）表示任意节点的性能自传输。式（9-15）将两个节点之间性能传输限制在单一方向。式（9-16）计算了从节点 $i(\forall i \in \{1,2,\cdots,n\})$ 传出的性能总量。式（9-17）计算了传入节点 i 的性能总量。式（9-18）表明如果存在性能从节点 i 传出，则不应有性能从任何其他节点传入节点 i。从而避免了级联传输，因为级联传输会不必要地多次占用公共总线传输容量。

注意在式（9-12）~式（9-20）中的优化问题只允许单向传输，禁止级联传输。事实上，对于任何涉及任意两个节点之间的双向传输或两个节点以上的级联传输的传输策略，总能找到一个替代的传输方式，以实现相同的性能共享量，但占用更少的公共总线传输容量。

9.3.2　考虑性能损失的最优性能共享

在实际应用中，传输过程中会使部分性能损失。在线路电阻引起的电力传输过程中和热辐射引起的热传输过程中，都会产生性能损失。为了考虑性能共享过程中的传输损失，令函数 $\rho(X_{l,i})$ 表示从节点 l 传输到节点 i 的传输总量 $X_{l,i}$ 的性能损失量。基于该定义，9.3.1 节中的优化模型可以重新表示如下：

$$
\begin{aligned}
&\min \sum_{l=1}^{n-r+1} d_l(s) \\
&= \sum_{l=1}^{n-r+1} \max\left\{0, \beta_s(n+1) - \sum_{i=l}^{l+r-1} f_i(s)\right\} \\
&\sum_{l=1}^{n-r+1} \max\left\{0, \beta_s(n+1) - \sum_{i=l}^{l+r-1} \left[\beta_s(i) - \sum_{l=1}^{n} X_{i,l} + \sum_{l=1}^{n} [1-\rho(X_{l,i})]X_{l,i}\right]\right\}
\end{aligned}
\tag{9-21}
$$

$$\text{s.t.} \sum_{i=1}^{n}\sum_{l=1}^{n} [1-\rho(X_{l,i})]X_{i,l} < \beta_s(n+2) \tag{9-22}$$

$$X_{i,i}=0 \quad (\forall i \in \{1,2,\cdots,n\}) \tag{9-23}$$

$$\min\{X_{i,l}, X_{l,i}\}=0 \quad (i \neq l, \forall i,l \in \{1,2,\cdots,n\}) \tag{9-24}$$

$$X_i = \sum_{l=1}^{n} X_{i,l} \quad (\forall i = 1,2,\cdots,n) \tag{9-25}$$

$$Y_i = \sum_{l=1}^{n} (1-\rho(X_{l,i}))X_{l,i} \quad (\forall i = 1,2,\cdots,n) \tag{9-26}$$

$$\min\{X_i, Y_i\}=0 \quad (\forall i \in \{1,2,\cdots,n\}) \tag{9-27}$$

$$\beta_s(i) - \sum_{l=1}^{n} X_{i,l} \geqslant 0 \quad (\forall i \in \{1,2,\cdots,n\}) \tag{9-28}$$

$$X_{i,l} \geqslant 0 \quad (\forall i,l \in \{1,2,\cdots,n\}) \tag{9-29}$$

式（9-21）是考虑了性能损失的新优化模型的目标函数。注意式（9-22）和式（9-26）中的约束不同于式（9-13）和式（9-17）中的相应约束。其中 $\rho(X_{l,i})$ 是在从节点 l 传输到节点 i 的性能 $X_{l,i}$ 的损失量。式（9-22）隐含地假设传输性能中的性能损失量不占用公共总线传输容量。如果在某些系统中不是这样的，那么式（9-22）可以很容易地修正为 $\sum_{i=1}^{n}\sum_{l=1}^{n} X_{i,l} < \beta_s(n+2)$。

上述模型假定传输过程中的性能损失量是传输量的函数，而没有给出函数的具体形式。性能损失量可能取决于传输的性能量或者节点 l 到节点 i 的距离。在实际应用中，函数的具体表达式可以根据历史数据进行估计。下面提供两个简单而常用的例子来说明。

如果性能损失量与传输的性能量成比例，可以令 $\rho(X_{l,i})=\rho_0$，其中 ρ_0 为 0~1 的常数。如果性能损失量取决于传输的距离，可以令 $\rho(X_{l,i})=\rho_0\times(|l-i|/n)$，其中 ρ_0 为 0~1 的常数。注意这是一个简单的模型，该模型假设性能损失与传输距离成比例。基于历史数据，可以在实际系统中构建更复杂的模型。

9.4 具有性能共享的线性滑动窗口系统可靠性评估算法

对于每一个状态 s，可以通过求解上述优化模型来确定最优性能共享策略。当系统状态改变时，优化模型的输入参数改变，需要重新对模型求解，并获得系统正常工作的概率。

对于任意系统状态 s，向量 β_s 可以用每个节点的实现值、需求的实现值和公共总线的实现值表示。如果不考虑性能损失，可以通过求解式（9-12）~式（9-20）中的优化模型来确定最优性能共享策略。如果考虑性能损失，则可以通过求解式（9-21）~式（9-29）中的优化模型。

令 $\varphi(\beta_s)=\min\sum_{l=1}^{n-r+1}d_l(s)$ 表示式（9-12）~式（9-20）的最优目标值。具有性能共享的线性滑动窗口系统的系统可靠性可以计算如下：

$$R_{\text{SWS-CBPS}}=\sum_{s=1}^{S}\alpha_s\times I(\varphi(\boldsymbol{\beta}_s)=0) \tag{9-30}$$

式中：$I(x)$ 为一个指示性函数，如果 x 为真，则 $I(x)=1$，否则 $I(x)=0$。

在每个系统状态 s 下，需要求解一次优化模型来确定 $\varphi(\beta_s)$ 的值。因此，计算系统可靠性需要求解优化模型 S 次，其中 S 代表系统状态数。为了降低计算的复杂度，本章提出了一些方法可以在不解决优化问题的情况下对系统状态是正常允许或失效进行识别。具体如下：

如果所有窗口的性能值都不小于需求值，即如果

$$\prod_{l=1}^{n-r+1}I\left(\sum_{i=l}^{l+r-1}\beta_s(i)\geqslant\beta_s(n+1)\right)=1 \tag{9-31}$$

令 $\varphi(\beta_s)=0$，且不需要求解优化模型。

对于系统状态 s，如果存在一组 r 个连续节点的性能不足大于公共总线传输容量。这便是一个失效状态，因为由于传输容量的原因，性能不足无法通过公共总线来得到补充，即如果

$$\sum_{l=1}^{n-r+1} I\left(\beta_s(n+1) - \sum_{i=l}^{l+r-1}\beta_s(i) > \beta_s(n+2)\right) > 0 \tag{9-32}$$

令 $\varphi(\beta_s)=1$，且不需要求解优化模型。

基于上述9.2节和9.5节的讨论，算法9-1总结了评估具有公共总线性能共享的线性滑动窗口系统可靠性的程序。

算法 9-1　可靠性评估算法

1. 确定系统输入参数，包括节点数 n，元件数量 N，在每个节点的多态元件集合 $K_i(i=1,2,\cdots,n)$，每个元件性能概率分布 $e_j(j=1,2,\cdots,N)$，随机需求 W 的概率分布和公共总线传输容量的概率分布 C
2. **for** $j=1,2,\cdots,N$
3. 　　使用式（9-4）构造每个元件性能的通用生成函数
4. **end for**
5. **for** $i=1,2,\cdots,n$
6. 　　使用式（9-5）构造每个节点性能的通用生成函数
7. **end for**
8. 使用式（9-6）构造需求 W 的通用生成函数
9. 使用式（9-7）构造公共总线传输容量 C 的通用生成函数
10. 使用式（9-8）构造线性滑动窗口系统状态的通用生成函数
11. **for** $s=1,2,\cdots,S$
12. 　　**if** 式（9-31）~式（9-32）的任意条件满足
13. 　　　　让 $\varphi(\beta_s)$ 为0或1
14. 　　**else**
15. 　　求解式（9-12）~式（9-20）的优化问题
16. 　　**end if**
17. **end for**
18. 根据 $R_{\text{SWS-CBPS}} = \sum_{s=1}^{S}\alpha_s \times I(\varphi(\beta_s)=0)$ 计算系统可靠性

算法9-1中采用了9.4.1节中的优化模型，即忽略了性能损失。如果应该考虑性能损失，只需要用式（9-21）~式（9-29）来替换第15步。

9.5　具有性能共享的线性滑动窗口系统的最优元件分配

在前面几节中，系统中每个节点处的多态元件是固定的，没有考虑元件的优化分配。在实际工程设计中，考虑元件位置的分配可以提高系统可靠性。

给定线性滑动窗口节点数为 n，多态元件总数为 N，元件的最优分配等同于将 N 个元件划分为 n 个互斥的集合使得

$$\left|\bigcup_{i=1}^{n} K_i\right| = N,\quad K_i \cap K_l = \phi \quad (\forall i,l \in \{1,2,\cdots,n\}, i \neq l) \tag{9-33}$$

式中：K_i为节点 i 的多态元件的集合，并且$|K_i| = k_i$是子集 K_i的大小。

因此，元件最优分配问题可以表示如下：

$$\begin{aligned} &\max R_{\text{SWS-CBPS}}(n,N,W,C(G_1,G_2,\cdots,G_N)) \\ &\text{s. t.}\ \bigcup_{i=1}^{n} K_i = N \\ &K_i \cap K_l = \phi \quad (\forall i,l \in \{1,2,\cdots,n\}, i \neq l) \end{aligned} \tag{9-34}$$

式中：$(n,N,W,C,(G_1,G_2,\cdots,G_N)$为输入参数；$K_1,K_2,\cdots,K_n$为决策变量。给定输入参数和任何可行解 $K_1,K_2,\cdots,K_n$，系统可靠性 $R_{\text{SWS-CBPS}}(n,N,W,C,(G_1,G_2,\cdots,G_N)$可通过算法 9-1 进行计算。

式（9-34）中的最优元件分配问题的解析解不存在，因为评估目标函数本身需要求解多个优化问题。此外，式（9-34）中的优化问题由于其高复杂度而不存在精确的算法，且分配策略的总数为 n^N，呈指数级快速增长。例如，考虑将 10 个多态元件分配到 5 个节点的小问题，分配策略的数量是 9765625。为了克服这个困难，本书建议使用遗传算法来搜索模型（9-34）的最优解。

9.6 数值实验

本节中首先通过一组数值实验来演示可靠性评估算法（算法 9-1）。在实现算法 9-1 的过程中，利用 Matlab 软件中的 fminicon 函数求解系统各种状态的最优性能共享策略。通过数值实验，本节分析了传输容量、需求和窗口大小对系统可靠性的影响。然后，用遗传算法确定最优元件分配，提高系统可靠性。

考虑一个具有 8 个节点的线性滑动窗口系统。将 10 个多态元件分配到这些节点，即 $K_1=\{e_1,e_2\}$、$K_2=\{e_3\}$、$K_3=\{e_4\}$、$K_4=\{e_5\}$、$K_5=\{e_6,e_7\}$、$K_6=\{e_8\}$、$K_7=\{e_9\}$和 $K_8=\{e_{10}\}$。每个元件的性能分布如表 9-1 所列。

表 9-1　多态元件的性能分布

e_1		e_2		e_3		e_4		e_5	
p	g	p	g	p	g	p	g	p	g
0.15	0	0.10	0	0.20	0	0.10	0	0.20	0
0.85	5	0.90	10	0.25	20	0.90	15	0.80	20
—	—	—	—	0.55	30	—	—	—	—

续表

e_6		e_7		e_8		e_9		e_{10}	
0.10	0	0.15	0	0.25	0	0.30	0	0.20	0
0.90	15	0.40	20	0.75	20	0.60	30	0.80	25
—	—	0.45	35	—	—	0.10	35	—	—

本章考虑了性能损失机制的两种情况。第一种情况假设性能损失量与性能传输量成正比，令$\rho(X_{l,i})=0.15$，即15%的性能在传输过程中损失。第二种情况假设性能损失量与传输距离成正比，令从节点l到节点i在传输过程中性能损失量为$\rho(X_{l,i})=0.15\times(|l-i|/8)$（因为本例中考虑的线性滑动窗口系统有8个节点）。

9.6.1　系统可靠性比较

本节首先进行了4个实验来说明可靠性评估算法，并分析了不同参数对系统可靠性的影响。

实验1

在第一个实验中，系统窗口的大小为$r=3$，每个窗口的需求W离散分布为[30　40;0.7　0.3]。该实验研究了公共总线传输容量的影响以及性能损失的影响，结果如表9-2所列。

表9-2　公共总线传输容量对系统可靠性的影响

可靠性	传输容量				
	$\begin{bmatrix}0 & 0.5\\0 & 0.5\end{bmatrix}$	$\begin{bmatrix}5 & 0.5\\0 & 0.5\end{bmatrix}$	$\begin{bmatrix}10 & 0.5\\0 & 0.5\end{bmatrix}$	$\begin{bmatrix}15 & 0.5\\0 & 0.5\end{bmatrix}$	$\begin{bmatrix}15 & 0.5\\5 & 0.5\end{bmatrix}$
没有损失	0.7104	0.7462	0.7746	0.8096	0.8454
损失-传输量	0.7104	0.7339	0.7546	0.7945	0.8181
损失-传输距离	0.7104	0.7459	0.7723	0.8054	0.8409
可靠性	传输容量				
	$\begin{bmatrix}15 & 0.5\\10 & 0.5\end{bmatrix}$	$\begin{bmatrix}20 & 0.5\\10 & 0.5\end{bmatrix}$	$\begin{bmatrix}25 & 0.5\\15 & 0.5\end{bmatrix}$	$\begin{bmatrix}30 & 0.5\\20 & 0.5\end{bmatrix}$	$\begin{bmatrix}\infty & 0.5\\\infty & 0.5\end{bmatrix}$
没有损失	0.8737	0.8878	0.9291	0.9534	0.9876
损失-传输量	0.8412	0.8628	0.9121	0.9437	0.9789
损失-传输距离	0.8705	0.8842	0.9249	0.9467	0.9803

表9-2展示了系统可靠性随着传输容量的增加而增加，也表明由于传输期间的性能损失，系统可靠性降低。第一种情况假设15%的性能在传输过程

中损失。第二种情况假设从节点 l 到节点 i 在传输过程中性能损失量为 $\rho(X_{l,i})=0.15\times(|l-i|/8)$。因此，在传输过程中的性能损失在第二种情况下较少。这解释了为什么系统可靠性在第二种情况下更高（损失-距离）。

实验 2

第二个实验中系统窗口大小为 $r=3$，公共总线传输容量的离散分布为[15 5;0.7 0.3]。实验 2 比较了不同需求下的系统可靠性。

表 9-3 需求对系统可靠性的影响

可靠性	容量				
	$\begin{bmatrix}0 & 0.5\\0 & 0.5\end{bmatrix}$	$\begin{bmatrix}10 & 0.5\\0 & 0.5\end{bmatrix}$	$\begin{bmatrix}20 & 0.5\\0 & 0.5\end{bmatrix}$	$\begin{bmatrix}30 & 0.5\\0 & 0.5\end{bmatrix}$	$\begin{bmatrix}30 & 0.5\\10 & 0.5\end{bmatrix}$
没有损失	1.0000	0.9968	0.9888	0.9602	0.9570
损失-传输量	1.0000	0.9967	0.9844	0.9469	0.9436
损失-传输距离	1.0000	0.9968	0.9882	0.9573	0.9542
可靠性	容量				
	$\begin{bmatrix}30 & 0.5\\20 & 0.5\end{bmatrix}$	$\begin{bmatrix}40 & 0.5\\20 & 0.5\end{bmatrix}$	$\begin{bmatrix}40 & 0.5\\30 & 0.5\end{bmatrix}$	$\begin{bmatrix}45 & 0.5\\35 & 0.5\end{bmatrix}$	$\begin{bmatrix}50 & 0.5\\40 & 0.5\end{bmatrix}$
没有损失	0.9490	0.8662	0.8376	0.7565	0.6543
损失-传输量	0.9313	0.8456	0.8081	0.7055	0.6165
损失-传输距离	0.9455	0.8622	0.8313	0.7438	0.6462

表 9-3 表明当其他参数保持不变时，系统可靠性随着系统需求增加而降低。当考虑系统性能损失时，系统可靠性较低。结果与本书定义的系统可靠性定义一致。

实验 3

第三个实验将公共总线传输容量固定为离散分布[20 10;0.7 0.3]，每个窗口的需求离散分布为[40 50;0.7 0.3]，分析窗口大小 r 对系统可靠性的影响。

表 9-4 显示了随着窗口大小的增加而增加的系统可靠性。可以看出系统可靠性随着 r 的值的增加而增加，这也与系统可靠性的定义一致。

表 9-4 窗口大小对系统可靠性的影响

可靠性	r							
	1	2	3	4	5	6	7	8
没有损失	0.00	0.1696	0.7525	0.9671	0.9965	0.9994	0.9999	1.00

续表

可靠性	r							
	1	2	3	4	5	6	7	8
损失–传输量	0.00	0.1663	0.7244	0.9604	0.9965	0.9994	0.9999	1.00
损失–传输距离	0.00	0.1685	0.7322	0.9651	0.9965	0.9994	0.9999	1.00

实验 4

第四个实验设置系统窗口大小为 $r=3$，并研究了系统在不同的传输容量和需求值下的可靠性。注意本实验中的传输容量和需求是常数而不是分布。本实验不考虑性能损失。图 9–2 显示了传输容量和需求对系统可靠性的影响。结果清楚地表明，无论需求如何，引入公共总线性能共享都可以提高系统的可靠性。

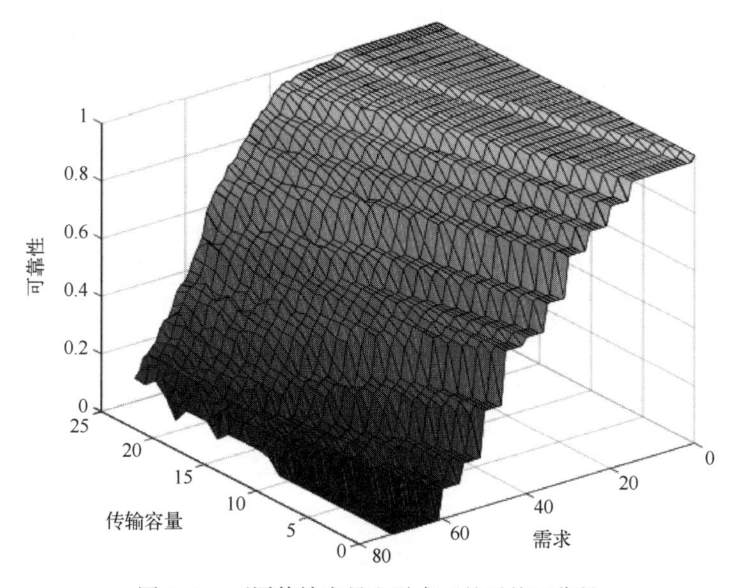

图 9–2　不同传输容量和需求下的系统可靠性

9.6.2　最优元件分配

上面 4 个实验都假设元件在每个节点是固定的，如表 9–1 所列。实际问题可以对元件的位置进行优化分配，从而使系统的可靠性达到最大。下面的实验测试了元件分配如何影响系统可靠性。

表 9–5 展示了在需求和公共总线传输容量的不同组合下固定分配和最优分配的系统可靠性比较。最优分配的结果是通过运行遗传算法 500 次可以获

得元件的最优分配。其中，种群大小设置为 20。交叉概率为 0.9，变异概率为 0.05。

表 9-5　固定分配和最优分配的系统可靠性比较

$W=[55\quad 50;\ 0.8\quad 0.2]$，$C=[15\quad 5;\ 0.2\quad 0.8]$											
参数	e_1	e_2	e_3	e_4	e_5	e_6	e_7	e_8	e_9	e_{10}	可靠性
最优分配	6	3	3	6	3	6	6	3	3	6	0.8915
固定分配	1	1	2	3	4	5	5	6	7	8	0.4260
$W=[40\quad 30;\ 0.8\quad 0.2]$，$C=[15\quad 5;0.4\quad 0.6]$											
参数	e_1	e_2	e_3	e_4	e_5	e_6	e_7	e_8	e_9	e_{10}	可靠性
最优分配	6	3	3	3	6	3	6	6	6	3	0.9666
固定分配	1	1	2	3	4	5	5	6	7	8	0.7393
$W=[30\quad 40;\ 0.7\quad 0.3]$，$C=[10\quad 0;0.5\quad 0.5]$											
参数	e_1	e_2	e_3	e_4	e_5	e_6	e_7	e_8	e_9	e_{10}	可靠性
最优分配	3	6	6	6	6	3	3	3	3	6	0.9746
固定分配	1	1	2	3	4	5	5	6	7	8	0.7746
$W=[40\quad 15;\ 0.7\quad 0.3]$，$C=[10\quad 5;0.5\quad 0.5]$											
参数	e_1	e_2	e_3	e_4	e_5	e_6	e_7	e_8	e_9	e_{10}	可靠性
最优分配	6	6	6	6	6	3	3	3	6	3	0.9800
固定分配	1	1	2	3	4	5	5	6	7	8	0.7579
$W=[50\quad 35;\ 0.4\quad 0.6]$，$C=[20\quad 10;0.7\quad 0.3]$											
参数	e_1	e_2	e_3	e_4	e_5	e_6	e_7	e_8	e_9	e_{10}	可靠性
最优分配	3	3	3	3	6	6	6	3	6	3	0.9710
固定分配	1	1	2	3	4	5	5	6	7	8	0.7869

不难看出，通过确定元件的最优分配，系统可靠性在本实验中考虑的各种情况都有显著提高。实验结果表明元件倾向于分配给节点 3 和节点 6。这是因为节点 3 的性能可用于窗口 1、2、3、4、5，并且节点 6 的性能用于窗口 4、5、6。这一结果与 Levitin[70] 的分配不均匀相一致。

9.7　本章总结

受到实际工程的启发，本章提出了一种考虑性能共享的广义线性滑动窗口系统模型。在该系统中，所有节点连接到公共总线上，只要传输容量不超过公共总线传输容量，性能就可以在公共总线上自由传输。与以往针对公共总线性能共享的研究不同，本章需要确定任意一对节点之间的性能传输。为了解决这个问题，本章建立了一个最优性能共享模型，该模型以最小化系统总性能不足为目标，解决了任意一对节点之间的性能共享问题。通过求解优化模型，确定了系统任意状态是否可靠。本章还扩展了通用生成函数方法，提出了基于性能共享的线性窗口系统的可靠性算法。数值实验证明了所提出的可靠性评估算法的有效性，还研究了不同参数对系统可靠性的影响以及如何通过优化元件分配提高系统可靠性。

符号及说明列表	
SWS	线性滑动窗口系统
ME	多态元件
UGF	通用生成函数
n	线性滑动窗口系统上的连续线性顺序的节点数
k_i	节点 i 处并联的多态元件数量
N	线性滑动窗口系统中元件的总数量
e_j	第 j 个多态元件
G_j	元件 e_j的性能
L_j	随机变量 G_j的取值个数（元件 e_j性能的状态数）
W	一组 r 个连续节点的需求
ϖ	随机变量 W 的取值个数
χ	随机变量 C 的取值个数（公共总线传输容量的状态数）
$X_{i,l}$	从节点 i 传输到节点 l 的性能总量
K_i	节点 i 处所有元件的集合
X_i	传出节点 i 的性能总量
Y_i	传入节点 i 的性能总量
F_i	性能共享后节点 i 剩余的性能总量
D_i	第 i 组 r 个连续节点的性能不足
D	系统总的性能不足
$u_j(z)$	元件 e_j性能分布的通用生成函数
$\Lambda_i(z)$	节点 i 累积性能分布的通用生成函数
$\Gamma(z)$	随机变量 W 分布的通用生成函数
$\Psi(z)$	随机变量 C 分布的通用生成函数

续表

符号及说明列表	
$U(z)$	系统状态的通用生成函数
S	系统状态的总数
α_s	系统处于状态 s 的概率
$\boldsymbol{\beta}_s$	系统处于状态 s 时，每个节点性能值、需求的性能值，以及公共总线传输容量的实现值的 $n+2$ 列向量
$d_\ell(s)$	当系统处于状态 s 时，由节点 l 到节点 $l+r-1$ 组成的一组 r 个连续节点的性能不足
ϕ	一个空的集合

第十章

基于性能共享的电气能源可替代系统可靠性

前面的章节都是研究共享单一类型资源的系统可靠性。实际上，一个系统可能需要不同类型的资源[102]。例如，建筑服务系统可能由电力（用于照明）和天然气（用于加热）供电。因此，本章研究了具有多个节点的系统的可靠性。每个节点对两种类型的资源都有需求，这两种资源可以在系统节点之间共享，这分别受限于它们的带宽。此外，这些资源可以相互替代。本章同时考虑了单向和双向替代，即在性能替代和共享之后，如果节点中任意资源供应小于需求，则称系统失效。文中提出了一种评估系统可靠性的通用生成函数技术，数值实验说明了模型的适用性，同时还讨论了带宽和替代率对系统可靠性的影响。

在一些实际应用中，由于其传输带宽的限制，元件可能会与其他性能不足的元件共享剩余的性能。然而，现有的研究仅限于假设只有单一类型的资源是共享的。实际上，许多实际系统需要多种类型的资源来满足其需求。例如，一家能源公司可能同时向家庭和工厂供应电力和天然气，以满足他们的需求。在这种情况下，每个相应节点中两种资源的供应和需求是随机的。更现实的是一种资源可能在某种程度上替代另一种资源的可能性。例如，Wu 等[110]研究了具有双重采购和产品替代策略的生产线的可靠性。事实上，天然气动力系统可以被相应的电力设备所替代。例如，电饭煲可以替代煤气灶，气体加热器可以被电加热器替代。如果电力供应和天然气供应不低于性能替代和共享后的需求，则认为该系统是可靠的。为了便于说明，在表 10-1 中给出了一个简单的例子。

表 10-1 说明性例子

替代率=0.5	节点 1	节点 2	带宽
电（供应/需求）	6/4	12/6	2
气（供应/需求）	2/x	5/4	1

不失一般性，假设在这个说明性例子中只有电可以替代气，但反之不成立。应该注意节点 1 和 2 之间的能源替代受到带宽的限制，电和气的替代受到替代率的限制。当 $x=0,1,2$ 时，系统明显可靠。当 $x=3$ 时，因为一个单位的气体可以由来自节点 1 的两个单位的电或来自节点 2 的一个单位的气所补充，所以系统是可靠的。当 $x=4$ 时，如果对 $x=3$ 时所有可能的行动都可以被采取，则系统是可靠的。当 $x=5$ 时，因为除了采取对 $x=4$ 的行动，一个单位的气可以由来自节点 2 的两个单位的电来补充（不论与节点 1 共享并转换成气还是在节点 2 转换成气并与节点 1 共享）。当 $x>5$ 时，由于带宽的限制，即使节点 2 有剩余电力，系统也被认为是失效的。

10.1 系统描述

考虑一个由 n 个节点组成的综合电和气的供应系统，其中节点 j 是有给定概率质量函数的两个离散随机性能（电为 GE_j，气为 GG_j），并且服从给定概率质量函数的随机需求（电为 DE_j，气为 DG_j）。采用两个独立的性能共享机制，存在盈余性能的节点可将盈余性能分享给性能不足的节点。这两种机制的传输容量分别受给定的概率质量函数随机变量 C_E 和 C_G 的影响。假设每个节点的电-气替代率 λ_{EG} 和同质的气-电替代率 λ_{GE} 与时间无关。值得注意的是，单向和双向替代的情况都在本章中进行了讨论。

在性能共享和替代之前，两个管道的盈余和不足量可以通过以下方式获得

$$\mathrm{TS}_l = \sum_{j=1}^{n} \max(\mathrm{Gl}_j - \mathrm{Dl}_j, 0) \quad (l \in \{E, G\}) \tag{10-1}$$

$$\mathrm{TF}_l = \sum_{j=1}^{n} \max(\mathrm{Dl}_j - \mathrm{Gl}_j, 0) \quad (l \in \{E, G\}) \tag{10-2}$$

式中：$\max(\mathrm{Gl}_j-\mathrm{Dl}_j,0)$ 为节点 j 的性能盈余；$\max(\mathrm{Dl}_j-\mathrm{Gl}_j,0)$ 为节点 j 的性能不足。

情形 1：只有电-气替代

可靠性指标可以根据 3 种情况来制定。

（1）比较 TF_E 和 $\min(\mathrm{TS}_E, C_E)$。当 $\mathrm{TF}_E>\min(\mathrm{TS}_E, C_E)$ 时，系统失效，因

为即使性能共享后系统仍然电力不足。否则，计算 $R_E=\min(TS_E,C_E)-TF_E$，并且参考情况（2）。注意 R_E是在满足了所有节点的电力需求后可以共享的盈余电力。

（2）比较 TF_G和 $\min(TS_G,C_G)$。当 $TF_G\leqslant\min(TS_G,C_G)$时，系统在满足电力和天然气的需求下运行。否则，参考情况（3）。

（3）考虑用可按替代率 λ_{EG}共享的剩余电力来替代天然气性能。更新天然气的剩余为 $TS_G+\lambda_{EG}R_E$，且天然气带宽容量为 $\lambda_{EG}(C_E-TF_E)+C_G$。比较 TF_G和 $\min(TS_G+\lambda_{EG}R_E,\lambda_{EG}(C_E-TF_E)+C_G)$。具体地，当 $TF_G\leqslant\min(TS_G+\lambda_{EG}R_E,\lambda_{EG}(C_E-TF_E)+C_G)$时，系统被视为是可靠的。否则，系统就是失效的。

当考虑了所有情况时，对于任何给定的$(TF_E,TF_G,TS_E,TS_G,C_E,C_G)$组合，系统状态可以用示性函数定义为

$$I_{EG}\left(\begin{array}{l}TF_E\leqslant\min(TS_E,C_E),TF_G\leqslant\min(TS_G+\lambda_{EG}R_E,\lambda_{EG}(C_E-TF_E)+C_G)\\ \mid TF_E,TF_G,TS_E,TS_G,C_E,C_G\end{array}\right) \tag{10-3}$$

其中 I_{EG}(真)= 1 表示系统成功，I_{EG}(假)= 0 表示系统失效。因此，系统可靠性可以表示为

$$R_{EG}=P(TF_E\leqslant\min(TS_E,C_E),TF_G\leqslant\min(TS_G+\lambda_{EG}R_E,\lambda_{EG}(C_E-TF_E)+C_G)) \tag{10-4}$$

其中 $TF_E\leqslant\min(TS_E,C_E)$确保发电满足电力需求，$TF_G\leqslant\min(TS_G+\lambda_{EG}R_E,\lambda_{EG}(C_E-TF_E)+C_G)$确保供气满足天然气需求，并且这些气可以转换成电。

情形 2：只有气-电替代

这种情况下可靠性指标的作用方式与上述情形 1 中的相同，只是将“E”和“G”互换。直接执行示性函数的功能，给定的任意$(TF_E,TF_G,TS_E,TS_G,C_E,C_G)$的组合如下

$$I_{GE}\left(\begin{array}{l}TF_G\leqslant\min(TS_G,C_G),TF_E\leqslant\min(TS_E+\lambda_{GE}R_G,\lambda_{GE}(C_G-TF_G)+C_E)\\ \mid TF_E,TF_G,TS_E,TS_G,C_E,C_G\end{array}\right) \tag{10-5}$$

式中：λ_{GE}为气-电替代率。在气-电替代情况下的可靠性可以相似地表示为

$$R_{GE}=\Pr(TF_G\leqslant\min(TS_G,C_G),TF_E\leqslant\min(TS_E+\lambda_{GE}R_G,\lambda_{GE}(C_G-TF_G)+C_E)) \tag{10-6}$$

在式（10-6）中，$TF_G\leqslant\min(TS_G,C_G)$确保产生的气能满足气的需求，$TF_E\leqslant\min(TS_E+\lambda_{GE}R_G,\lambda_{GE}(C_G-TF_G)+C_E)$确保发电满足需求，并且这些电可以转换成气。

情形 3：电气相互替代

现在考虑电和气可以用电–气替代率 λ_{EG}和气–电替代率 λ_{GE}相互替代。这种情况下的可靠性指标可以根据以下 4 种情况来进行修改。

（1）比较 TF_l和 $\min(TS_l,C_l)$。当 $TF_l \leqslant \min(TS_l,C_l)$时 $l=E$ 且 $l=G$，由于电和气的需求都得到了满足，该系统正常运行。否则，参考情况（2）。

（2）当 $TF_l>\min(TS_l,C_l)$时 $l=E$ 且 $l=G$，系统失效。否则，参考情况（3）。

（3）当 $TF_E \leqslant \min(TS_E,C_E)$但 $TF_G>\min(TS_G,C_G)$时，计算盈余电力 $R_E=\min(TS_E,C_E)-TF_E$。将气的盈余更新为 $TS_G+\lambda_{EG}R_E$，并且气容量的带宽是 $\lambda_{EG}(C_E-TF_E)+C_G$。比较 TF_G和 $\min(TS_G+\lambda_{EG}R_E,\lambda_{EG}(C_E-TF_E)+C_G)$。当 $TF_G \leqslant \min(TS_G+\lambda_{EG}R_E,\lambda_{EG}(C_E-TF_E)+C_G)$时，系统视为是可靠的。否则，参考情况（4）。

（4）当 $TF_G \leqslant \min(TS_G,C_G)$但 $TF_E>\min(TS_E,C_E)$时，计算电的剩余 $R_G=\min(TS_G,C_G)-TF_G$。将气的盈余更新为 $TS_E+\lambda_{GE}R_G$，且气容量的带宽为 $\lambda_{GE}(C_G-TF_G)+C_E$。比较 TF_G和 $\min(TS_E+\lambda_{GE}R_G,\lambda_{GE}(C_G-TF_G)+C_E)$。当 $TF_G \leqslant \min(TS_E+\lambda_{GE}R_G,\lambda_{GE}(C_G-TF_G)+C_E)$时，将系统视为可靠的。否则，系统失效。

考虑所有可能的情况，任何给定$(TF_E,TF_G,TS_E,TS_G,C_E,C_G)$组合的指示函数可以定义为

$$I_{MU}\left(\begin{array}{l}\bigcup\limits_{i,j\in\{G,E\},i\neq j} TF_i \leqslant \min(TS_i,C_i), TF_j \leqslant \min(TS_j+\lambda_{ij}\times R_i,\lambda_{ij}\times(C_i-TF_i)+C_j)\\ \mid TF_E,TF_G,TS_E,TS_G,C_E,C_G\end{array}\right) \tag{10-7}$$

在这种情况下可靠性为

$$R_{MU}=\Pr\Big(\bigcup_{i,j\in\{G,E\},i\neq j} TF_i \leqslant \min(TS_i,C_i), TF_j \leqslant \min(TS_j+\lambda_{ij}R_i,\lambda_{ij}(C_i-TF_i)+C_j)\Big) \tag{10-8}$$

在式（10–8）中，$TF_i \leqslant \min(TS_i,C_i)$确保至少一种类型的资源需求自行得到满足，且 $TF_i \leqslant \min(TS_i+\lambda_{ij}R_i,\lambda_{ij}(C_i-TF_i)+C_j)$确保了另一种资源的需求由它自己产生的且从第一种类型或资源传递的需求满足。我们可以看出，情况 1 和情况 2 分别是情况 3 中 $\lambda_{GE}=0$ 和 $\lambda_{EG}=0$ 的特殊情况。

10.2 可靠性建模

用通用生成函数来计算离散随机变量 X_j的概率质量函数：

$$u_j(z)=\sum_{h=1}^{k_j}\alpha_{j,h}\times z^{x_{j,h}} \tag{10-9}$$

随机变量 X_j 有 k_j 个可能的取值，其概率为 $\alpha_{j,h}=Pr(X_j=x_{j,h})$。通过引入算子 $\underset{\varphi}{\otimes}$，$n$ 个独立随机变量 $\varphi(X_1,X_2,\cdots,X_n)$ 的通用生成函数可以进一步表示为

$$U(z)=\underset{\varphi}{\otimes}(u_1(z),u_2(z),\cdots,u_n(z))=\underset{\varphi}{\otimes}\left(\sum_{h_1=1}^{k_1}\alpha_{1,h_1}\times z^{x_{1,h_1}},\sum_{h_2=1}^{k_2}\alpha_{2,h_2}\times z^{x_{2,h_2}},\cdots,\sum_{h_n=1}^{k_n}\alpha_{n,h_n}\times z^{x_{n,h_n}}\right)$$

$$=\sum_{h_1=1}^{k_1}\sum_{h_2=1}^{k_2}\cdots\sum_{h_n=1}^{k_n}\left(\prod_{i=1}^{n}\alpha_{j,h_i}\times z^{\varphi(x_{1,h_i},x_{2,h_{i+1}},\cdots,x_{n,h_n})}\right) \tag{10-10}$$

与 Zhai 等[103]和 Zhao 等[17]的研究相似，假设随机性能 GE_j 和 GG_j 从给定的集合 $\overrightarrow{\mathrm{GE}_j}=\{\mathrm{ge}_{j,1},\mathrm{ge}_{j,2},\cdots,\mathrm{ge}_{j,\mathrm{HE}_j}\}$ 和 $\overrightarrow{\mathrm{GG}_j}=\{\mathrm{gg}_{j,1},\mathrm{gg}_{j,2},\cdots,\mathrm{gg}_{j,\mathrm{HG}_j}\}$ 中分别取值。在需求方面，假设随机需求 DE_j 和 DG_j 从给定集合 $\overrightarrow{\mathrm{DE}_j}=\{\mathrm{de}_{j,1},\mathrm{de}_{j,2},\cdots,\mathrm{de}_{j,\mathrm{KE}_j}\}$ 和 $\overrightarrow{\mathrm{DG}_j}=\{\mathrm{dg}_{j,1},\mathrm{dg}_{j,2},\cdots,\mathrm{dg}_{j,\mathrm{KG}_j}\}$ 中分别取值。因此，任意元件的性能和需求的概率质量函数可以定义为

$$\mathrm{ul}_j(z)=\sum_{h=1}^{\mathrm{Hl}_j}\mathrm{ml}_{j,h}\times z^{gl_{j,h}}\quad(l\in\{E,G\}) \tag{10-11}$$

$$\mathrm{wl}_j(z)=\sum_{k=1}^{\mathrm{Kl}_j}\mathrm{nl}_{j,h}\times z^{dl_{j,h}}\quad(l\in\{E,G\}) \tag{10-12}$$

具体地，$\mathrm{ml}_{j,h}=Pr(\overrightarrow{\mathrm{Gl}_j}=gl_{j,h})$ 和 $nl_{j,k}=Pr(\overrightarrow{\mathrm{Dl}_j}=\mathrm{dl}_{j,k})$。表示性能共享机制的带宽的概率质量函数定义为

$$\eta\mathrm{l}(z)=\sum_{o=1}^{\mathrm{Ol}}\beta\mathrm{l}_o\times z^{\mathrm{cl}_o} \tag{10-13}$$

其中 $\beta\mathrm{l}_o=\mathrm{Pr}(\mathrm{Cl}=\mathrm{cl}_o)$，且带宽从给定集合 $\overrightarrow{\mathrm{Cl}}=\{\mathrm{cl}_1,\mathrm{cl}_2,\cdots,\mathrm{cl}_{\mathrm{Ol}}\}$ 中取值。

通过引入另一个算子 $\underset{\Leftrightarrow}{\otimes}$，我们通过结合 $\overrightarrow{\mathrm{Gl}_j}$ 和 $\overrightarrow{\mathrm{Dl}_j}$ 的通用生成函数得到每个节点中供电和供气的通用生成函数。

$$\Delta l_j(z)=\mathrm{ul}_j(z)\underset{\Leftrightarrow}{\otimes}\mathrm{wl}_j(z)=\sum_{h=1}^{\mathrm{Hl}_j}\sum_{k=1}^{\mathrm{Kl}_j}\mathrm{ml}_{j,h}\mathrm{nl}_{j,h}z^{\mathrm{gl}_{j,h},\mathrm{dl}_{j,h}}=\sum_{r=1}^{\mathrm{Al}_j}\pi\mathrm{l}_{j,r}z^{\mathrm{gl}'_{j,r},\mathrm{dl}'_{j,r}} \tag{10-14}$$

式中：$\mathrm{Al}_j=\mathrm{Hl}_j\cdot\mathrm{Kl}_j$；$\pi\mathrm{l}_{j,r}=\mathrm{ml}_{j,\lfloor(r-1)/\mathrm{Hl}_j\rfloor+1}\cdot\mathrm{nl}_{j,\mathrm{mod}(r-1,Kl_j)+1}$；$\mathrm{gl}'_{j,r}=\mathrm{gl}_{j,\lfloor(r-1)/\mathrm{Hl}_j\rfloor+1}$ 且 $\mathrm{dl}'_{j,r}=\mathrm{dl}_{j,\mathrm{mod}(r-1,\mathrm{Kl}_j)+1}$，$\lfloor x\rfloor$ 表示不大于 x 的最大整数，$\mathrm{mod}(x,y)$ 返回参数 x 除以参数 y 的余数。

整个系统的通用生成函数可以通过以下步骤获得：

(1) 用 Ω 表示目前为止考虑的节点，开始时，且 $\Omega=\varnothing$。将初始系统的

通用生成函数指定为 $\mathrm{Ul}_{\Omega}(z)=\mathrm{Ul}_{\varnothing}(z)=z^{\varnothing}$。

（2）对于从 $1\sim n$ 的每个节点 i，重复计算 $\mathrm{Ul}_{\Omega\cup\{i\}}(z)=\mathrm{Ul}_{\Omega}(z)\underset{+}{\otimes}\Delta l_j(z)$，并将 Ω 更新为 $\Omega\cup\{i\}$。其中 $\underset{+}{\otimes}$ 为复合算子，用于从组合的两个通用生成函数得到每对的系数乘积和指数并集。

最后，电和气管道的通用生成函数可以表示为

$$\begin{aligned}\mathrm{Ul}_S(z)&=\mathrm{Ul}_{\varnothing}(z)\underset{+}{\otimes}\Delta l_1(z)\underset{+}{\otimes},\Delta l_2(z)\underset{+}{\otimes},\cdots,\underset{+}{\otimes}\Delta l_n(z)\\&=\sum_{r_n=1}^{\mathrm{Al}_n}\sum_{r_{n-1}=1}^{\mathrm{Al}_{n-1}}\cdots\sum_{r_1=1}^{\mathrm{Al}_1}\prod_{j=1}^{n}\pi l_{j,r_j}z^{\bigcup_{j=1}^{n}gl'_{j,r_j},\bigcup_{j=1}^{n}dl'_{j,r_j}}\end{aligned}\tag{10-15}$$

现在构造系统的通用生成函数为

$$\begin{aligned}U_S(z)&=\mathrm{UE}_S(z)\underset{+}{\otimes}\mathrm{UG}_S(z)\\&=\sum_{\mathrm{rg}_n=1}^{\mathrm{AG}_n}\sum_{\mathrm{rg}_{n-1}=1}^{\mathrm{AG}_{n-1}}\cdots\sum_{\mathrm{rg}_1=1}^{\mathrm{AG}_1}\sum_{\mathrm{re}_n=1}^{\mathrm{AE}_n}\sum_{\mathrm{re}_{n-1}=1}^{\mathrm{AE}_{n-1}}\cdots\sum_{\mathrm{re}_1=1}^{\mathrm{AE}_1}\prod_{j=1}^{n}\pi\mathrm{E}_{j,re_j}\pi\mathrm{G}_{j,rg_j}z^{\{\bigcup_{j=1}^{n}\mathrm{gE}'_{j,re_j},\bigcup_{j=1}^{n}\mathrm{gG}'_{j,rg_j}\},\{\bigcup_{j=1}^{n}\mathrm{dE}'_{j,re_j},\bigcup_{j=1}^{n}\mathrm{dG}'_{j,rg_j}\}}\end{aligned}\tag{10-16}$$

受到带宽的限制，用 C_E 和 C_G 来构造通用生成函数为

$$\begin{aligned}U_S^B(z)&=U_S(z)\underset{B}{\otimes}\eta\mathrm{E}_S(z)\underset{B}{\otimes}\eta\mathrm{G}_S(z)\\&=\sum_{\mathrm{og}=1}^{\mathrm{OG}}\sum_{\mathrm{oe}=1}^{\mathrm{OE}}\sum_{\mathrm{rg}_n=1}^{\mathrm{AG}_n}\sum_{\mathrm{rg}_{n-1}=1}^{\mathrm{AG}_{n-1}}\cdots\sum_{\mathrm{rg}_1=1}^{\mathrm{AG}_1}\sum_{\mathrm{re}_n=1}^{\mathrm{AE}_n}\sum_{\mathrm{re}_{n-1}=1}^{\mathrm{AE}_{n-1}}\cdots\sum_{\mathrm{re}_1=1}^{\mathrm{AE}_1}\beta\mathrm{E}_{\mathrm{oe}}\times\beta\mathrm{G}_{\mathrm{og}}\left(\prod_{j=1}^{n}\pi\mathrm{E}_{j,\mathrm{re}_j}\pi\mathrm{G}_{j,\mathrm{rg}_j}\right)\\&\quad\times z^{\{\bigcup_{j=1}^{n}\mathrm{gE}'_{j,\mathrm{re}_j},\bigcup_{j=1}^{n}\mathrm{gG}'_{j,\mathrm{rg}_j}\},\{\bigcup_{j=1}^{n}\mathrm{dE}'_{j,\mathrm{re}_j},\bigcup_{j=1}^{n}\mathrm{dG}'_{j,\mathrm{rg}_j}\},\{\mathrm{cE}_{\mathrm{oe}},\mathrm{cG}_{\mathrm{og}}\}}\end{aligned}\tag{10-17}$$

3 种情况下（只有电-气替代 R_{EG}，只有气-电替代 R_{GE} 以及相互替代 R_{MU}）的整个系统的可靠性可以通过使用式（10-4）、式（10-6）和式（10-8）所示的可靠性指示函数对更新后的系统通用生成函数的系数求和来获得

$$\begin{aligned}R_{\mathrm{EG}}&=\sum_{\mathrm{og}=1}^{\mathrm{OG}}\sum_{\mathrm{oe}=1}^{\mathrm{OE}}\sum_{\mathrm{rg}_n=1}^{\mathrm{AG}_n}\sum_{\mathrm{rg}_{n-1}=1}^{\mathrm{AG}_{n-1}}\cdots\sum_{\mathrm{rg}_1=1}^{\mathrm{AG}_1}\sum_{\mathrm{re}_n=1}^{\mathrm{AE}_n}\sum_{\mathrm{re}_{n-1}=1}^{\mathrm{AE}_{n-1}}\cdots\\&\quad\sum_{\mathrm{re}_1=1}^{\mathrm{AE}_1}I_{\mathrm{EG}}\begin{pmatrix}\mathrm{TF}_E\leqslant\min(\mathrm{TS}_E,C_E),\\\mathrm{TF}_G\leqslant\min(\mathrm{TS}_G+\lambda_{\mathrm{EG}}R_E,\lambda_{\mathrm{EG}}(C_E-\mathrm{TF}_E)+C_G)\\|\,\mathrm{TF}_E,\mathrm{TF}_G,\mathrm{TS}_E,\mathrm{TS}_G,C_E,C_G\end{pmatrix}\\&\quad\times\beta\mathrm{E}_{\mathrm{oe}}\beta\mathrm{G}_{\mathrm{og}}\prod_{j=1}^{n}\pi\mathrm{E}_{j,\mathrm{re}_j}\pi\mathrm{G}_{j,\mathrm{rg}_j}z^{\{\bigcup_{j=1}^{n}\mathrm{gE}'_{j,\mathrm{re}_j},\bigcup_{j=1}^{n}\mathrm{gG}'_{j,\mathrm{rg}_j}\},\{\bigcup_{j=1}^{n}\mathrm{dE}'_{j,\mathrm{re}_j},\bigcup_{j=1}^{n}\mathrm{dG}'_{j,\mathrm{rg}_j}\},\{\mathrm{cE}_{\mathrm{oe}},\mathrm{cG}_{\mathrm{og}}\}}\end{aligned}\tag{10-18}$$

$$R_{\mathrm{GE}}=\sum_{\mathrm{og}=1}^{\mathrm{OG}}\sum_{\mathrm{oe}=1}^{\mathrm{OE}}\sum_{\mathrm{rg}_n=1}^{\mathrm{AG}_n}\sum_{\mathrm{rg}_{n-1}=1}^{\mathrm{AG}_{n-1}}\cdots\sum_{\mathrm{rg}_1=1}^{\mathrm{AG}_1}\sum_{\mathrm{re}_n=1}^{\mathrm{AE}_n}\sum_{\mathrm{re}_{n-1}=1}^{\mathrm{AE}_{n-1}}\cdots$$

$$\sum_{re_1=1}^{AE_1} 1_{GE}\left(\begin{array}{l}TF_G \leqslant \min(TS_G, C_G), \\ TF_E \leqslant \min(TS_E + \lambda_{GE}R_G, \lambda_{GE}(C_G - TF_G) + C_E) \\ | TF_E, TF_G, TS_E, TS_G, C_E, C_G\end{array}\right)$$

$$\times \beta E_{oe} \beta G_{og} \prod_{j=1}^{n} \pi E_{j,re_j} \pi G_{j,rg_j} z^{\{\bigcup_{j=1}^{n} gE'_{j,re_j}, \bigcup_{j=1}^{n} gG'_{j,rg_j}\}, \{\bigcup_{j=1}^{n} dE'_{j,re_j}, \bigcup_{j=1}^{n} dG'_{j,rg_j}\}, \{cE_{oe}, cG_{og}\}}$$

(10-19)

$$R_{MU} = \sum_{og=1}^{OG} \sum_{oe=1}^{OE} \sum_{rg_n=1}^{AG_n} \sum_{rg_{n-1}=1}^{AG_{n-1}} \cdots \sum_{rg_1=1}^{AG_1} \sum_{re_n=1}^{AE_n} \sum_{re_{n-1}=1}^{AE_{n-1}} \cdots$$

$$\sum_{re_1=1}^{AE_1} I_{MU}\left(\bigcup_{i,j\in\{G,E\}, i\neq j} \begin{array}{l}TF_i \leqslant \min(TS_i, C_i), TF_j \leqslant \min(TS_j + \lambda_{ij}R_i, \lambda_{ij}(C_i - TF_i) + C_j) \\ | TF_E, TF_G, TS_E, TS_G, C_E, C_G\end{array}\right)$$

$$\times \beta E_{oe} \beta G_{og} \prod_{j=1}^{n} \pi E_{j,re_j} \pi G_{j,rg_j} z^{\{\bigcup_{j=1}^{n} gE'_{j,re_j}, \bigcup_{j=1}^{n} gG'_{j,rg_j}\}, \{\bigcup_{j=1}^{n} dE'_{j,re_j}, \bigcup_{j=1}^{n} dG'_{j,rg_j}\}, \{cE_{oe}, cG_{og}\}}$$

(10-20)

其中

$$TF_E = \sum_{j=1}^{n} (\max(dE'_{j,re_j} - gE'_{j,re_j}), 0) \quad (10-21)$$

$$TS_E = \sum_{j=1}^{n} (\max(gE'_{j,re_j} - dE'_{j,re_j}), 0) \quad (10-22)$$

$$TF_G = \sum_{j=1}^{n} (\max(dG'_{j,re_j} - gG'_{j,re_j}), 0) \quad (10-23)$$

$$TF_G = \sum_{j=1}^{n} (\max(dG'_{j,re_j} - gG'_{j,re_j}), 0) \quad (10-24)$$

$$C_E = cE_{oe} \quad (10-25)$$

$$C_G = cG_{oe} \quad (10-26)$$

在构造了通用生成函数后，对于每个通用生成函数，应该首先根据指数上的数字计算系统的 TF_E、TS_E、TF_G、TS_G、C_E和 C_G。之后，应该根据指示函数检查系统在给定的 TF_E、TS_E、TF_G、TS_G、C_E和 C_G的组合下是否运行。最后系统可靠性可以通过对使系统起作用的所有参数组合的系数求和来获得。

10.3 算例分析

在两个节点中电和气的随机性能和随机需求的概率质量函数如表 10-2 所列。

表 10-2 两个节点的概率质量函数

节点/资源	性能集合	概率	需求集合	概率
1/电	(8,4)	(0.5,0.5)	(6,2)	(0.6,0.4)
1/气	(6,4)	(0.6,0.4)	(5,3)	(0.8,0.2)
2/电	(4,3)	(0.6,0.4)	(2,1)	(0.5,0.5)
2/气	(3,1)	(0.5,0.5)	(3,2)	(0.5,0.5)

情形 1：只有电-气替代

假设电-气替代率为 $\lambda_{EG}=0.8$。性能共享的带宽对于电来说具有概率质量函数(4,0)的概率为(0.5,0.5)，对于气具有概率质量函数(2,0)的概率为(0.6,0.4)。两个节点中的电和气的通用生成函数可以获得如下：

$$\mathrm{uE}_1(z)=0.5z^8+0.5z^4,\quad \mathrm{wE}_1(z)=0.6z^6+0.4z^2$$

$$\mathrm{uG}_1(z)=0.6z^6+0.4z^4,\quad \mathrm{wG}_1(z)=0.8z^5+0.2z^3$$

$$\mathrm{uE}_2(z)=0.6z^4+0.4z^3,\quad \mathrm{wE}_2(z)=0.5z^2+0.5z^1$$

$$\mathrm{uG}_2(z)=0.5z^3+0.5z^1,\quad \mathrm{wG}_1(z)=0.5z^3+0.5z^2$$

系统性能共享的通用生成函数为

$$\eta\mathrm{E}(z)=0.5z^4+0.5z^0$$

$$\eta\mathrm{E}(z)=0.6z^2+0.4z^0$$

电和气的性能和需求的通用生成函数可以获得如下：

$$\Delta E_1(z)=0.3z^{\{8,6\}}+0.3z^{\{4,6\}}+0.2z^{\{8,2\}}+0.2z^{\{4,2\}}$$

$$\Delta G_1(z)=0.48z^{\{6,5\}}+0.32z^{\{4,5\}}+0.12z^{\{6,3\}}+0.08z^{\{4,3\}}$$

$$\Delta E_2(z)=0.3z^{\{4,2\}}+0.32z^{\{4,5\}}+0.2z^{\{3,2\}}+0.2z^{\{3,1\}}$$

$$\Delta G_2(z)=0.25z^{\{3,3\}}+0.25z^{\{3,2\}}+0.25z^{\{1,3\}}+0.25z^{\{1,2\}}$$

电和气管道的通用生成函数可以获得如下：

$$\begin{aligned}\mathrm{UE}_s(z)=&0.09z^{\{8,4,6,2\}}+0.09z^{\{4,4,6,2\}}+0.09z^{\{8,4,6,1\}}+0.09z^{\{4,4,6,1\}}\\&+0.06z^{\{8,3,6,2\}}+0.06z^{\{8,3,6,1\}}+0.06z^{\{4,3,6,2\}}+0.06z^{\{4,4,6,1\}}\\&+0.06z^{\{8,4,2,2\}}+0.06z^{\{8,4,2,1\}}+0.06z^{\{4,4,2,2\}}+0.06z^{\{4,4,2,1\}}\\&+0.04z^{\{8,3,2,2\}}+0.04z^{\{8,3,2,1\}}+0.04z^{\{4,3,2,2\}}+0.04z^{\{4,3,2,1\}}\end{aligned}$$

$$\begin{aligned}\mathrm{UG}_s(z)=&0.12z^{\{6,3,5,3\}}+0.12z^{\{6,3,5,2\}}+0.12z^{\{6,1,5,3\}}+0.12z^{\{6,1,5,2\}}\\&+0.08z^{\{4,3,5,3\}}+0.08z^{\{4,3,5,2\}}+0.08z^{\{4,1,5,3\}}+0.08z^{\{4,1,5,2\}}\\&+0.03z^{\{6,3,3,3\}}+0.03z^{\{6,3,3,2\}}+0.03z^{\{6,1,3,3\}}+0.03z^{\{6,1,3,2\}}\\&+0.02z^{\{4,3,3,3\}}+0.02z^{\{4,3,3,2\}}+0.02z^{\{4,1,3,3\}}+0.02z^{\{4,1,3,2\}}\end{aligned}$$

$U_s(z)$有 256 个项

$U_S(z)=0.0108z^{\{8,4,6,3,\ 6,2,5,3\}}+0.0108z^{\{8,4,6,3,\ 6,2,5,2\}}+0.0027z^{\{8,4,6,3,\ 6,1,3,3\}}$

$+0.0012z^{\{8,3,4,3,\ 6,2,3,2\}}+0.0072z^{\{4,4,4,3,\ 6,1,5,3\}}+\cdots+0.0012z^{\{8,3,6,1,\ 2,2,3,2\}}$

$U_S^B(Z)$有1024项

$U_S^B(z)=0.00324z^{\{8,4,6,3,\ 6,2,5,3,\ 4,2\}}+0.00216z^{\{8,4,6,3,\ 6,2,5,3,\ 4,0\}}$

$+0.00144z^{\{8,4,4,1,\ 6,2,5,3,\ 4,0\}}+0.00216z^{\{8,4,6,3,\ 6,1,5,2,\ 4,0\}}$

$+0.00036z^{\{4,4,4,1,\ 6,2,3,2,\ 0,0\}}+0.00054z^{\{8,2,6,1,\ 6,1,3,3,\ 4,2\}}$

$+\cdots+0.00081z^{\{4,4,6,3,\ 6,2,3,3,\ 4,2\}}$

在所有可能的情况中，有796项标志着系统正常运行。事实上，系统可靠性可以通过以下方式获得（所有结果保留到小数点后四位）：

$$R_{EG}=Pr(\mathrm{TF}_E\leqslant\min(\mathrm{TS}_E,C_E),\mathrm{TF}_G\leqslant\min(\mathrm{TS}_G+\lambda_{EG}R_E,\lambda_{EG}(C_E-\mathrm{TF}_E)+C_G))=0.7578$$

情形2：只有气-电替代

假设气-电替代率为$\lambda_{GE}=0.6$，所有其他参数保持不变。有424项表示系统正常运行，系统可靠性可以获得如下：

$$R_{GE}=Pr(\mathrm{TF}_G\leqslant\min(\mathrm{TS}_G,C_G),\mathrm{TF}_E\leqslant\min(\mathrm{TS}_E+\lambda_{GE}R_G,\lambda_{GE}(C_G-\mathrm{TF}_G)+C_E))=0.3562$$

情形3：相互替代

假设替代率为$\lambda_{EG}=0.8$和$\lambda_{GE}=0.6$，所有其他参数保持不变。有812项表示系统正常运行，系统可靠性可以获得如下：

$$R_{MU}=Pr(\cup_{i,j\in\{G,E\},i\neq j}\mathrm{TF}_i\leqslant\min(\mathrm{TS}_i,C_i),\mathrm{TF}_j\leqslant\min(\mathrm{TS}_j+\lambda_{ij}R_i,\lambda_{ij}(C_i-\mathrm{TF}_i)+C_j))=0.7698$$

现在考虑一个更复杂的情况，其中两种资源可以被替代并在4个节点之间共享。表10-3展示了每个节点对应的概率质量函数，进一步对两个管道的带宽和替代率λ_{EG}和λ_{GE}进行敏感性分析。

表10-3　四个节点的概率质量函数

节点/资源	性能集合	概率	需求集合	概率
1/电	(8,4)	(0.5,0.5)	(6,2)	(0.6,0.4)
1/气	(6,4)	(0.6,0.4)	(5,3)	(0.8,0.2)
2/电	(4,3)	(0.6,0.4)	(2,1)	(0.5,0.5)
2/气	(3,1)	(0.5,0.5)	(3,2)	(0.5,0.5)
3/电	(6,4)	(0.5,0.5)	(6,2)	(0.6,0.4)
3/气	(6,4)	(0.6,0.4)	(5,3)	(0.8,0.2)
4/电	(2,1)	(0.6,0.4)	(2,1)	(0.5,0.5)
4/气	(3,1)	(0.5,0.5)	(3,2)	(0.5,0.5)

情形 4：只有电–气替代

假设电–气替代率为 $\lambda_{EG}=0.8$。性能共享的带宽对于电来说具有概率为(0.5, 0.5)的概率质量函数(4, 2)，对于气具有概率为(0.6, 0.4)的概率质量函数(3, 6)。4 个节点中的电和气的通用生成函数为

$$uE_1(z)=0.5z^8+0.5z^4,\quad wE_1(z)=0.6z^6+0.4z^2$$
$$uG_1(z)=0.6z^6+0.4z^4,\quad wG_1(z)=0.8z^5+0.2z^3$$
$$uE_2(z)=0.6z^4+0.4z^3,\quad wE_2(z)=0.5z^2+0.5z^1$$
$$uG_2(z)=0.5z^3+0.5z^1,\quad wG_1(z)=0.5z^3+0.5z^2$$
$$uE_3(z)=0.5z^6+0.5z^4,\quad wE_3(z)=0.6z^6+0.4z^2$$
$$uG_3(z)=0.6z^6+0.4z^4,\quad wG_3(z)=0.8z^5+0.2z^3$$
$$uE_4(z)=0.6z^2+0.4z^1,\quad wE_4(z)=0.5z^2+0.5z^1$$
$$uG_4(z)=0.5z^3+0.5z^1,\quad wG_4(z)=0.5z^3+0.5z^2$$

电和气的性能共享机制的通用生成函数为

$$\eta E(z)=0.5z^4+0.5z^2$$
$$\eta E(z)=0.6z^3+0.4z^6$$

电和气的性能和需求的通用生成函数可获得如下：

$$\Delta E_1(z)=0.3z^{\{8,6\}}+0.3z^{\{4,6\}}+0.2z^{\{8,2\}}+0.2z^{\{4,2\}}$$
$$\Delta G_1(z)=0.48z^{\{6,5\}}+0.32z^{\{4,5\}}+0.12z^{\{6,3\}}+0.08z^{\{4,3\}}$$
$$\Delta E_2(z)=0.3z^{\{4,2\}}+0.3z^{\{4,1\}}+0.2z^{\{3,2\}}+0.2z^{\{3,1\}}$$
$$\Delta G_2(z)=0.25z^{\{3,3\}}+0.25z^{\{3,2\}}+0.25z^{\{1,3\}}+0.25z^{\{1,2\}}$$
$$\Delta E_3(z)=0.3z^{\{6,6\}}+0.3z^{\{4,6\}}+0.2z^{\{6,2\}}+0.2z^{\{4,2\}}$$
$$\Delta G_3(z)=0.48z^{\{6,5\}}+0.32z^{\{4,5\}}+0.12z^{\{6,3\}}+0.08z^{\{4,3\}}$$
$$\Delta E_4(z)=0.3z^{\{2,2\}}+0.3z^{\{2,1\}}+0.2z^{\{1,2\}}+0.2z^{\{1,1\}}$$
$$\Delta G_4(z)=0.25z^{\{3,3\}}+0.25z^{\{3,2\}}+0.25z^{\{1,3\}}+0.25z^{\{1,2\}}$$

电和气管道的通用生成函数可以获得如下：

$$UE_s(z)=0.0081z^{\{8,4,6,2,\ \ 6,2,6,2\}}+0.0081z^{\{8,4,6,2,\ \ 6,2,6,1\}}+\cdots$$
$$+0.0081z^{\{4,4,6,2,\ \ 6,2,6,2\}}+0.0036z^{\{4,4,6,1,\ \ 6,1,2,1\}}+0.0036z^{\{4,3,6,2,\ \ 6,1,2,2\}}$$
$$UG_s(z)=0.0144z^{\{6,3,6,3,\ \ 5,3,5,3\}}+0.0144z^{\{6,3,6,3,\ \ 5,3,5,2\}}+\cdots$$
$$+0.006z^{\{6,4,4,3,\ \ 3,2,3,3\}}+0.0036z^{\{6,1,6,1,\ \ 3,3,5,2\}}+0.0006z^{\{6,1,4,3,\ \ 3,3,3,2\}}$$

因此，$U_s(z)$有 65536 项

$$U_S(z)=5.76\times10^{-6}z^{\{4,4,6,1,6,1,4,3,\ \ 2,2,2,2,3,2,5,3\}}+\cdots$$
$$+3.456\times10^{-5}z^{\{4,3,6,1,6,3,6,3,\ \ 2,1,6,1,5,3,5,2\}}$$
$$+5.76\times10^{-6}z^{\{4,3,4,2,4,1,4,1,\ \ 2,2,6,1,3,3,5,3\}}$$

$U_S^B(Z)$有 262144 项

$$U_S^B(z)=1.152\times10^{-6}z^{\{4,4,4,1,6,1,4,3,\ \ 2,2,1,1,3,3,5,3,\ \ 2,6\}}$$
$$+1.728\times10^{-6}z^{\{4,3,6,2,6,1,4,1,\ \ 2,2,1,1,3,3,5,2,\ \ 2,6\}}+\cdots$$
$$+7.680\times10^{-6}z^{\{4,3,6,2,4,3,4,1,\ \ 2,1,2,2,5,2,3,2,\ \ 2,6\}}$$

有 216764 项表示系统正常运行，系统可靠性可以通过如下方式获得：

$$R_{EG}=Pr(TF_E\leqslant\min(TS_E,C_E),TF_G\leqslant\min(TS_G+\lambda_{EG}R_E,\lambda_{EG}(C_E-TF_E)+C_G))$$
$$=0.7744$$

情形 5：只有气-电替代

假设气-电替代率为 $\lambda_{GE}=0.6$，所有其他参数保持不变。有 171048 项表示系统正常运行，系统可靠性可以获得如下：

$$R_{GE}=Pr(TF_G\leqslant\min(TS_G,C_G),TF_E\leqslant\min(TS_E+\lambda_{GE}R_G,\lambda_{GE}(C_G-TF_G)+C_E))$$
$$=0.5469$$

情形 6：相互替代

替代率为 $\lambda_{EG}=0.8$ 和 $\lambda_{GE}=0.6$，所有其他参数保持不变。有 225852 项表示系统正常运行，系统可靠性可以获得如下：

$$R_{MU}=Pr(\cup_{i,j\in\{G,E\},i\neq j}TF_i\leqslant\min(TS_i,C_i),TF_j\leqslant\min(TS_j+\lambda_{ij}R_i,\lambda_{ij}(C_i-TF_i)+C_j))$$
$$=0.8023$$

10.4　不同参数对系统可靠性的影响

影响系统可靠性的因素有很多，即节点的性能分布、节点的需求、替代转换率、带宽和设施的位置。

10.4.1　电-气替代率的影响

当电-气替代率从 0 变化到 1，而其他所有参数保持不变时，系统可靠性将相应的改变，如图 10-1 所示。EG-可靠性指的是电可以替代气的概率，反之亦然。MU-可靠性指的是两种资源可以相互替代的概率。可以看出，MU-可靠性曲线与 EG-可靠性曲线平行。事实上，即使允许相互替代，对于系统节点性能和需求的每个给定状态组合，替代最多只会发生在一个方向。对于所有以电替代气的情况，无论允许哪种替代，电-气替代率的增加对系统可靠性的影响是相同的。

如图 10-1 所示，当电和气之间的替代率处于较低水平时，电替代是低效的。这使得在 GE 情况下的可靠性大于 EG 的可靠性。λ_{EG}的增加代表这样一个事实，即相同的电力单位现在可以替代比以前更多的气，从而提高了 EG 情况下的系统可靠性。

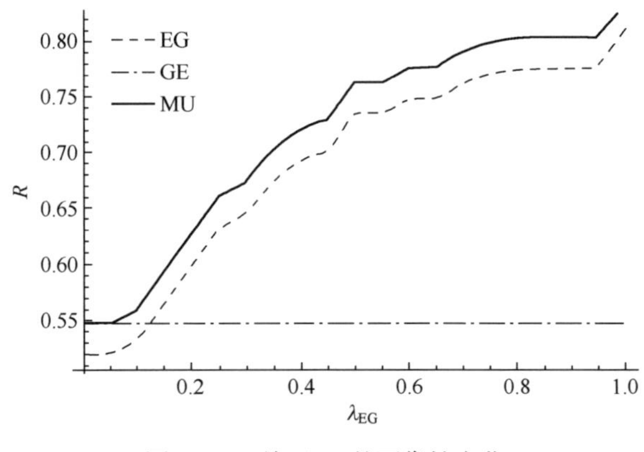

图 10-1 关于λ_{EG}的可靠性变化

10.4.2 气-电替代率的影响

当气-电替代率从 0 变化到 1 时，其他参数不变时，系统可靠性将会相应变化，如图 10-2 所示。类似于图 10-1，可以看出气-电替代的可靠性曲线与相互替代的可靠性曲线平行。

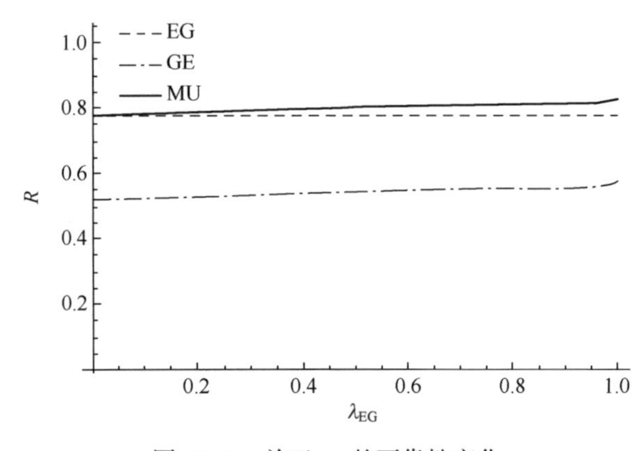

图 10-2 关于λ_{GE}的可靠性变化

类似地，图 10-2 中，当气和电之间的替代率处于较低水平时，气的替代是低效的。λ_{GE}的增加导致在 GE 情况下的可靠性略微提高，因为现在相同单位的气可以替代比以前更多的电。这表明在大多数情况下，电是充足的，使得气-电替代率增加不会显著提高系统可靠性。

10.4.3　电的带宽的影响

当电的带宽以步长 0.25 从(4,0)变化到(4,4)时，不同性能替代机制下的可靠性如图 10-3 所示。

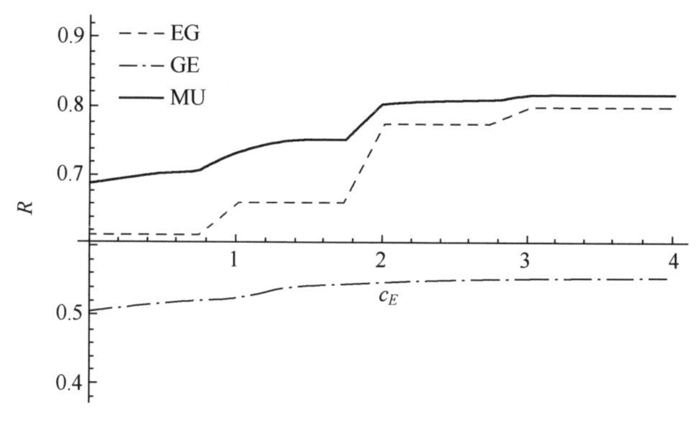

图 10-3　当电力带宽从(4,0)变化到(4,4)时的可靠性变化

图 10-3 显示，电力带宽的增加促进了 3 种情况下的电力共享，因为电力共享现在不仅包括用于替代气的性能，还包括直接从气转换的性能。基于初始设置，电力是充足的，所以 EG-可靠性和 MU-可靠性的增加大于 GE 的情况。

类似地，当电的带宽以步长 0.25 从(0,2)变化为(4,2)时，结果如图 10-4 所示。解释参考图 10-3。

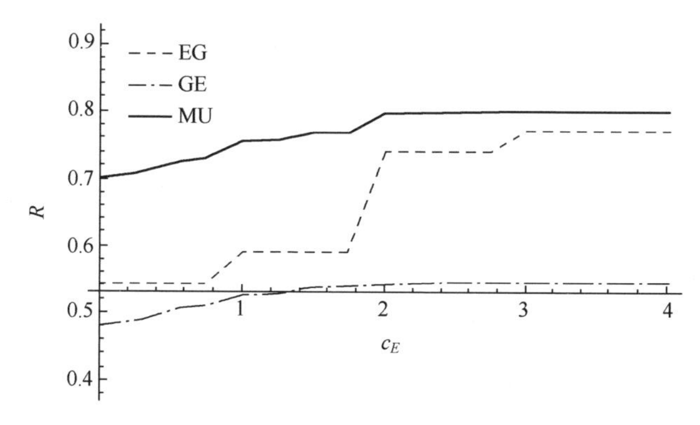

图 10-4　电力带宽从(0,2)变化到(4,2)时的可靠性变化

10.4.4 气的带宽的影响

当气的带宽以步长 0.25 从(3,0)变化到(3,4)时，结果如图 10-5 所示。

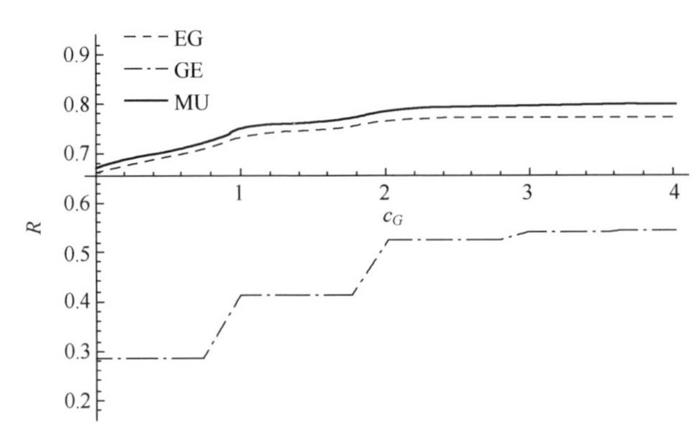

图 10-5 当气的带宽从(3,0)变化到(3,4)时的可靠性变化

图 10-5 表明气带宽的增加有利于 3 种情况下气的共享，因为共享电力包括用于替代电的性能和从电转移的性能。同样，EG 情况下和相互替代情况下的可靠性大于 GE 情况下的可靠性，因为电力在基准中是充足的。

当气的带宽以步长 0.25 从(0,6)变化到(4,6)，结果显示如图 10-6 所示，解释参考图 10-5。

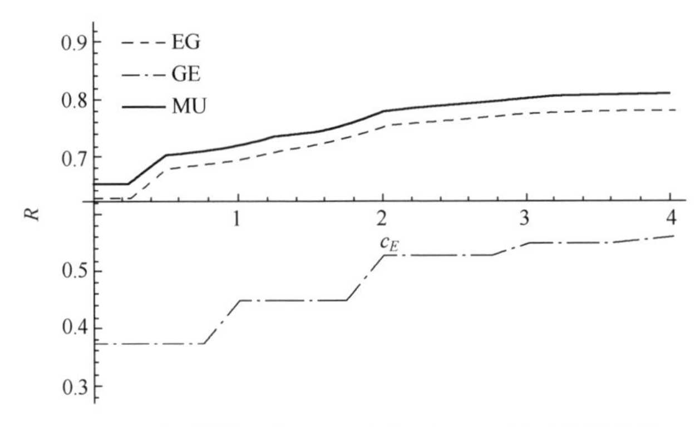

图 10-6 气的带宽从(0,6)变化到(4,6)的可靠性变化

10.4.5 设施位置的优化

由于每个系统节点可能有不同的电和气的需求，电和气的设施位置可能

会影响系统可靠性。为了便于讨论，本章假设每个节点恰好有一个电力设施和一个天然气设施。设施在初始位置下的性能分布类似于表 10-3。因此，本章将研究使得系统可靠性最大的最优设施位置。具体地，考虑以下 3 种情形。

情形 1：优化电力设施位置

考虑到将 4 个设施定位为 4 个节点，可能会出现 24 种情况。设施的位置可以用向量 **HE** = {he(1),he(2),he(3),he(4)} 来表示，其中 he(i)表示电力设施的初始位置。

在这样的设置下，初始位置表示为 **HE** = {1,2,3,4}，在 10.4 节给出的参数下系统可靠性可以计算出来为 $R_{EG}=0.7744$、$R_{GE}=0.5469$ 和 $R_{MU}=0.8023$。

通过列举不同情况下的可靠性，得到了分别在 EG、GE 和相互替代情况下使系统可靠性最优的最优位置策略。对于每一种位置策略，3 种情况下的系统可靠性如表 10-4 所列。

表 10-4　电力设施位置的优化

HE	R_{EG}	R_{GE}	R_{MU}	目标
{3,2,4,1}	0.77700	0.54790	0.80590	$R_{EG/max}$
{1,3,2,4}	0.77057	0.54625	0.79781	$R_{EG/min}$
{1,4,3,2}	0.77435	0.54867	0.80402	$R_{GE/max}$
{1,3,2,4}	0.77057	0.54624	0.79781	$R_{GE/min}$
{3,1,4,2}	0.77668	0.54864	0.80631	$R_{MU/max}$
{1,3,2,4}	0.77057	0.54624	0.79781	$R_{MU/min}$

情形 2：天然气设施位置的优化

类似地，在天然气设施位置中有 24 种情况。设施的位置用向量 **HG** = {hg(1),hg(2),hg(3),hg(4)} 来表示，其中 hg(i)表示天然气设施的初始位置。

在这样的设置下，初始位置可以表示为 **HG** = {1,2,3,4}，在 10.4 节给出的参数下，系统可靠性可以计算出来为 $R_{EG}=0.7744$、$R_{GE}=0.5469$ 和 $R_{MU}=0.8023$。

通过列举不同情况下的可靠性，得到了 EG、GE 两种情况下优化系统可靠性的最优位置策略，如表 10-5 所列。

表 10-5　天然气设施位置的优化

HG	R_{EG}	R_{GE}	R_{MU}	目标
{1,2,4,3}	0.78095	0.56068	0.81494	$R_{EG/max}$
{1,3,2,4}	0.77056	0.54624	0.79781	$R_{EG/min}$
{1,2,4,3}	0.78095	0.56068	0.81493	$R_{GE/max}$
{1,3,2,4}	0.77056	0.54624	0.79781	$R_{GE/min}$
{1,2,4,3}	0.78095	0.56068	0.81493	$R_{MU/max}$
{1,3,2,4}	0.77056	0.54624	0.79781	$R_{MU/min}$

情形 3：电和气设施位置的优化

考虑将 4 个电和 4 个气设施定位到 4 个节点，会出现 576 种情况。设施位置可以用向量 **HEG** = {he(1),he(2),he(3),he(4),hg(1),hg(2),hg(3),hg(4)}来表示，其中 he(i)表示电设施的初始位置，hg(i)表示气设施的初始位置。

初始位置可以表示为 **HEG** = {1,2,3,4,1,2,3,4}，系统可靠性已经计算出来为 $R_{EG}=0.7744$、$R_{GE}=0.5469$ 和 $R_{MU}=0.8023$。在 3 种情况下优化系统可靠性的最优位置策略如表 10-6 所列。

表 10-6　电和气设施位置的优化

HEG	R_{EG}	R_{GE}	R_{MU}	目标
{1,2,3,4,1,2,4,3}	0.78095	0.56068	0.81493	$R_{EG/max}$
{1,2,3,4,1,3,2,4}	0.77056	0.54624	0.79781	$R_{EG/min}$
{1,2,4,3,2,1,4,3}	0.78095	0.56075	0.81500	$R_{GE/max}$
{1,2,3,4,1,3,2,4}	0.77056	0.54625	0.79781	$R_{GE/min}$
{1,2,4,3,2,1,4,3}	0.78095	0.56075	0.81500	$R_{MU/max}$
{1,2,3,4,1,3,2,4}	0.77056	0.54624	0.79781	$R_{MU/min}$

10.5 本章总结

本章研究了由两种能源供电的系统的可靠性。它结合了性能替代和共享机制，以最大化其可靠性。电和气这两种资源可以在节点间共享，但分别受到带宽的限制。本章同时考虑了单向和双向替代，提出了通用生成函数技术来评估系统可靠性。通过案例和数值实验来说明所提出模型的适用性。为了更好地理解两种资源的替代率和管道的带宽对系统可靠性的影响，进行了灵敏度分析。结果表明，相互替代的可靠性要高于或至少等于单向替代下的可靠性，进一步证明了性能替代和共享的结合可以显著提高系统可靠性，提出的模型也有助于设施选址优化。为了最大化整个系统的可靠性，管理人员可以预先定位他们的设施，同时考虑到本章提出的两种机制。

对于未来的研究，可以分析具有性能替代和共享的更复杂的系统。此外，如果存在不稳定的节点（组件）或分布（更复杂的性能集合、需求集合和相应的概率），使用所提出模型来分析系统可靠性会很耗时。实际上，一些启发式算法或模拟技术可以应用于处理大规模系统，以在实践中获得接近最优的解（例如，参考文献［40］）。此外，人们可以构建网络或采用多态多值决策图[104]来描述更复杂的情况。当前节点对后节点有影响时，后节点的状态概率应相应地根据前节点的条件概率而改变。Huang 和 An[105]考虑了条件通用生成函数技术，Zhou 等[106]和 Yang 等[107]对级联失效情景进行了建模。此外，替代率可以通过对工厂和居民的调查来确定。通过在给定区域进行调查，可以很容易找出分别需要电和气的设备类型。此外，调查显示哪种类型的设备需要更多的电或气，并进行电、气的相互替代，但可以由另一设备来补偿。至于设备需要两种类型的资源，可以对每天所需的具体资源进行逐步查询。基于这些结果，可以发现当气/电不足时，需要多少替代资源。

符号及说明列表	
$\mathrm{Gl}_j, l \in \{E,G\}$	电和气的离散随机性能
N	系统中独立元件的数量
$\mathrm{Dl}_j, l \in \{E,G\}$	电和气的离散随机需求
$C_k, k \in \{E,G\}$	电和气性能共享机制的带宽
$\lambda_{\mathrm{GE}}, \lambda_{\mathrm{EG}}$	电-气替代率和气-电替代率
$\mathrm{TS}_l, l \in \{E,G\}$	电和气分别盈余的量
$\mathrm{TF}_l, l \in \{E,G\}$	电和气分别不足的量
$R_l, l \in \{E,G\}$	剩余的电和气
$\mathrm{ge}_{j,k}, \mathrm{gg}_{j,k}, \mathrm{de}_{j,k}, \mathrm{dg}_{j,k}, \mathrm{cl}_{ol}$	$\mathrm{GE}_j, \mathrm{GG}_j, \mathrm{DE}_j, \mathrm{DG}_j$和 C 的可能取值
$\Delta l_j(z), l \in \{E,G\}$	元件性能和需求概率密度函数的通用生成函数
$\pi \mathrm{l}_{j,r}$	联合事件的概率

续表

符号及说明列表	
$\overrightarrow{\mathrm{GE}_j}$, $\overrightarrow{\mathrm{GG}_j}$	GE_j和 GG_j可能实现的集合
$\overrightarrow{\mathrm{Cl}}$,$l \in \{E,G\}$	C_e和 C_g可能实现的集合
R	系统可靠性
$\mathrm{UE}_S(z)$,$\mathrm{UG}_S(z)$	电和气性能和需求概率密度函数的通用生成函数
$U_S^B(z)$	电和气性能、需求和带宽概率密度函数的通用生成函数
$\overrightarrow{\mathrm{DE}_j}$, $\overrightarrow{\mathrm{DG}_j}$	DE_j和 DG_j，可能实现的集合

第十一章

基于性能共享的加权并联系统的可靠性

前几章的研究均假定当元件性能供给小于需求时，系统就定义失效。然而在实际应用中，部分系统允许存在一定程度的性能不足。在这类系统中，不同元件在系统中具有不同的权重，只有当加权性能不足之和超过系统规定的阈值时，系统才视为失效。例如，考虑一个连接多个区域的污染物处理系统，其中每个区域的污染物水平和处理能力是随机的。由于每个区域的权重是不同的，决策者可能会放弃权重相对较低的某个区域的污染物处理，而将处理设备转移到权重较高的区域。供热系统和计算机系统也是如此。由于不同地区对供暖设备的需求不同，有时更多的设备应该放在权重较大的地区，这将导致权重较小的地区的供暖设备减少。在计算机系统中，不同子网对速度要求是不同的，其中，一些子网可以起到重要的作用，如中央控制，而另一些子网可能只考虑定时模块。对于网络管理员来说，带宽应该优先分配给保证中央控制的子网，而不是不太重要的定时子网。基于上述系统的启发，本章提出了一个具有性能共享机制的加权并联系统，如果系统元件的加权不足性能之和超过规定的阈值，该系统视为失效。该系统由若干个并联元件组成，每个元件都具有随机性能和随机需求，系统中不同元件具有不同的权重。与前文相同，性能共享的总量受到公共总线传输容量的限制。如果在性能共享之后，系统元件的加权总不足性能低于规定的阈值，则系统视为可靠。

11.1 模型构建

考虑一个由 n 个元件组成的系统，每个元件的随机性能 G_j 和随机需求 D_j 的概率质量函数已知，其中 $j=1,2,\cdots,n$，元件 j 的权重为 W_j。令 RT 表示系统允许的最大加权不足性能之和（可靠阈值）。令随机变量 C 表示公共总线传输容量，其概率质量函数已知。

假设 m 个元件可以通过自身性能满足其需求，而其他 $n-m$ 个元件不能满足其自身的需求。如果这 $n-m$ 个元件的加权不足性能之和低于可靠阈值 RT，则即使不考虑性能共享机制，系统也可以正常工作。此外，如果性能再分配后加权不足性能之和低于阈值 RT，则系统也视为可靠。需要注意的是，系统优先将性能共享给权重最高的性能不足元件，以减少加权不足性能之和。本章考虑两种情形：盈余再分配（surplus redistribution，SR）和最大再分配（maximal redistribution，MR）。对于 SR 情形，系统仅可通过盈余性能以补充不足性能。对于 MR 情形，除了可共享元件的盈余性能，系统可将低权重元件的性能再分配给具有高权重且性能不足的元件，以减少加权不足性能之和，因此 MR 情形可看作是 SR 的进一步扩展。

11.1.1 盈余再分配

在此情形下，可以根据元件的盈余性能大小按降序对其进行排序。需要注意的是，不足性能视为具有负的盈余性能。元件的排序如图 11-1 所示。

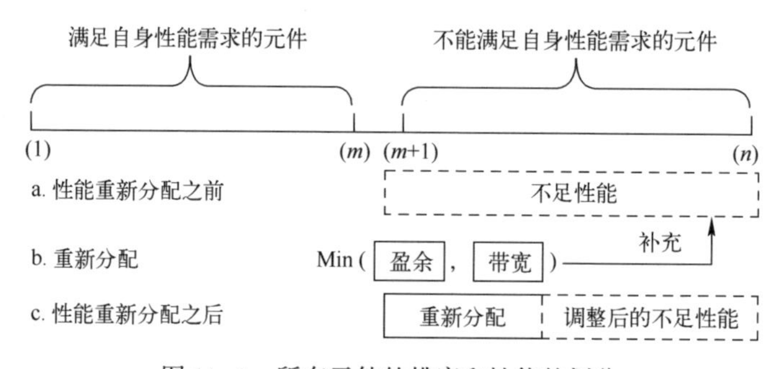

图 11-1　所有元件的排序和性能的划分

如图 11-1 所示，系统性能盈余或不足的计算可分为三个阶段。在第一阶段（a），计算系统中所有性能不足元件的加权累计不足，如果低于预设阈值，则跳过第二阶段（b）和第三阶段（c）。如果第一阶段（a）计算的加权累计不足高于预设阈值，则进入第二阶段计算。在第二阶段，计算系统中所有存在盈余的元件的盈余性能之和（不加权），比较盈余性能之和与公共总线传输容量，可重新分配的盈余性能应为系统盈余性能之和与公共总线传输容量的最小值。最后第三阶段，计算系统性能共享后的系统性能的加权不足，并与预设阈值比较，确定系统是否可靠。

令 WS 表示前 m 个元件中的加权盈余性能（等于所有元件的总加权盈余性能），令 WF 表示剩余 $n-m$ 个元件的加权不足性能之和（等于所有元件的总加权不足性能之和）。令 TS 和 TF 分别表示盈余性能和不足性能的总量（未加权）。为了便于讨论，将对第 $(m+1)$ 个到第 n 个元件按照其权重进行降序排序。这种重新排序后的元件为 $v_1, v_2, \cdots, v_n$。盈余性能总量和不足性能总量可通过如下计算求得

$$\mathrm{TS} = \sum_{j=1}^{m} (G_{v_j} - D_{v_j}) \tag{11-1}$$

$$\mathrm{TF} = \sum_{j=m+1}^{n} (D_{v_j} - G_{v_j}) \tag{11-2}$$

加权盈余性能之和与加权不足性能之和可通过如下计算求得

$$\mathrm{WS} = \sum_{j=1}^{m} (G_{v_j} - D_{v_j}) W_{v_j} \tag{11-3}$$

$$\mathrm{WF} = \sum_{j=m+1}^{n} (D_{v_j} - G_{v_j}) W_{v_j} \tag{11-4}$$

存在以下 3 种情形：

（1）当 WF≤RT 时，系统可靠，否则参考情形（2）和（3）。

（2）当 WF>RT 时，此时系统能够实现最大性能共享的总量为 $\min(\mathrm{TS}, C)$。当 $\min(\mathrm{TS}, C) \geqslant \mathrm{TF}$ 时，因为所有元件的不足性能均能得到满足，系统可靠。

（3）当 WF>RT 和 $\min(\mathrm{TS}, C) < \mathrm{TF}$ 时，系统盈余性能不能补充所有具有性能不足的元件。为了最小化加权不足性能之和，应该优先补充具有较大权重的元件。因此，可以根据权重降序对性能不足的元件进行排序。当 $\min(\mathrm{TS}, C) < \mathrm{TF}$ 时，一定存在一个整数 $m+1 \leqslant k \leqslant n$ 使得 $\min(\mathrm{TS}, C)$ 只能补充从 $m+1$ 到 $k-1$ 的元件的不足性能，而不能补充从 $m+1$ 到 k 的元件的不足性能。系统加权不足性能之和可以通过两部分来计算：元件 k 在性能共享后的加权不足性能以及从 $k+1$ 到 n 的元件的加权不足性能。因此，该值可以表示为

$$\overline{\mathrm{WF}} = \left\{ D_{v_k} - G_{v_k} - \left[\mathrm{TS} - \sum_{j=m}^{k-1} (D_{v_j} - G_{v_j}) \right] \right\} W_{v_k} + \sum_{j=k+1}^{n} (D_{v_j} - G_{v_j}) W_{v_j} \tag{11-5}$$

根据系统可靠性定义，当 $\overline{\mathrm{WF}} \leqslant \mathrm{RT}$ 时，系统仍然是可靠的。否则，系统失效。

结合这 3 种情形，系统可靠性可以表示为

$$\begin{aligned} R_{SR} = & P(\mathrm{WF} \leqslant \mathrm{RT}) + P(\mathrm{TF} \leqslant \min(\mathrm{TS}, C), \mathrm{WF} > \mathrm{RT}) \\ & + P(\overline{\mathrm{WF}} \leqslant \mathrm{RT}, \mathrm{TF} > \min(\mathrm{TS}, C), \mathrm{WF} > \mathrm{RT}) \end{aligned} \tag{11-6}$$

为了进一步研究性能共享机制对系统可靠性的影响，考虑公共总线的两种特别情形：①传输容量为零；②传输容量无限大。当公共总线处于第一种情况时，即 $C=0$，此时系统可靠性为

$$R_{C=0} = P(\mathrm{WF} \leqslant \mathrm{RT}) \tag{11-7}$$

上述情况可以视为一个简单的加权系统，即要求系统中加权不足性能之

和不得超过规定的阈值，此时系统中各个元件由于无性能共享，因此无法传输盈余性能。

当传输容量为无限大时，系统可靠性为

$$R_{C=\infty}=P(\mathrm{WF}\leqslant \mathrm{RT})+P(\mathrm{TF}\leqslant \mathrm{TS},\mathrm{WF}>\mathrm{RT})+P(\overline{\mathrm{WF}}\leqslant \mathrm{RT}<\mathrm{WF},\mathrm{TF}>\mathrm{TS}) \quad (11-8)$$

它可以视为由两个子系统组成的系统。一个子系统中的所有元件都满足其自身需求，而另一个子系统中的元件均存在性能不足，需要第一个子系统将盈余性能进行共享，以便使得整个系统在性能共享之后的加权不足性能之和小于或等于预设阈值。

11.1.2 最大再分配

最大再分配（MR）作为 SR 的扩展，不仅可以将一个元件的盈余性能传输给存在不足性能的元件，还能在两个均存在不足性能的元件之间进行性能共享，其目的为尽可能使得权重较大的元件能够满足自身需求，从而降低整个系统的总加权不足性能。这种性能共享方式与盈余再分配相比，更为复杂。MR 总共存在 4 种情形，其中，情形（1）和（2）与 SR 相同；但情形（3）不同于 SR 中的情形（3），在 MR 的情形（3）中，仅考虑了在性能共享之后按照式（11-5）计算的加权不足性能之和不超过 RT 的情形，其他情形如下所述的情形（4）。

（4）当系统在盈余性能再分配后仍然不可靠时，即式（11-5）所计算的加权不足性能之和仍然大于 RT，将元件再一次按权重升序进行排序，使用 $v'_1,v'_2,\cdots,v'_n$表示重新排序后的元件。为了便于讨论，元件的性能表示为$\overline{\mathrm{TS}}$，元件的不足表示为$\overline{\mathrm{TF}}$。然后系统可以将最左侧具有非零性能元件的性能再分配至最右侧具有不足性能的元件，按照这种思路操作，直到出现公共总线传输容量耗尽，或者至少存在一个元件使得处于该元件之前的所有元件都具有零性能，并且之后的所有元件都没有不足性能，性能共享即停止。换句话说，对于后者，应该确定一个元件 $1\leqslant k'^{*}\leqslant n-1$，使其满足：

$$k'^{*}=\operatorname{argmax}\left(\min\left(\sum_{j=1}^{k'}G_{v'_j},\sum_{j=k'+1}^{n}\mathrm{TF}_{v'_j}\right)\right) \quad (11-9)$$

系统能够共享最大性能的总量为

$$T=\min\left(C,\sum_{j=1}^{k'^{*}}G_{v'_j},\sum_{j=k'^{*}+1}^{n}\mathrm{TF}_{v'_j}\right) \quad (11-10)$$

在这种情形下，从元件 1 到 k_L的性能将用于补充元件 k_U到 n 的不足。此时的加权不足性能之和为

$$\mathrm{WF}_M=\overline{\mathrm{WF}}+\sum_{j=1}^{k_L-1}w_{v'_{k_L}}G_{v'_j}+w_{v'_{k_L}}\left(T-\sum_{j=1}^{k_L-1}G_{v'_j}\right)$$

$$-\sum_{j=k_U+1}^{n} w_{v'_{k_L}}(D_{v'_j}-G_{v'_j})-w_{v'_{k_U}}\left(T-\sum_{j=k_U}^{n}\mathrm{TF}_{v'_j}\right) \tag{11-11}$$

其中 k_L 和 k_U 应该满足

$$\sum_{j=1}^{k_L-1} G_{v'_j} < T \leqslant \sum_{j=1}^{k_L} G_{v'_j},\quad 1 \leqslant k_L \leqslant k'^* \tag{11-12}$$

$$\sum_{j=k_U+1}^{n} \mathrm{TF}_{v'_j} < T \leqslant \sum_{j=k_U}^{n} \mathrm{TF}_{v'_j},\quad k'^*+1 \leqslant k_U \leqslant n \tag{11-13}$$

相应的系统可靠性为

$$R_{\mathrm{MR}}=R_{\mathrm{SR}}+P(\mathrm{WF}_M\leqslant\mathrm{RT},\overline{\mathrm{WF}}>\mathrm{RT}) \tag{11-14}$$

需要注意的是，在经典可靠性理论中，可靠性通常定义为系统中所有元件均能满足自身需求的概率。按照该定义，即对应于阈值 RT=0 的特殊情形。因此，无性能共享、盈余再分配和最大再分配的经典可靠性可以表示为 $R_{\mathrm{RT}=0}$、$R_{\mathrm{SR}\mid \mathrm{RT}=0}$和 $R_{\mathrm{MR}\mid \mathrm{RT}=0}$。

11.2　系统可靠性评估

本章同样采用通用生成函数技术对系统可靠性进行评估。在本章中，假设元件 j 的随机性能 G_j的可能取值为给定集合$\overline{G}_j=\{g_{j,1},g_{j,2},\cdots,g_{j,H_j}\}$，随机需求 D_j的可能取值为给定集合$\overline{D}_j=\{d_{j,1},d_{j,2},\cdots,d_{j,K_j}\}$。因此，每个元件 j 的性能分布和需求分布的通用生成函数形式分别为

$$u_j(z)=\sum_{h=1}^{H_j} q_{j,h}\times z^{g_{j,h}} \tag{11-15}$$

$$w_j(z)=\sum_{k=1}^{K_j} s_{j,k}\times z^{d_{j,k}} \tag{11-16}$$

其中 $q_{j,h}=P(G_j=g_{j,h})$，$s_{j,k}=P(D_j=d_{j,k})$。公共总线传输容量 C 的可能取值为给定集合$\overline{C}=\{c_1,c_2,\cdots,c_L\}$，它的通用生成函数形式为

$$\eta(z)=\sum_{l=1}^{L}\beta_l\times z^{c_l} \tag{11-17}$$

其中 $\beta_i=P(C=c_i)$。为了获得每个元件盈余性能和不足性能的通用生成函数形式，应该明确每个元件的性能和需求。因此，需要构建一个通用生成函数表示 G_j和 D_j，这可以通过运用通用生成函数算子$\underset{\Leftrightarrow}{\otimes}$结合 G_j的通用生成函数和 D_j的通用生成函数实现，具体为

$$\Delta_j(z)=u_j(z)\underset{\Leftrightarrow}{\otimes}w_j(z)=\sum_{h=1}^{H_j}\sum_{k=1}^{K_j} q_{j,h}s_{j,k}z^{g_{j,h},d_{j,k}}=\sum_{o=1}^{M_j}\pi_{j,o}\times z^{g'_{j,o},d'_{j.o}} \tag{11-18}$$

在式（11-18）中，该组合通用生成函数展示了任意元件性能和需求联合

事件的分布，其中，$M_j=H_j\cdot K_j$，$\pi_{j,o}=q_{j,\left\lfloor\frac{o-1}{K_j}\right\rfloor+1}\cdot S_{j,\mathrm{mod}(o-1,K_j)+1}$，$q'_{j,o}=q_{j,\left\lfloor\frac{o-1}{K_j}\right\rfloor+1}$和$d'_{j,o}=d_{\mathrm{mod}(o-1,K_j)+1}$成立。整数函数$\lfloor x\rfloor$表示不超过$x$的最大整数，$\mathrm{mod}(a,b)$表示$a$除以$b$的余数。接下来将通过一个递归过程推导出整个系统的通用生成函数。首先令$U_\Omega(z)=U_\varnothing(z)=z^\varnothing$。对于每一个$i=1,2,\cdots,n$，重复$U_{\Omega\cup i}(z)=U_\Omega\underset{+}{\otimes}\Delta_j(z)$，并且更新$\Omega=\Omega\cup i$。需要注意的是，通用生成函数算子$\underset{+}{\otimes}$是对运算符两侧的两个通用生成函数进行系数相乘，指数对应位置取并集的运算。因此，当所有元件均被考虑时，性能和需求的通用生成函数可以表示为

$$\begin{aligned}U_A(z)&=U_\varnothing(z)\underset{+}{\otimes}\Delta_1(z)\underset{+}{\otimes}\Delta_2(z)\underset{+}{\otimes}\cdots\underset{+}{\otimes}\Delta_n(z)\\&=\sum_{o_n=1}^{M_n}\sum_{o_{n-1}=1}^{M_{n-1}}\cdots\sum_{o_2=1}^{M_2}\sum_{o_1=1}^{M_1}\prod_{j=1}^{n}\pi_{j,o_j}\times z^{\bigcup_{j=1}^{n}g'_{j,o_j},\bigcup_{j=1}^{n}d'_{j,o_j}}\end{aligned}\tag{11-19}$$

构建如下所示的可靠性指示函数：

$$f(g_{1,o_1},g_{2,o_2},\cdots,g_{n,o_n},d_{1,o_1},d_{2,o_2},\cdots,d_{n,o_n},w_1,w_2,\cdots,w_n)=\begin{cases}1, & \sum\limits_{g_{j,i}<d_{j,i},j=1,2,\cdots,n}(d_{j,i}-g_{j,i})w_j\leqslant \mathrm{RT}\\0, & 其他\end{cases}\tag{11-20}$$

根据式（11-20）可以看出，当且仅当可靠性示性函数等于1时，式（11-19）中的每一项表示系统在没有进行性能共享时可靠的状态。因此，整个系统的可靠性可以表示为

$$\begin{aligned}R=&\sum_{o_n=1}^{M_n}\cdots\sum_{o_2=1}^{M_2}\sum_{o_1=1}^{M_1}\prod_{j=1}^{n}\pi_{j,o_j}\\&\times f(g'_{1,o_1},g'_{2,o_2},\cdots,g'_{n,o_n},d'_{1,o_1},d'_{2,o_2},\cdots,d'_{n,o_n},w_1,w_2,\cdots,w_n)\end{aligned}\tag{11-21}$$

在通过式（11-21）进行的可靠性计算后，可通过剔除表示系统成功的项来更新通用生成函数，保留表示系统失效的项，做进一步处理。为了实现这一点，由式（11-19）中的每一项都乘以（1-可靠性指示函数），更新后的通用生成函数为

$$\begin{aligned}U_A^R(z)=&\sum_{o_n=1}^{M_n}\cdots\sum_{o_2=1}^{M_2}\sum_{o_1=1}^{M_1}\prod_{j=1}^{n}[1-f(g'_{1,o_1},g'_{2,o_2},\cdots,g'_{n,o_n},d'_{1,o_1},d'_{2,o_2},\cdots,d'_{n,o_n},\\&w_1,w_2,\cdots,w_n)]\pi_{j,o_j}\times z^{\{g'_{1,o_1},g'_{2,o_2},\cdots,g'_{n,o_n}\},\{d'_{1,o_1},d'_{2,o_2},\cdots,d'_{n,o_n}\}}\end{aligned}\tag{11-22}$$

为了进一步分析SR和MR，应该通过考虑公共总线传输容量以进一步更新系统的通用生成函数。同理，进一步更新的通用生成函数可以表示为

$$\begin{aligned}\overline{U_A(z)}&=U_A^R(z)\underset{B}{\otimes}\eta(z)\\&=\sum_{o_n=1}^{M_n}\cdots\sum_{o_2=1}^{M_2}\sum_{o_1=1}^{M_1}\prod_{j=1}^{n}[1-f(g'_{1,o_1},g'_{2,o_2},\cdots,g'_{n,o_n},d'_{1,o_1},d'_{2,o_2},\cdots,d'_{n,o_n},\end{aligned}$$

$$w_1, w_2, \cdots, w_n)]\pi_{j,o_j} z^{\{g'_{1,o_1}, g'_{2,o_2}, \cdots, g'_{n,o_n}\},\{d'_{1,o_1}, d'_{2,o_2}, \cdots, d'_{n,o_n}\}} \underset{B}{\otimes} \left(\sum_{l=1}^{L} \beta_l z^{c_l}\right)$$

$$= \sum_{l=1}^{L} \sum_{o_n=1}^{M_n} \cdots \sum_{o_2=1}^{M_2} \sum_{o_1=1}^{M_1} \prod_{j=1}^{n} [1 - f(g'_{1,o_1}, g'_{2,o_2}, \cdots, g'_{n,o_n}, d'_{1,o_1}, d'_{2,o_2}, \cdots, d'_{n,o_n}, w_1, w_2, \cdots, w_n)]\pi_{j,o_j} \beta_l z^{\{g'_{1,o_1}, g'_{2,o_2}, \cdots, g'_{n,o_n}\},\{d'_{1,o_1}, d'_{2,o_2}, \cdots, d'_{n,o_n}\}, c_l} \tag{11-23}$$

其中通用生成函数算子$\underset{B}{\otimes}$用于构建包含公共总线传输容量的通用生成函数。对于 SR 的情形，系统可以通过存在盈余性能的元件将性能共享给存在性能不足的元件。因此，对于$\overline{U_A(z)}$，可以在 SR 之后得到使得系统可靠的项（通过 11.2 节中给出的过程来判断），并且将这些项的系数求和并累加到式（11-21）中已获得的结果，此时，在 SR 之后的系统可靠性为

$$R_{SR} = R + \sum_{l=1}^{L} \sum_{o_n=1}^{M_n} \cdots \sum_{o_2=1}^{M_2} \sum_{o_1=1}^{M_1} \prod_{j=1}^{n} [1 - f(g'_{1,o_1}, g'_{2,o_2}, \cdots, g'_{n,o_n}, d'_{1,o_1}, d'_{2,o_2}, \cdots, d'_{n,o_n}, w_1, w_2, \cdots, w_n)] \times f(g^{SR}_{1,o_1}, g^{SR}_{2,o_2}, \cdots, g^{SR}_{n,o_n}, d^{SR}_{1,o_1}, d^{SR}_{2,o_2}, \cdots, d^{SR}_{n,o_n}, w_1, w_2, \cdots, w_n)\pi_{j,o_j}\beta_l. \tag{11-24}$$

在此之后，应该通过删除对应系统成功的项来更新通用生成函数，具体操作如下所示

$$U_A^{SR}(z) = \sum_{l=1}^{L} \sum_{o_n=1}^{M_n} \cdots \sum_{o_2=1}^{M_2} \sum_{o_1=1}^{M_1} \prod_{j=1}^{n} [1 - f(g'_{1,o_1}, g'_{2,o_2}, \cdots, g'_{n,o_n}, d'_{1,o_1}, d'_{2,o_2}, \cdots, d'_{n,o_n}, w_1, w_2, \cdots, w_n)] \times [1 - f(g^{SR}_{1,o_1}, g^{SR}_{2,o_2}, \cdots, g^{SR}_{n,o_n}, d^{SR}_{1,o_1}, d^{SR}_{2,o_2}, \cdots, d^{SR}_{n,o_n}, w_1, w_2, \cdots, w_n)] \times \pi_{j,o_j}\beta_l z^{\{g^{SR}_{1,o_1}, \cdots, g^{SR}_{n,o_n}\},\{d^{SR}_{1,o_1}, d^{SR}_{2,o_2}, \cdots, d^{SR}_{n,o_n}\}, c_l} \tag{11-25}$$

对于 MR 的情形，系统可以将低权重的元件的性能补充给具有高权重且存在性能不足的元件。因此，对于 $U_A^{SR}(z)$，应该计算在 MR 后能够满足可靠阈值的项，并将这些项对应的系数求和后累加到更新后的可靠性上。因此，MR 后的可靠性相应地调整为

$$R_{MR} = R_{SR} + R_{MR}$$

$$= R_{SR} + \sum_{l=1}^{L} \sum_{o_n=1}^{M_n} \cdots \sum_{o_2=1}^{M_2} \sum_{o_1=1}^{M_1} \prod_{j=1}^{n} [1 - f(g'_{1,o_1}, g'_{2,o_2}, \cdots, g'_{n,o_n}, d'_{1,o_1}, d'_{2,o_2}, \cdots, d'_{n,o_n}, w_1, w_2, \cdots, w_n)] \times [1 - f(g^{SR}_{1,o_1}, g^{SR}_{2,o_2}, \cdots, g^{SR}_{n,o_n}, d^{SR}_{1,o_1}, d^{SR}_{2,o_2}, \cdots, d^{SR}_{n,o_n}, w_1, w_2, \cdots, w_n)] \times f(g^{MR}_{1,o_1}, g^{MR}_{2,o_2}, \cdots, g^{MR}_{n,o_n}, d^{MR}_{1,o_1}, d^{MR}_{2,o_2}, \cdots, d^{MR}_{n,o_n}, w_1, w_2, \cdots, w_n)\pi_{j,o_j}\beta_l \tag{11-26}$$

基于通用生成函数技术的系统可靠性评估方法的步骤可归纳为算法 11-1。

算法 11-1 可靠性评估算法

6 初始化

6.1 构造任意元件 j 的性能分布的通用生成函数形式 $u_j(z)$ 和需求分布的通用生成函数形式 $w_j(z)$

6.2 构造公共总线传输容量分布的通用生成函数形式 $\eta(z)$

7 获得系统通用生成函数

7.1 通过 $\Delta_j(z)=u_j(z)\overset{\otimes}{\Leftrightarrow}w_j(z)$ 获得每个元件 j 的性能与需求联合事件分布的通用生成函数

7.2 令 $U_\Omega(z)=U_\varnothing(z)=z^\varnothing$

7.3 **for** $i=1,2,\cdots,n$

7.4 $\quad U_{\Omega\cup i}(z)=U_\Omega\underset{+}{\otimes}\Delta_j(z)$

7.5 $\quad \Omega=\Omega\cup i$

7.6 **end for**

7.7 得到如式（11-19）所示的 $U_A(z)$

8 计算可靠性

8.1 运用式（11-21）求得 R

8.2 运用式（11-22）更新通用生成函数，并且运用式（11-23）得到结合公共总线传输容量的通用生成函数

9 盈余再分配

9.1 对式（11-23）中的每一项，将系统盈余性能按照权重降序共享给存在性能不足的元件

9.2 将 SR 后对应系统可靠的项去掉，运用式（11-24）更新 SR 后的系统可靠性

9.3 运用式（11-25）获得系统通用生成函数

10 最大再分配

10.1 对式（11-25）中的每一项，将低权重元件的性能传输给高权重且存在性能不足的元件

10.2 运用式（11-26）获得系统可靠性

11.3 算例分析

考虑具有两个处理工厂的污染物处理系统，这两个处理工厂（工厂 1、工厂 2）的权重分别为 W_1、W_2，$W_1,W_2=(6,4)$。这两个工厂的随机性能和随机需求的概率质量函数如表 11-1 所列。

表 11-1　两个工厂随机性能和需求分布

工厂	随机性能的值的集合	随机性能的概率	随机需求的值的集合	随机需求的概率
1	$\overline{g_1}=(6,4,2)$	$q_1=(0.4,0.4,0.2)$	$\overline{d_1}=(5,3)$	$s_1=(0.6,0.4)$
2	$\overline{g_2}=(4,2,0)$	$q_2=(0.3,0.3,0.4)$	$\overline{d_2}=(2,0)$	$s_2=(0.5,0.5)$

公共总线传输容量的概率质量函数为$\bar{c}=(4,0)$和$\beta=(0.5,0.5)$。假设可靠阈值为 RT=5。两个工厂性能分布和需求分布的通用生成函数分别如下：

$$u_1(z)=0.4z^6+0.4z^4+0.2z^2,\quad w_1(z)=0.6z^5+0.4z^3$$

$$u_2(z)=0.3z^4+0.3z^2+0.4z^0,\quad w_1(z)=0.5z^2+0.5z^0$$

公共总线传输容量分布的通用生成函数表示为

$$\eta(z)=0.5z^4+0.5z^0$$

因此，两个工厂性能与需求联合事件的概率质量函数可以表示为

$$\Delta_1(z)=u_1(z)\underset{\Leftrightarrow}{\otimes}w_1(z)=0.24z^{\{6\},\{5\}}+0.24z^{\{4\},\{5\}}+0.12z^{\{2\},\{5\}}+0.16z^{\{6\},\{3\}}+0.16z^{\{4\},\{3\}}+0.08z^{\{2\},\{3\}}$$

$$\Delta_2(z)=u_2(z)\underset{\Leftrightarrow}{\otimes}w_2(z)=0.15z^{\{4\},\{2\}}+0.15z^{\{2\},\{2\}}+0.2z^{\{0\},\{2\}}+0.15z^{\{4\},\{0\}}+0.15z^{\{2\},\{0\}}+0.2z^{\{0\},\{0\}}$$

通过递归过程可以得到系统的概率质量函数：

$$U_1(z)=0.24z^{\{6\},\{5\}}+0.24z^{\{4\},\{5\}}+0.12z^{\{2\},\{5\}}+0.16z^{\{6\},\{3\}}+0.16z^{\{4\},\{3\}}+0.08z^{\{2\},\{3\}}$$

$$\begin{aligned}U_A(z)=&0.036z^{\{6,4\},\{5,2\}}+0.036z^{\{4,4\},\{5,2\}}+0.018z^{\{2,4\},\{5,2\}}+0.024z^{\{6,4\},\{3,2\}}\\&+0.024z^{\{4,4\},\{3,2\}}+0.012z^{\{2,4\},\{3,2\}}+0.036z^{\{6,2\},\{5,2\}}+0.036z^{\{4,2\},\{5,2\}}\\&+0.018z^{\{2,2\},\{5,2\}}+0.024z^{\{6,2\},\{3,2\}}+0.024z^{\{4,2\},\{3,2\}}+0.012z^{\{2,2\},\{3,2\}}\\&+0.048z^{\{6,0\},\{5,2\}}+0.048z^{\{4,0\},\{5,2\}}+0.024z^{\{2,0\},\{5,2\}}+0.032z^{\{6,0\},\{3,2\}}\\&+0.032z^{\{4,0\},\{3,2\}}+0.016z^{\{2,0\},\{3,2\}}+0.036z^{\{6,4\},\{5,0\}}+0.036z^{\{4,4\},\{5,0\}}\\&+0.018z^{\{2,4\},\{5,0\}}+0.024z^{\{6,4\},\{3,0\}}+0.024z^{\{4,4\},\{3,0\}}+0.012z^{\{2,4\},\{3,0\}}\\&+0.036z^{\{6,2\},\{5,0\}}+0.036z^{\{4,2\},\{5,0\}}+0.018z^{\{2,2\},\{5,0\}}+0.024z^{\{6,2\},\{3,0\}}\\&+0.024z^{\{4,2\},\{3,0\}}+0.012z^{\{2,2\},\{3,0\}}+0.048z^{\{6,0\},\{5,0\}}+0.048z^{\{4,0\},\{5,0\}}\\&+0.024z^{\{2,0\},\{5,0\}}+0.032z^{\{6,0\},\{3,0\}}+0.032z^{\{4,0\},\{3,0\}}+0.016z^{\{2,0\},\{3,0\}}\end{aligned}$$

不考虑性能共享时对应的可靠性为

$$R=1-(0.112+0.256+0.096+0.064+0.024)=0.448$$

根据经典的可靠性定义，该值计算为

$$R_{\mathrm{RT}=0}=1-(0.112+0.256+0.096+0.064+0.024)=0.448$$

之所以出现$R_{\mathrm{RT}=0}=R$的原因是参数给定，$U_A(z)$中的每一项表示没有元件存在不足性能或者加权不足性能之和大于 RT。更新通用生成函数：

$$\overline{U_A(z)}=u_A(z)\underset{\varphi}{\otimes}\eta(z)=0.018z^{\{4,4\},\{5,2\},\{4\}}+0.009z^{\{2,4\},\{5,2\},\{4\}}+0.006z^{\{2,4\},\{3,2\},\{4\}}$$

$$+0.018z^{\{4,2\},\{5,2\},\{4\}}+0.009z^{\{2,2\},\{5,2\},\{4\}}+0.006z^{\{2,2\},\{3,2\},\{4\}}$$
$$+0.024z^{\{6,0\},\{5,2\},\{4\}}+0.024z^{\{4,0\},\{5,2\},\{4\}}+0.012z^{\{2,0\},\{5,2\},\{4\}}$$
$$+0.016z^{\{6,0\},\{3,2\},\{4\}}+0.016z^{\{4,0\},\{3,2\},\{4\}}+0.008z^{\{2,0\},\{3,2\},\{4\}}$$
$$+0.018z^{\{4,4\},\{5,0\},\{4\}}+0.009z^{\{2,4\},\{5,0\},\{4\}}+0.006z^{\{2,4\},\{3,0\},\{4\}}$$
$$+0.018z^{\{4,2\},\{5,0\},\{4\}}+0.009z^{\{2,2\},\{5,0\},\{4\}}+0.006z^{\{2,2\},\{3,0\},\{4\}}$$
$$+0.024z^{\{4,0\},\{5,0\},\{4\}}+0.012z^{\{2,0\},\{5,0\},\{4\}}+0.008z^{\{2,0\},\{3,0\},\{4\}}$$

因此，性能共享后更新的可靠性为

$$R_{\mathrm{SR}}=R+\frac{0.048+0.036+0.036+0.036+0.018+0.032+0.032+0.012+0.012+0.012}{2}$$
$$=0.585$$

类似地，当 RT=0 时，性能共享后更新的可靠性为

$$R_{\mathrm{SR}\mid\mathrm{RT}=0}=R_{\mathrm{RT}=0}+\frac{0.036+0.036+0.036+0.018+0.032+0.012+0.012+0.012}{2}$$
$$=0.545$$

$R_{\mathrm{SR}\mid\mathrm{RT}=0}<R_{\mathrm{SR}}$的原因是$\overline{U_A(z)}$中存在对应系统可靠的两项，在经典定义下对应系统失效。具体来说，这两项为 $0.024z^{\{6,0\},\{5,2\},\{4\}}$ 和 $0.016z^{\{4,0\},\{3,2\},\{4\}}$。在这两项对应的情形下，两个处理工厂的性能与需求之间的差值为$\{1,-2\}$。在盈余再分配后，差值将变为$\{0,-1\}$。由于 $0\times6+1\times4=4<5$，在本章所提出的模型中，这两种情形都被视为可靠。

上述结果表明，没有考虑性能共享时的可靠性为 0.448，而存在 SR 的可靠性为 0.585。接下来分析 MR 的情形，当工厂 1 在 SR 后仍然缺乏性能时，可运用工厂 2 的性能进行补充。值得注意的是，工厂 2 只有在 SR 后仍有性能时，才能补充工厂 1。在工厂 2 已经耗尽性能的情形下，MR 不会发生。类似$\{-1,0\}$的情形可以变为$\{0,-1\}$，以满足 MR 的最低要求。因此，调整可靠性为

$$R_{\mathrm{MR}}=R_{\mathrm{SR}}+\frac{0.036+0.018+0.012}{2}=0.618$$

在 MR 情形下，整个系统的可靠性达到 0.618。类似地，当 RT=0 时，性能共享后更新的可靠性为

$$R_{\mathrm{MR}\mid\mathrm{RT}=0}=R_{\mathrm{SR}\mid\mathrm{RT}=0}=0.545$$

可以看出，进行 MR 后的经典可靠性等于 SR 后的经典可靠性。实际上，MR 不会提高经典系统可靠性，因为在 SR 后已经没有盈余可用，并且 MR 阶段的性能再分配只能减少加权不足性能之和，而不能消除不足。

考虑了一种更为复杂的情形，表 11-2 罗列了 5 个工厂性能和需求的概率质量函数。

表 11-2　5 个工厂的概率质量函数

工厂	随机性能值的集合	随机性能的概率	随机需求的值的集合	随机需求的概率
1	$\overline{g_1}=(5,3,1)$	$q_1=(0.3,0.4,0.3)$	$\overline{d_1}=(4,3,0)$	$s_1=(0.1,0.5,0.4)$
2	$\overline{g_2}=(3,0)$	$q_2=(0.4,0.6)$	$\overline{d_2}=(2,1,0)$	$s_2=(0.4,0.2,0.4)$
3	$\overline{g_3}=(7,3,2)$	$q_3=(0.6,0.1,0.3)$	$\overline{d_3}=(6,2)$	$s_3=(0.6,0.4)$
4	$\overline{g_4}=(4,2,1)$	$q_4=(0.2,0.2,0.6)$	$\overline{d_4}=(4,2,0)$	$s_4=(0.2,0.5,0.3)$
5	$\overline{g_5}=(2,0)$	$q_5=(0.5,0.5)$	$\overline{d_5}=(3,1)$	$s_5=(0.4,0.6)$

公共总线传输容量的概率质量函数为$\bar{c}=(10,4,0)$和$\beta=(0.5,0.4,0.1)$。每个工厂的权重为 $W_1,W_2,W_3,W_4,W_5=(3,2,2,1,1)$。值得注意的是，可靠阈值 RT 的变化肯定会对整个系统的可靠性产生很大的影响。图 11-2 展示了当 RT 在 0~20 的范围内变化时，相应的可靠性的变化。结果显示，当阈值变大时，意味着系统可以容忍比以前更多的元件不足性能，进而使得系统可靠性增加。

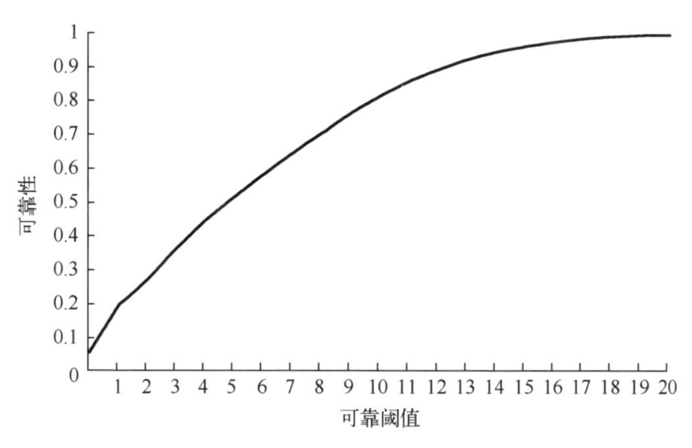

图 11-2　不同可靠阈值下的系统可靠性

1. 盈余再分配

现在盈余再分配被考虑用来提高整个系统的可靠性，此时，具有盈余性能的工厂将被用于补充存在不足性能的工厂。在这种情形下，对比 SR 后的可靠性与基准可靠性，结果如图 11-3 所示。

值得注意的是，在本章中所有的图内，缩写 R、SR 和 MR 分别表示未考虑性能共享时的可靠性、盈余再分配后的可靠性和最大再分配后的可靠性。此外，缩写 SR-R、MR-SR 和 MR-R 表示不同情形下可靠性之间的差值。例如，SR-R 表示没有性能共享情形下和盈余再分配情形下的可靠性差值。其他两个缩写的解释类似。从图 11-3 中可以发现，无论可靠阈值为多少，与没有

SR 的基准相比，运用 SR 总会提升系统可靠性。由于 SR 将会使得通用生成函数中某些原本存在不足性能的项能够满足自身需求，因此上述现象是合理存在的。此外，当可靠阈值接近于 0 时，SR 对系统可靠性的提升更加显著，这是因为当阈值增加时，整个系统的可靠性将接近 1，此时 SR 的作用弱化，因此可靠性增加将变得微不足道。

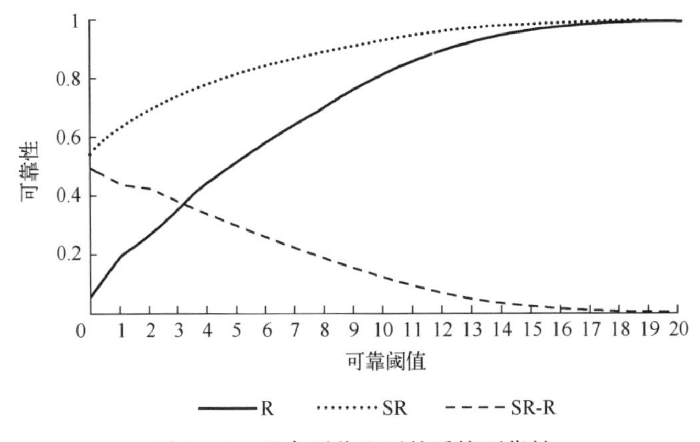

图 11-3　盈余再分配下的系统可靠性

公共总线传输容量是影响 SR 的效果和整个系统可靠性的关键因素。在初始条件下，传输容量的概率质量函数为$\bar{c}=(10,4,0)$和$\beta=(0.5,0.4,0.1)$。接下来将分析不同传输容量对系统可靠性的影响。图 11-4 中出现的 3 种前缀“高、中、低”分别表示公共总线潜在传输容量的 3 种不同情形。具体来说，3 种不同的情形分别为$\beta=(0.8,0.1,0.1)$、$\beta=(0.1,0.8,0.1)$和$\beta=(0.1,0.1,0.8)$，其中$\bar{c}$保持不变。当$\beta=(0.8,0.1,0.1)$时，公共总线传输容量对应 High。图 11-4 展示了上述 3 种情形在 SR 后的可靠性。

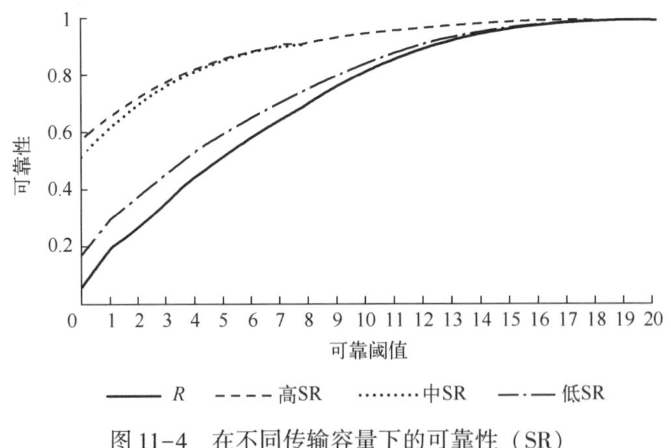

图 11-4　在不同传输容量下的可靠性（SR）

从图 11-4 可知，不同公共总线传输容量对系统可靠性的影响差异较大。当传输容量处于低水平时，SR 对系统可靠性的提升有限，这是因为盈余性能不能被充分利用来补充存在不足性能的元件。而中高传输容量下的可靠性差异不大，尤其是当可靠阈值较大时更为明显，这是因为当系统能接受更高的不足性能时，中等传输容量水平已经可以满足 SR 后所有可能的情形，并不需要额外的传输容量。此外，可以进一步证明，高传输容量和中等传输容量下的可靠性之差总是大于或等于零，该情况同样适用于中等传输容量和低传输容量对应的可靠性之差。换句话说，提升公共总线传输容量能对系统可靠性产生正面效应。

2. 最大再分配

接下来将分析最大再分配对系统可靠性的影响。在此性能共享规则下，系统可以利用低权重元件的性能来补充存在不足性能且具有高权重的元件。尽管 SR 可以通过传输盈余性能补充不足性能的元件，以此增加系统可靠性，但在某些情形下，加权不足性能之和仍可能超过可靠阈值，尤其是当可靠阈值较小时超过的概率更大。在 MR 的情形下，除了盈余性能，系统可以将性能从一个已经存在不足性能的元件传输到另一个元件，以此降低系统总加权不足性能。在图 11-5 中，比较了没有性能共享的可靠性、SR 后的可靠性以及 MR 后的可靠性。此外，为了更好地对比这两种性能共享机制，对 SR 和 MR 之间的差值变化进行研究。

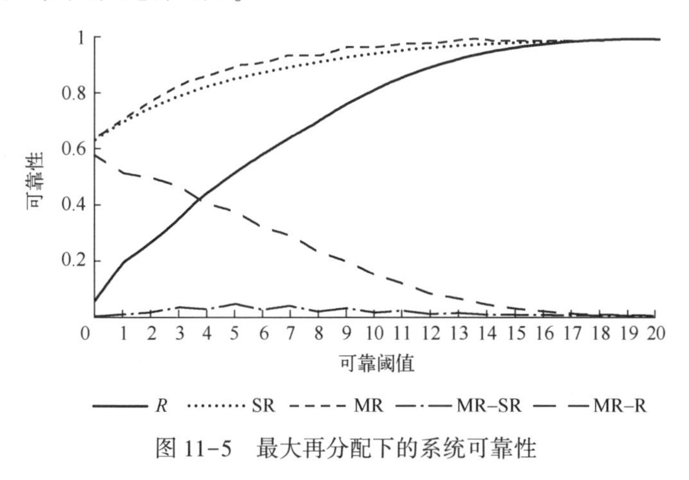

图 11-5　最大再分配下的系统可靠性

与 SR 对系统可靠性的提升相比，MR 对系统可靠性的改善似乎不大（观察 MR–SR 曲线）。造成该现象的原因有两个。首先，SR 的运用已经能够大大降低系统总加权不足性能，因此，给 MR 留下的改善空间很小。其次，系统公共总线传输容量有限，由于传输容量已经在 SR 期间占用过多，因此 MR 可利用的传输容量很小。尽管如此，MR 对应整个系统的可靠性无疑大于或等于 SR 后的可靠性，这使得 MR 能成为进一步提升系统可靠性的补充方法。那么，如果直接采用 MR 而不是首先采用 SR 会怎样呢？直接使用 MR 不能达到与 SR 相同的效果，这是因为 SR 实际上将盈余性能进行共享，MR 实际上是从无盈余性能的元件进行性能传输。前者能够减少系统元件的不足性能，同时不会增加其他元件的不足性能，而后者则主要转移不足性能，并不能降低系统总不足性能。

接下来对公共总线传输容量进行灵敏度分析。在此，仅变动每个传输容量取值的对应概率，而可能取值的集合保持不变。图 11-6 中对比了 3 种不同情形下的系统可靠性。

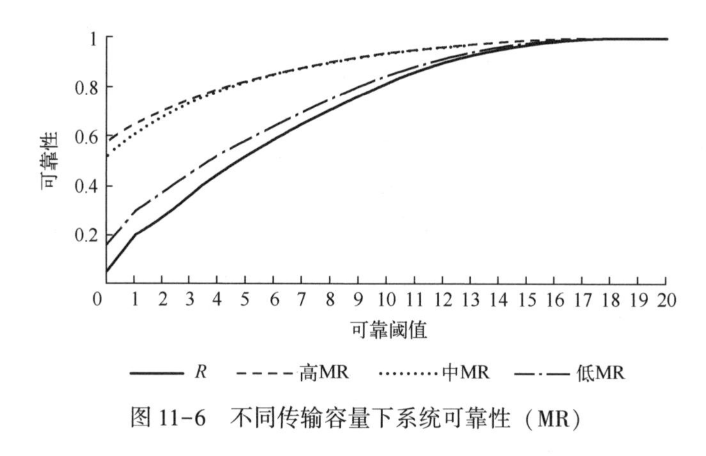

图 11-6 不同传输容量下系统可靠性（MR）

虽然图 11-6 中所有的主要结论与图 11-4 相同。然而最值得关注的是传输容量对 MR-SR 的影响。图 11-7 展示了可靠性差值的变化情况。

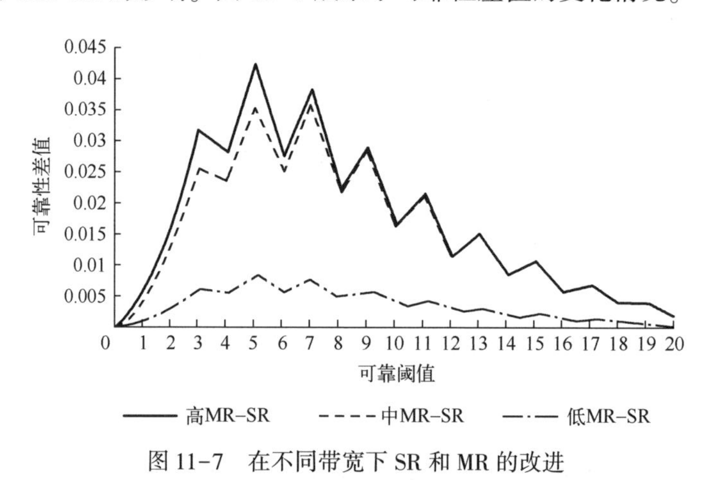

图 11-7 在不同带宽下 SR 和 MR 的改进

由图 11-6 可知，当公共总线传输容量增加时，对可靠性的提高效果会更好。此外，当可靠阈值处于适当水平（不太高也不太低）时，可靠性提升将是最显著的。因为较大的可靠阈值通常使得 MR 的作用弱化，而较小的阈值通常使得 MR 不能满足系统可靠的要求。图 11-8 展示了具有无限传输容量下的可靠性变化情况。

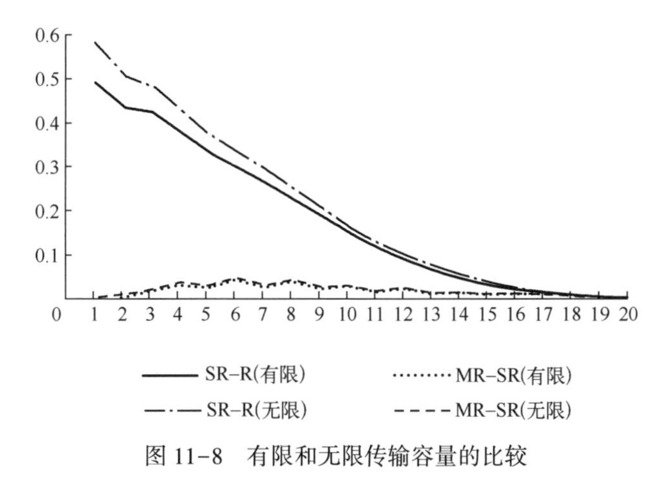

图 11-8　有限和无限传输容量的比较

图 11-8 表明，当传输容量没有限制时，SR 和 MR 都可以更好地利用性能共享机制，从而进一步提高系统可靠性。

11.4　本章总结

本章采用通用生成函数技术分析了具有性能共享机制的加权并联系统可靠性。以往的研究通常假设当系统存在任意元件具有性能不足时，系统失效。然而，在部分系统中，元件的权重可能会有所不同，这使得系统中的某些元件比其他元件更重要。本章所提出系统允许存在一定量的性能不足，直至加权不足性能之和超过预设的阈值。本章考虑了两种性能共享策略：盈余再分配和最大再分配。前者只能传输盈余性能，而后者可以将一个已经存在不足性能元件的性能共享给另一个存在不足性能的元件。运用通用生成函数方法计算了无性能共享的系统可靠性、盈余再分配后的可靠性和最大再分配后的可靠性。

符号及说明列表	
n	元件的数量
G_j,D_j	分别为元件 j 的随机离散性能和需求

续表

符号及说明列表	
W_j	元件 j 的权重
RT	系统最大允许的加权不足性能之和（阈值）
m	系统中自身性能达到需求的元件数量
WS,WF	分别为所有元件的加权盈余性能之和、不足性能之和
TS,TF	分别为盈余性能的总量和不足性能的总量
$v_1,v_2,\cdots,v_n$	按照 SR 重新排序后的元件标号
$\overline{\mathrm{WF}},\overline{\mathrm{TS}},\overline{\mathrm{TF}}$	分别为在 SR 后所有元件的加权不足性能、总盈余性能和总不足性能
$v_1',v_2',\cdots,v_n'$	按照 MR 重新排序的元件标号
T	系统最大性能传输量
$R,R_{\mathrm{SR}},R_{\mathrm{MR}}$	分别对应无性能共享、在 SR 和 MR 下的系统可靠性
$R_{\mathrm{RT=0}},R_{\mathrm{SR}\mid \mathrm{RT=0}},R_{\mathrm{MR}\mid \mathrm{RT=0}}$	当 RT=0 时，分别为在无性能共享、在 SR 下和在 MR 下的系统可靠性
$\overline{G_j},\overline{D_j},\overline{C}$	分别为 G_j、D_j 和 C 可能取值的集合
$g_{j,i},s_{j,i},\eta_l$	分别为 G_j、D_j 和 C 的具体取值
$\Delta_j(z)$	表示元件 j 性能和需求概率质量函数的通用生成函数
$\pi_{j,o}$	联合事件的概率
$f(\cdot)$	可靠性示性函数
A	所有元件的集合
Ω	A 的子集
$U_A(z)$	代表系统性能和需求概率质量函数的通用生成函数
$\overline{U_A(z)}$	代表系统性能、需求和带宽概率质量函数的通用生成函数
$g_{j,o}^{R,\mathrm{SR},\mathrm{MR}},g_{j,o}^{R,\mathrm{SR},\mathrm{MR}}$	G_j、D_j 在分别考虑无性能共享和经过 SR 和 MR 的可靠性的具体取值
$U_A^{R,\mathrm{SR},\mathrm{MR}}(z)$	表示分别考虑了可靠性和 SR 和 MR 后的可靠性的性能、需求和带宽概率质量函数的通用生成函数
$\underset{\varphi}{\otimes},\underset{+}{\otimes},\underset{\Leftrightarrow}{\otimes},\underset{B}{\otimes}$	分别为通用生成函数的算子、乘法算子、包含需求的算子和包含传输容量的算子

第十二章

基于性能共享的分布式计算系统可靠性建模与优化

在计算机领域，传统的集中式系统是将所有的数据、计算以及处理任务全部安排在一台服务器完成，这类系统由于其结构简单、容易备份且不易感染病毒等优点而被广泛应用于任务量较小的场景。但是，随着系统数据量和用户规模的暴增，将多台计算机并行连接的分布式计算机系统[108]不断发展，这类计算系统可以通过分布式结构进行计算资源的分配，同时利用网络进行信息交换以及任务管理，从而帮助用户解决大型计算问题。与传统集中式计算系统相比，采用分布式计算系统具有降低成本、提高计算效率和提升系统可靠性等诸多优点[109]。因此，分布式计算系统已被广泛应用于发电系统[110]、电子传感器系统[111]、硬件系统[112]和软件系统[113]等多个领域。

分布式计算系统的性能可以从效率、成本和可靠性等多个维度进行综合评估。在分布式计算系统中，应用程序被划分为多个任务，并有策略地分配至各台计算机中。因此，分布式计算系统的可靠性定义为：所有任务都能在要求时间内完成的概率[114]。对于如何提高分布式计算系统的可靠性这一问题，现有研究成果主要有三类：①对计算任务进行有策略的分配，即通过确定最优任务分配方案，使得分布式计算系统的可靠性最大化[115]，此外，目前也存在很多提高任务分配效率的算法，以解决任务分配这一 NP 难问题[116-118]。②设置软件冗余，即在不同的计算机（处理器）之间进行数据备份。现有文献在这方面的研究集中于在保持系统可靠性的同时减少数据备份量[119-120]。③设置硬件冗余，即在不同冗余机制的情况下建立各种任务分配模型，以最大限度地提高系统的可靠性[121-123]。

本章将对具有性能共享的分布式计算系统进行可靠性定义和建模，并给出不同任务完成时间函数下的可靠性评估算法。

12.1 问题描述

考虑一个由 M 台异质计算机组成的分布式计算系统，这些计算机通过内部网络连接以便进行实时数据通信和传输，系统结构如图 12-1 所示。除了内部网络以外，每台计算机均连接在一个公共总线上，并且可通过该公共总线进行计算资源（即算力）的共享及分配。对于数据量巨大的应用程序，分布式计算系统通常会事先将其划分为 N 项不同的任务，然后将这些任务分配至 M 台异质计算机之中进行计算。对于计算处理器，通常不会全部采用大型中央计算机，而会通过增设普通高性能计算机的方式降低系统的硬件成本，由于各台计算机的计算性能不同，其计算相同任务所需时间也不同，这也是该系统中计算机异质的原因。随着当前网络技术的高速发展，系统内部数据实时传输速度极快且距离极短，因此，在本章讨论的性能共享机制的分布式计算系统中，假设用于数据通信的局域网为完美网络，即不存在数据传输损耗，并且进行数据通信的时间极短因而忽略不计。

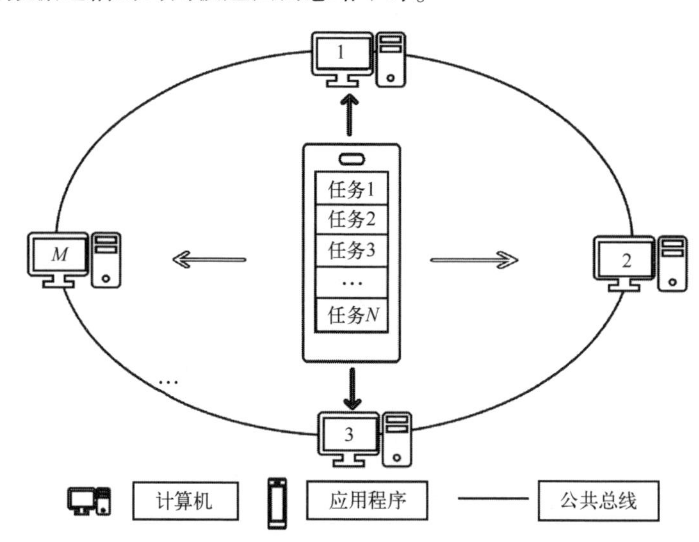

图 12-1　考虑性能共享机制的分布式计算系统结构图

由于每项任务的计算量不完全相同，并且计算机存在异质性，因此，每台计算机处理其所分配的任务的完成时间可能会有较大差异。为了平衡每台计算机所需的算力，所有计算机都连接到公共总线之上，并通过该总线实现算力共享，即在要求时间之前完成自身分配任务的计算机可以将闲置的算力共享至需要更长时间完成任务的计算机。

令 S_j^{DCS}和 D_j^{DCS}分别表示从第 j 台计算机传输至其他计算机的算力总量和传入该台计算机的算力总量。需要注意的是，S_j^{DCS} 和 D_j^{DCS} 均为非负实数且 $\min\{S_j^{\mathrm{DCS}},D_j^{\mathrm{DCS}}\}=0$，该式表明当某台计算机具有闲置算力时，可以将算力共享至其他算力不足的计算机，此时便不需要接收其他计算机的算力，同理，当某台计算机算力不足，需要接收其他计算机的闲置算力时，该计算机无须共享算力。

令 G_j^{DCS}表示第 j 台计算机的算力($j=1,2,\cdots,M$)。在考虑算力共享后，该计算机的剩余算力为 $G_j^{\mathrm{DCS}}-S_j^{\mathrm{DCS}}+D_j^{\mathrm{DCS}}$。每项任务的计算量为确定的 W_i^{DCS}($i=1,2,\cdots,N$)。

令符号 $\boldsymbol{\xi}_j$为全体任务集$\{1,2,\cdots,N\}$的子集，表示分配至第 j 台计算机的任务集，其中$|\boldsymbol{\xi}_j|=\zeta_j$为该台计算机的任务总数。为不失一般性，假设一项任务只能分配至一台计算机之中，即有

$$\boldsymbol{\xi}_j \cap \boldsymbol{\xi}_{j'}=\phi, \quad \forall j,j' \in \{1,2,\cdots,M\},j \neq j' \tag{12-1}$$

每台计算机完成其任务的运行时间可通过时间函数表示为

$$T_j^{\mathrm{DCS}}=f\left(\sum_{\ell_j=1}^{\zeta_j} W_{\boldsymbol{\xi}_j(\ell_j)}^{\mathrm{DCS}},G_j^{\mathrm{DCS}}-S_j^{\mathrm{DCS}}+D_j^{\mathrm{DCS}}\right) \tag{12-2}$$

其中 $\boldsymbol{\xi}_j(\ell_j)$表示集合 $\boldsymbol{\xi}_j \subseteq \{1,2,\cdots,N\}$中第 ℓ_j项任务，且 $\boldsymbol{\xi}_j(\ell_j)$为实际任务数，即 $\boldsymbol{\xi}_j(\ell_j)$为一个整数，并从集合$\{1,2,\cdots,N\}$中取值。

在本系统中，所有任务需要在给定时间 T_0^{DCS}内完成，否则系统将视其应用程序为失效。第 j 台计算机能按时完成所分配任务的概率为

$$P(T_j^{\mathrm{DCS}} \leqslant T_0^{\mathrm{DCS}})=P\left(f\left(\sum_{\ell_j=1}^{\zeta_j} W_{\boldsymbol{\xi}_j(\ell_j)}^{\mathrm{DCS}},G_j^{\mathrm{DCS}}-S_j^{\mathrm{DCS}}+D_j^{\mathrm{DCS}}\right) \leqslant T_0^{\mathrm{DCS}}\right) \tag{12-3}$$

由于，计算机和任务被假设为相互独立，因此，每台计算机均能按时完成所分配任务的概率为

$$R=P\left(\bigcap_{j=1}^{M}(T_j^{\mathrm{DCS}} \leqslant T_0^{\mathrm{DCS}})\right)=\prod_{j=1}^{M} P(T_j^{\mathrm{DCS}} \leqslant T_0^{\mathrm{DCS}}) \tag{12-4}$$

在系统算力共享策略优化中，S_j^{DCS}和 D_j^{DCS}为决策变量。对于给定每台计算机算力的组合$\{G_1^{\mathrm{DCS}},G_2^{\mathrm{DCS}},\cdots,G_M^{\mathrm{DCS}}\}$，不同的 S_j^{DCS}和 D_j^{DCS}取值可能产生不同的系统可靠性 R，该系统可靠性定义为所有计算机均能按时完成自身所分配任务的概率。

由于公共总线的传输能力是有限的，因此，系统算力的传输总额还受到公共总线传输能力的限制。因此，考虑算力共享下分布式计算系统的可靠性定义为：所有计算机在进行算力共享后，均能按时完成自身所有任务的概率。假设公共总线的传输能力为给定值 C，该可靠性可通过求解下列优化问题

获得：

$$\max R = \prod_{j=1}^{M} P(T_j^{\mathrm{DCS}} \leqslant T_0^{\mathrm{DCS}})$$
$$= \prod_{j=1}^{M} P\Big(f\Big(\sum_{\ell_j=1}^{\zeta_j} W_{\xi_j(\ell_j)}^{\mathrm{DCS}}, G_j^{\mathrm{DCS}} - S_j^{\mathrm{DCS}} + D_j^{\mathrm{DCS}}\Big) \leqslant T_0^{\mathrm{DCS}}\Big) \tag{12-5}$$

式中：$S_1^{\mathrm{DCS}}, S_2^{\mathrm{DCS}}, \cdots, S_M^{\mathrm{DCS}}, D_1^{\mathrm{DCS}}, D_2^{\mathrm{DCS}}, \cdots, D_M^{\mathrm{DCS}}$为优化问题的决策变量。该优化问题的限制条件为

$$\text{s.t.}\quad \sum_{j=1}^{M} S_j^{\mathrm{DCS}} = \sum_{j=1}^{M} D_j^{\mathrm{DCS}}$$
$$\sum_{j=1}^{M} S_j^{\mathrm{DCS}} \leqslant C$$
$$\min\{S_j^{\mathrm{DCS}}, D_j^{\mathrm{DCS}}\} = 0$$
$$G_j^{\mathrm{DCS}} - S_j^{\mathrm{DCS}} + D_j^{\mathrm{DCS}} \geqslant 0, \quad \forall j = 1,2,\cdots,M$$

其中，约束条件 $\sum_{j=1}^{M} S_j^{\mathrm{DCS}} = \sum_{j=1}^{M} D_j^{\mathrm{DCS}}$ 表明，系统中所有计算机通过公共总线传输出去的算力总额等于所有计算机接收到的算力总额。不等式 $\sum_{j=1}^{M} S_j^{\mathrm{DCS}} \leqslant C$ 表示整个系统可共享的算力总额受到公共总线传输能力的限制，即最大可共享的算力总额不得超过公共总线的传输能力值 C。$\min\{S_j^{\mathrm{DCS}}, D_j^{\mathrm{DCS}}\} = 0$ 指任意两台计算机之间算力的传输为单向传输，即若一台计算机接收了其他计算机传输的算力，则该台计算机不再共享自身的算力。实际上，对于任意两台计算机之间的算力传输策略，总能找到与双向传输效果相同的单向传输策略，并且该策略所占用的公共总线传输能力更小。因此，在本章研究中，设定系统中任意两台计算机之间的算力传输为单向传输。

12.2 系统可靠性评估算法

通过对式（12-5）所示的优化问题进行求解，便可对分布式计算系统的可靠性进行评估，而求解该优化问题的主要困难是优化模型中目标函数的显式表达式并不存在。因此，将在假设某些特定任务处理时间分布的基础上，推导出系统可靠性的显式表达式。

假设计算机 j 的算力 G_j^{DCS}服从概率密度函数为 $P(G_j^{\mathrm{DCS}} = g_{j,k}) = p_{j,k}$ 的离散分布，其中随机变量 G_j^{DCS}存在 K_j 个状态，且 $\sum_{k=1}^{K_j} p_{j,k} = 1$。此外，每项任务的计算量 W_i^{DCS}为给定常数。

由于系统中计算机的算力为离散随机变量，因此可通过改进通用生成函数的方法，构建性能共享机制的分布式计算系统的可靠性评估算法。第 j 台计算机算力分布的通用生成函数为

$$\mu_j(z) = \sum_{k_j=1}^{K_j} p_{j,k_j} \times z^{[g_{j,k_j}]} \tag{12-6}$$

由于所构建系统包含一个公共总线，以便在各个计算机之间进行算力的分配。每台计算机的算力传输策略随各个计算机算力状态的不同而变化。因此，在求解算力的最优传输策略问题之前，需要先确定计算机的算力状态组合。

以任意两个不同计算机 j 和 j' 为例，其所有算力状态组合的通用生成函数，可通过运算⊕获得，即

$$\begin{aligned} u_{j\cup j'}(z) &= \left(\sum_{k_j=1}^{K_j} p_{j,k_j} \times z^{[g_{j,k_j}]}\right) \oplus \left(\sum_{k_{j'}=1}^{K_{j'}} p_{j,k_{j'}} \times z^{[g_{j,k_{j'}}]}\right) \\ &= \sum_{k_j=1}^{K_j}\sum_{k_{j'}=1}^{K_{j'}} (p_{j,k_j} p_{j,k_{j'}}) \times z^{[g_{j,k_j}, g_{j,k_{j'}}]} \end{aligned} \tag{12-7}$$

为了获得所有计算机的算力状态组合，定义 $U_j(z)$ 表示系统中前 j 台计算机算力状态组合的通用生成函数。在求解该通用生成函数之前，定义其初始化函数 $U_j(z)$ （即 $U_1(z)$）为

$$U_1(z) = \mu_1(z) = \sum_{k_1=1}^{K_1} p_{1,k_1} \times z^{[g_{1,k_1}]} \tag{12-8}$$

因此，对于后续通用生成函数 $U_j(z)\,(j=2,3,\cdots,M)$，都能通过通用生成函数 $U_{j-1}(z)$ 和通用生成函数 $\mu_j(z)$ 的⊕运算求得，即式（12-8）。同时，表示系统所有计算机算力状态组合的通用生成函数 $U_M(z)$ 将通过运用 $M-1$ 次⊕运算求得，即

$$\begin{aligned} U_M(z) &= \oplus\,(U_1(z), \mu_2(z), \cdots, \mu_M(z)) \\ &= \mu_1(z) \oplus \mu_2(z) \oplus \cdots \mu_M(z) \\ &= \sum_{k_1=1}^{K_1} p_{1,k_1} \times z^{[g_{1,k_1}]} \oplus \sum_{k_2=1}^{K_2} p_{2,k_2} \times z^{[g_{2,k_2}]} \oplus \cdots \oplus \sum_{k_M=1}^{K_M} p_{M,k_M} \times z^{[g_{M,k_M}]} \\ &= \sum_{k_1=1}^{K_1}\sum_{k_2=1}^{K_2}\cdots\sum_{k_M=1}^{K_M} p_{1,k_1}p_{2,k_2}\cdots p_{M,k_M} \times z^{[g_{1,k_1}, g_{2,k_2}, \cdots, g_{M,k_M}]} \\ &= \sum_{l_M=1}^{L_M} q_{M,l_M} \times z^{[g_{1,l_M(1)}, g_{2,l_M(2)}, \cdots, g_{M,l_M(M)}]} \end{aligned} \tag{12-9}$$

式中：L_M 为 M 台计算机可能的算力状态组合的总数；q_{M,l_M} 为该系统处于状态 l_M（$1 \leqslant l_M \leqslant L_M$）的概率。需要说明的是，$M$ 台计算机一种可能的算力状态组

合即为该系统的一种状态。

因此，在进行算力共享后，每台计算机完成其所分配任务时间的通用生成函数，可通过运算符 φ 对 $U_M(z)$ 进行如下计算得到：

$$\begin{aligned}&\varphi(U_M(z))\\&=\varphi\left(\sum_{l_M=1}^{L_M} q_{M,l_M}\times z^{[g_{1,l_M(1)},g_{2,l_M(2)},\cdots,g_{M,l_M(M)}]}\right)\\&=\sum_{l_M=1}^{L_M} q_{M,l_M}\times z\left[f\left(\sum_{\ell_1=1}^{\zeta_1}W^{\mathrm{DCS}}_{\xi_1(\ell_1)},g_{1,l_M(1)}-S_1^{\mathrm{DCS}}(l_M)+D_1^{\mathrm{DCS}}(l_M)\right),\cdots,f\left(\sum_{\ell_M=1}^{\zeta_M}W^{\mathrm{DCS}}_{\xi_M(\ell_2)},g_{M,l_M(2)}-S_M^{\mathrm{DCS}}(l_M)+D_M^{\mathrm{DCS}}(l_M)\right)\right]\end{aligned} \tag{12-10}$$

式中：$S_j^{\mathrm{DCS}}(l_M)$ 和 $D_j^{\mathrm{DCS}}(l_M)$ 分别表示当系统状态为 l_M 时，从第 j 台计算机传输至其他计算机的算力总量和传入该台计算机的算力总量。

而当系统状态为 l_M 时，所有计算机能够按时完成自身任务的概率依赖于任务处理的时间函数。当任务处理时间函数为确定型时，该概率可表示为

$$q_{M,l_M}\cdot\prod_{j=1}^{M} I\left(f\left(\sum_{\ell_j=1}^{\zeta_j}W^{\mathrm{DCS}}_{\xi_j(\ell_j)},g_{j,l_M(j)}-S_j^{\mathrm{DCS}}(l_M)+D_j^{\mathrm{DCS}}(l_M)\right)\leqslant T_0^{\mathrm{DCS}}\right) \tag{12-11}$$

其中 $I(x)$ 为示性函数，当 x 为真时，有 $I(x)=1$，否则 $I(x)=0$。

当任务处理时间为随机型时，该概率可表示为

$$q_{M,l_M}\cdot\prod_{j=1}^{M} P\left(f\left(\sum_{\ell_j=1}^{\zeta_j}W^{\mathrm{DCS}}_{\xi_j(\ell_j)},g_{j,l_M(j)}-S_j^{\mathrm{DCS}}(l_M)+D_j^{\mathrm{DCS}}(l_M)\right)\leqslant T_0^{\mathrm{DCS}}\right) \tag{12-12}$$

对于系统状态 l_M 的某个给定取值，不同的算力共享策略，即 $S_j^{\mathrm{DCS}}(l_M)$ 和 $D_j^{\mathrm{DCS}}(l_M)$ 不同的可行值，可能产生不同的系统可靠性 R。因此，在最优算力共享策略确定后，当任务处理时间函数为确定型时，系统可靠性为

$$R=\sum_{l_M=1}^{L_M} q_{M,l_M}\cdot\prod_{j=1}^{M} I\left(f\left(\sum_{\ell_j=1}^{\zeta_j}W^{\mathrm{DCS}}_{\xi_j(\ell_j)},g_{j,l_M(j)}-S_j^{\mathrm{DCS}*}(l_M)+D_j^{\mathrm{DCS}*}(l_M)\right)\leqslant T_0^{\mathrm{DCS}}\right) \tag{12-13}$$

当任务处理时间函数为随机型时，系统可靠性为

$$R=\sum_{l_M=1}^{L_M} q_{M,l_M}\cdot\prod_{j=1}^{M} P\left(f\left(\sum_{\ell_j=1}^{\zeta_j}W^{\mathrm{DCS}}_{\xi_j(\ell_j)},g_{j,l_M(j)}-S_j^{\mathrm{DCS}*}(l_M)+D_j^{\mathrm{DCS}*}(l_M)\right)\leqslant T_0^{\mathrm{DCS}}\right) \tag{12-14}$$

式中：$S_1^{\mathrm{DCS}*}(l_M)$，$S_2^{\mathrm{DCS}*}(l_M)$，…，$S_M^{\mathrm{DCS}*}(l_M)$，$D_1^{\mathrm{DCS}*}(l_M)$，$D_2^{\mathrm{DCS}*}(l_M)$，…，$D_M^{\mathrm{DCS}*}(l_M)$ 为当系统处于状态 l_M 时，其最优决策变量 $S_1^{\mathrm{DCS}}(l_M),S_2^{\mathrm{DCS}}(l_M),\cdots,S_M^{\mathrm{DCS}}(l_M),D_1^{\mathrm{DCS}}(l_M),D_2^{\mathrm{DCS}}(l_M),\cdots,D_M^{\mathrm{DCS}}(l_M)$。

综上，算法 12-1 展示了如何对目标函数值进行求解。

算法 12-1　具有性能共享机制的分布式计算系统可靠性评估算法

1. 给定每台计算机算力的概率密度函数，每项任务的工作量$\{W_1^{DCS}, W_2^{DCS}, \cdots, W_M^{DCS}\}$，每台计算机的任务分配$\{\boldsymbol{\xi}_1, \boldsymbol{\xi}_2, \cdots, \boldsymbol{\xi}_M\}$，明确任务处理时间函数$f(\cdot)$以及系统时间$T_0^{DCS}$
2. **for** $j=1,2,\cdots,M$
3. 运用式（12-6）构建$\mu_j(z) = \sum_{k_j=1}^{K_j} p_{j,k_j} \times z^{[g_{j,k_j}]}$
4. **end for**
5. 运用式（12-8）初始化$U_1(z)=\mu_1(z)$
6. **for** $j=1,2,\cdots,M$
7. 通过式（12-7），对通用生成函数$U_{j-1}(z)$和通用生成函数$\mu_j(z)$进行$\oplus$运算，生成系统前j台计算机算力状态组合的通用生成函数$U_j(z)$
8. **end for**
9. 获得系统所有计算机算力状态的组合
10. 在考虑算力共享后，应用运算符φ对通用生成函数$U_N(z)$进行如式（12-10）所示的运算，以获得每台计算机完成其所分配任务的时间的通用生成函数
11. 对于系统每个状态，均确定如式（12-5）所示的最优算力共享策略
12. 对于特定的任务处理时间函数，选择相应的公式［如式（12-13）(确定型）或式（12-14）(随机型）］计算系统可靠性

12.3　特定任务处理时间函数下的系统可靠性分析

算法 12-1 总结了 12.1 节和 12.2 节的推导过程，提供了计算系统可靠性的算法。然而该算法中，第j台计算机在给定算力的情况下，处理任务的时间仅用抽象函数表示，在实际应用中，可以通过拟合历史数据来估计该函数的显式表达式。本节提供了两个具体的任务处理时间函数，以便进一步完善系统可靠性的推导及计算过程。

1. 常数函数

在此情形下，任务处理时间函数为确定型，每台计算机完成任务的时间函数如下所示：

$$T_j^{DCS} = f\left(\sum_{\ell_j=1}^{\zeta_j} W_{\xi_j(\ell_j)}^{DCS}, G_j^{DCS} - S_j^{DCS} + D_j^{DCS}\right) = \frac{\sum_{\ell_j=1}^{\zeta_j} W_{\xi_j(\ell_j)}^{DCS}}{G_j^{DCS} - S_j^{DCS} + D_j^{DCS}} \tag{12-15}$$

式中：$G_j^{\mathrm{DCS}}-S_j^{\mathrm{DCS}}+D_j^{\mathrm{DCS}}$为算力共享后第 j 台计算机拥有的算力。因此，该函数表明第 j 台计算机完成任务的时间与其所分配任务的工作量成正比，与算力成反比。

该计算机能够按时处理其所分配任务的概率为

$$I\left(f\left(\sum_{\ell_j=1}^{\zeta_j} W_{\xi_j(\ell_j)}^{\mathrm{DCS}}, G_j^{\mathrm{DCS}} - S_j^{\mathrm{DCS}} + D_j^{\mathrm{DCS}}\right) \leqslant T_0^{\mathrm{DCS}}\right) = I\left(\frac{\sum_{\ell_j=1}^{\zeta_j} W_{\xi_j(\ell_j)}^{\mathrm{DCS}}}{G_j^{\mathrm{DCS}} - S_j^{\mathrm{DCS}} + D_j^{\mathrm{DCS}}} \leqslant T_0^{\mathrm{DCS}}\right) \tag{12-16}$$

因此，由式（12-11）可得，当系统处于状态 l_M时，所有计算机均能够按时完成自身任务的概率为

$$q_{M,l_M} \cdot \prod_{j=1}^{M} I\left(\frac{\sum_{\ell_j=1}^{\zeta_j} W_{\xi_j(\ell_j)}^{\mathrm{DCS}}}{G_j^{\mathrm{DCS}} - S_j^{\mathrm{DCS}} + D_j^{\mathrm{DCS}}} \leqslant T_0^{\mathrm{DCS}}\right) \tag{12-17}$$

2. 指数函数

假设任务处理时间函数为指数函数，即第 j 台计算机完成其所分配任务的时间服从指数分布，对应的概率密度函数为

$$\frac{G_j^{\mathrm{DCS}} - S_j^{\mathrm{DCS}} + D_j^{\mathrm{DCS}}}{\sum_{\ell_j=1}^{\zeta_j} W_{\xi_j(\ell_j)}^{\mathrm{DCS}}} \cdot \exp\left(-\left(\frac{G_j^{\mathrm{DCS}} - S_j^{\mathrm{DCS}} + D_j^{\mathrm{DCS}}}{\sum_{\ell_j=1}^{\zeta_j} W_{\xi_j(\ell_j)}^{\mathrm{DCS}}}\right) t_j^{\mathrm{DCS}}\right), \quad t_j^{\mathrm{DCS}} > 0 \tag{12-18}$$

那么，该计算机能够按时完成所分配任务的概率为

$$\begin{aligned} & P\left(f\left(\sum_{\ell_j=1}^{\zeta_j} W_{\xi_j(\ell_j)}^{\mathrm{DCS}}, G_j^{\mathrm{DCS}} - S_j^{\mathrm{DCS}} + D_j^{\mathrm{DCS}}\right) \leqslant T_0^{\mathrm{DCS}}\right) \\ & = 1 - \exp\left(-\left(\frac{G_j^{\mathrm{DCS}} - S_j^{\mathrm{DCS}} + D_j^{\mathrm{DCS}}}{\sum_{\ell_j=1}^{\zeta_j} W_{\xi_j(\ell_j)}^{\mathrm{DCS}}}\right) T_0^{\mathrm{DCS}}\right) \end{aligned} \tag{12-19}$$

同理，由式（12-12）可得，当系统状态为 l_M时，所有计算机均能够按时完成自身任务的概率为

$$\begin{aligned} & q_{M,l_M} \cdot \prod_{j=1}^{M} P\left(f\left(\sum_{\ell_j=1}^{\zeta_j} W_{\xi_j(\ell_j)}^{\mathrm{DCS}}, G_j^{\mathrm{DCS}} - S_j^{\mathrm{DCS}} + D_j^{\mathrm{DCS}}\right) \leqslant T_0^{\mathrm{DCS}}\right) \\ & = q_{M,l_M} \cdot \prod_{j=1}^{M} \left(1 - \exp\left(-\left(\frac{G_j^{\mathrm{DCS}} - S_j^{\mathrm{DCS}} + D_j^{\mathrm{DCS}}}{\sum_{\ell_j=1}^{\zeta_j} W_{\xi_j(\ell_j)}^{\mathrm{DCS}}}\right) T_0^{\mathrm{DCS}}\right)\right) \end{aligned} \tag{12-20}$$

12.4　算例分析

为展示所提出模型和算法的应用，本节将通过一个简单的例子说明在两种任务处理时间函数（常数函数和指数函数）下如何计算系统的可靠性。

考虑一个由3台计算机组成的分布式计算系统，系统中的计算机连接在一个传输能力 $C=3$ 的公共总线上并进行算力共享。每台计算机算力的概率分布如表12-1所列。一个应用程序被划分为 $N=6$ 份任务，每份任务的工作量如表12-2所列，任务的分配情况为 $\xi_1=\{1,2\}$，$\xi_2=\{3,4\}$，$\xi_3=\{5,6\}$。如果系统中每台计算机均能在 $T_0^{\mathrm{DCS}}=3$ 时间内完成自身所有任务，则该系统可靠。

表12-1　每台计算机的算力分布

计算机	1	2	3
算力	{0,5}	{0,3}	{0,6}
概率	{0.4,0.6}	{0.3,0.7}	{0.3,0.7}

表12-2　任务的工作量表

任务	1	2	3	4	5	6
工作量	1	2	2	1	3	2

由式（12-6）可计算出每台计算机算力分布的通用生成函数，结果如下所示：

$$\mu_1=0.4z^0+0.6z^5,\quad \mu_2=0.3z^0+0.7z^3,\quad \mu_3=0.3z^0+0.7z^6$$

为获得所有计算机算力状态组合的通用生成函数，设初始化的通用生成函数 $U_1(z)$ 为

$$U_1(z)=\mu_1(z)=0.4z^0+0.6z^5$$

通过运算符 $\oplus$ 可推导出第一台计算机和第二台计算机算力状态组合的通用生成函数，即

$$\begin{aligned}U_2(z)&=\oplus(U_1(z),\mu_2(z))\\&=\oplus(0.4z^0+0.6z^5,0.3z^0+0.7z^3)\\&=0.12z^{[0,0]}+0.28z^{[0,3]}+0.18z^{[5,0]}+0.42z^{[5,3]}\end{aligned}$$

那么，所有计算机的算力状态组合的通用生成函数为

$$\begin{aligned}U_3(z)&=\oplus(U_2(z),\mu_3(z))\\&=\oplus(0.12z^{[0,0]}+0.28z^{[0,3]}+0.18z^{[5,0]}+0.42z^{[5,3]},0.3z^0+0.7z^6)\\&=0.036z^{[0,0,0]}+0.084z^{[0,0,6]}+0.084z^{[0,3,0]}+0.196z^{[0,3,6]}\end{aligned}$$

$$+0.054z^{[5,0,0]}+0.126z^{[5,0,6]}+0.126z^{[5,3,0]}+0.294z^{[5,3,6]}$$

1. 常数函数

由于每台计算机完成其所分配任务的时间为如式（12-15）所示的常数函数，所以，在考虑算力共享后，每台计算机处理时间的通用生成函数为

$$\begin{aligned}
&\varphi(U_3(z))\\
&=\varphi(0.036z^{[0,0,0]}+0.084z^{[0,0,6]}+0.084z^{[0,3,0]}+0.196z^{[0,3,6]}\\
&\quad+0.054z^{[5,0,0]}+0.126z^{[5,0,6]}+0.126z^{[5,3,0]}+0.294z^{[5,3,6]})\\
&=0.036z\left[\tfrac{1+2}{0-S_1^{\mathrm{DCS}}+D_1^{\mathrm{DCS}}},\tfrac{2+1}{0-S_2^{\mathrm{DCS}}+D_2^{\mathrm{DCS}}},\tfrac{3+2}{0-S_3^{\mathrm{DCS}}+D_3^{\mathrm{DCS}}}\right]+0.084z\left[\tfrac{1+2}{0-S_1^{\mathrm{DCS}}+D_1^{\mathrm{DCS}}},\tfrac{2+1}{0-S_2^{\mathrm{DCS}}+D_2^{\mathrm{DCS}}},\tfrac{3+2}{6-S_3^{\mathrm{DCS}}+D_3^{\mathrm{DCS}}}\right]\\
&\quad+0.084z\left[\tfrac{1+2}{0-S_1^{\mathrm{DCS}}+D_1^{\mathrm{DCS}}},\tfrac{2+1}{3-S_2^{\mathrm{DCS}}+D_2^{\mathrm{DCS}}},\tfrac{3+2}{0-S_3^{\mathrm{DCS}}+D_3^{\mathrm{DCS}}}\right]+0.196z\left[\tfrac{1+2}{0-S_1^{\mathrm{DCS}}+D_1^{\mathrm{DCS}}},\tfrac{2+1}{3-S_2^{\mathrm{DCS}}+D_2^{\mathrm{DCS}}},\tfrac{3+2}{6-S_3^{\mathrm{DCS}}+D_3^{\mathrm{DCS}}}\right]\\
&\quad+0.054z\left[\tfrac{1+2}{5-S_1^{\mathrm{DCS}}+D_1^{\mathrm{DCS}}},\tfrac{2+1}{0-S_2^{\mathrm{DCS}}+D_2^{\mathrm{DCS}}},\tfrac{3+2}{0-S_3^{\mathrm{DCS}}+D_3^{\mathrm{DCS}}}\right]+0.126z\left[\tfrac{1+2}{5-S_1^{\mathrm{DCS}}+D_1^{\mathrm{DCS}}},\tfrac{2+1}{0-S_2^{\mathrm{DCS}}+D_2^{\mathrm{DCS}}},\tfrac{3+2}{6-S_3^{\mathrm{DCS}}+D_3^{\mathrm{DCS}}}\right]\\
&\quad+0.126z\left[\tfrac{1+2}{5-S_1^{\mathrm{DCS}}+D_1^{\mathrm{DCS}}},\tfrac{2+1}{3-S_2^{\mathrm{DCS}}+D_2^{\mathrm{DCS}}},\tfrac{3+2}{0-S_3^{\mathrm{DCS}}+D_3^{\mathrm{DCS}}}\right]+0.294z\left[\tfrac{1+2}{5-S_1^{\mathrm{DCS}}+D_1^{\mathrm{DCS}}},\tfrac{2+1}{3-S_2^{\mathrm{DCS}}+D_2^{\mathrm{DCS}}},\tfrac{3+2}{6-S_3^{\mathrm{DCS}}+D_3^{\mathrm{DCS}}}\right]
\end{aligned}$$

其中，算力传输策略 S_j^{DCS} 和 D_j^{DCS} 为决策变量。

对于系统状态的每一种可能取值，在确定最优策略 $S_j^{\mathrm{DCS}*}$ 和 $D_j^{\mathrm{DCS}*}$ 后，每台计算机按时完成自身任务的概率便可通过式（12-11）计算得出。由于篇幅限制，以上述等式中最后一项为例，即 $0.294z\left[\tfrac{1+2}{5-S_1^{\mathrm{DCS}}+D_1^{\mathrm{DCS}}},\tfrac{2+1}{3-S_2^{\mathrm{DCS}}+D_2^{\mathrm{DCS}}},\tfrac{3+2}{6-S_3^{\mathrm{DCS}}+D_3^{\mathrm{DCS}}}\right]$。此时系统状态为 $G_1^{\mathrm{DCS}}=5$、$G_2^{\mathrm{DCS}}=3$ 和 $G_3^{\mathrm{DCS}}=6$，则每台计算机的处理时间不超过规定时间 $T_0^{\mathrm{DCS}}=3$ 的概率为

$$\begin{aligned}
&0.294\times\prod_{j=1}^{3}I(T_j\leqslant T_0)\\
&=0.294\times I\left(\frac{1+2}{5-S_1^{\mathrm{DCS}}+D_1^{\mathrm{DCS}}}\leqslant 3\right)\times I\left(\frac{2+1}{3-S_2^{\mathrm{DCS}}+D_2^{\mathrm{DCS}}}\leqslant 3\right)\\
&\quad\times I\left(\frac{3+2}{6-S_3^{\mathrm{DCS}}+D_3^{\mathrm{DCS}}}\leqslant 3\right)
\end{aligned}$$

通过求解式（12-5）所示的优化问题可使上述概率最大化。值得注意的是，在常数函数的情形下，所有使得示性函数等于 1 的可行决策变量 S_j^{DCS} 和 D_j^{DCS} 均为最优解 $S_j^{\mathrm{DCS}*}$ 和 $D_j^{\mathrm{DCS}*}$。如果不能找到可行解使得每个示性函数都等于 1，则上述概率等于 0，这意味着并非所有计算机都能在系统要求时间内完成其所分配的任务。在这个例子中，对于 $j=1,2,3$，当 $S_j^{\mathrm{DCS}}=0$ 和 $D_j^{\mathrm{DCS}}=0$ 时：

$$\begin{aligned}
&I\left(\frac{1+2}{5-0+0}\leqslant 3\right)\cdot I\left(\frac{2+1}{3-0+0}\leqslant 3\right)\cdot I\left(\frac{3+2}{6-0+0}\leqslant 3\right)\\
&=I(0.6\leqslant 3)\cdot I(1\leqslant 3)\cdot I(0.833\leqslant 2)\\
&=1
\end{aligned}$$

因此，在该状态下，所有计算机均能按时完成自身任务的概率为 0.294。

同理，当系统处于其他状态时，按照上述步骤可求解出对应概率，所以系统可靠性为

$$
\begin{aligned}
R &= 0.036\times0+0.084\times1+0.084\times0+0.196\times1+0.054\times1+0.126\times1 \\
&\quad +0.126\times1+0.294\times1 \\
&= 0.084+0.196+0.054+0.126+0.126+0.294 \\
&= 0.88
\end{aligned}
$$

2. 指数函数

此时，每台计算机任务处理时间的通用生成函数可通过运用运算符 φ 进行求解：

$$
\begin{aligned}
&\varphi(U_3(z)) \\
&=\varphi(0.036z^{[0,0,0]}+0.084z^{[0,0,6]}+0.084z^{[0,3,0]}+0.196z^{[0,3,6]} \\
&\quad +0.054z^{[5,0,0]}+0.126z^{[5,0,6]}+0.126z^{[5,3,0]}+0.294z^{[5,3,6]}) \\
&=0.036z\left[\frac{0-S_1+D_1}{1+2}\cdot e^{-\left(\frac{0-S_1+D_1}{1+2}\right)t_1},\frac{0-S_2+D_2}{2+1}\cdot e^{-\left(\frac{0-S_2+D_2}{2+1}\right)t_2},\frac{0-S_3+D_3}{3+2}\cdot e^{-\left(\frac{0-S_3+D_3}{3+2}\right)t_3}\right] \\
&\quad +0.084z\left[\frac{0-S_1+D_1}{1+2}\cdot e^{-\left(\frac{0-S_1+D_1}{1+2}\right)t_1},\frac{0-S_2+D_2}{2+1}\cdot e^{-\left(\frac{0-S_2+D_2}{2+1}\right)t_2},\frac{6-S_3+D_3}{3+2}\cdot e^{-\left(\frac{6-S_3+D_3}{3+2}\right)t_3}\right] \\
&\quad +0.084z\left[\frac{0-S_1+D_1}{1+2}\cdot e^{-\left(\frac{0-S_1+D_1}{1+2}\right)t_1},\frac{3-S_2+D_2}{2+1}\cdot e^{-\left(\frac{3-S_2+D_2}{2+1}\right)t_2},\frac{0-S_3+D_3}{3+2}\cdot e^{-\left(\frac{0-S_3+D_3}{3+2}\right)t_3}\right] \\
&\quad +0.196z\left[\frac{0-S_1+D_1}{1+2}\cdot e^{-\left(\frac{0-S_1+D_1}{1+2}\right)t_1},\frac{3-S_2+D_2}{2+1}\cdot e^{-\left(\frac{3-S_2+D_2}{2+1}\right)t_2},\frac{6-S_3+D_3}{3+2}\cdot e^{-\left(\frac{6-S_3+D_3}{3+2}\right)t_3}\right] \\
&\quad +0.054z\left[\frac{5-S_1+D_1}{1+2}\cdot e^{-\left(\frac{5-S_1+D_1}{1+2}\right)t_1},\frac{0-S_2+D_2}{2+1}\cdot e^{-\left(\frac{0-S_2+D_2}{2+1}\right)t_2},\frac{0-S_3+D_3}{3+2}\cdot e^{-\left(\frac{0-S_3+D_3}{3+2}\right)t_3}\right] \\
&\quad +0.126z\left[\frac{5-S_1+D_1}{1+2}\cdot e^{-\left(\frac{5-S_1+D_1}{1+2}\right)t_1},\frac{0-S_2+D_2}{2+1}\cdot e^{-\left(\frac{0-S_2+D_2}{2+1}\right)t_2},\frac{6-S_3+D_3}{3+2}\cdot e^{-\left(\frac{6-S_3+D_3}{3+2}\right)t_3}\right] \\
&\quad +0.126z\left[\frac{5-S_1+D_1}{1+2}\cdot e^{-\left(\frac{5-S_1+D_1}{1+2}\right)t_1},\frac{3-S_2+D_2}{2+1}\cdot e^{-\left(\frac{3-S_2+D_2}{2+1}\right)t_2},\frac{0-S_3+D_3}{3+2}\cdot e^{-\left(\frac{0-S_3+D_3}{3+2}\right)t_3}\right] \\
&\quad +0.294z\left[\frac{5-S_1+D_1}{1+2}\cdot e^{-\left(\frac{5-S_1+D_1}{1+2}\right)t_1},\frac{3-S_2+D_2}{2+1}\cdot e^{-\left(\frac{3-S_2+D_2}{2+1}\right)t_2},\frac{6-S_3+D_3}{3+2}\cdot e^{-\left(\frac{6-S_3+D_3}{3+2}\right)t_3}\right]
\end{aligned}
$$

仍然以上式中最后一项为例，此时系统状态为 $G_1^{\mathrm{DCS}}=5$、$G_2^{\mathrm{DCS}}=3$ 和 $G_3^{\mathrm{DCS}}=6$，则每台计算机的处理时间不超过规定时间 $T_0^{\mathrm{DCS}}=3$ 的概率可通过式（12-20）计算为

$$
\begin{aligned}
&0.294P(f(1+2,5-S_1^{\mathrm{DCS}}+D_1^{\mathrm{DCS}})\leqslant3)\cdot P(f(2+1,3-S_2^{\mathrm{DCS}}+D_2^{\mathrm{DCS}})\leqslant3) \\
&\quad \cdot P(f(3+2,6-S_3^{\mathrm{DCS}}+D_3^{\mathrm{DCS}})\leqslant3) \\
&=0.294\left[1-e^{-\left(\frac{5-S_1^{\mathrm{DCS}}+D_1^{\mathrm{DCS}}}{3}\right)\cdot 3}\right]\cdot\left[1-e^{-\left(\frac{3-S_2^{\mathrm{DCS}}+D_2^{\mathrm{DCS}}}{3}\right)\cdot 3}\right]\cdot\left[1-e^{-\left(\frac{6-S_3^{\mathrm{DCS}}+D_3^{\mathrm{DCS}}}{5}\right)\cdot 3}\right]
\end{aligned}
$$

通过求解式（12-5）中优化问题可确定最优算力传输策略，求得最优解为 $S_1^{\mathrm{DCS}*}=0.9549$、$D_1^{\mathrm{DCS}*}=0$、$S_2^{\mathrm{DCS}*}=0$、$D_2^{\mathrm{DCS}*}=1.0451$、$S_3^{\mathrm{DCS}*}=0.0902$、$D_3^{\mathrm{DCS}*}=0$，对应的概率为

$$
\left[1-e^{-\left(\frac{5-0.9549+0}{3}\right)\cdot 3}\right]\cdot\left[1-e^{-\left(\frac{3-0+1.0451}{3}\right)\cdot 3}\right]\cdot\left[1-e^{-\left(\frac{6-0.0902+0}{5}\right)\cdot 3}\right]
$$

$=0.9825\times0.9825\times0.9712$

$=0.9374$

因此，系统在该状态下，所有计算机均按时完成自身任务的概率为 $0.294\times0.9374=0.2756$。

同理，可按照上述步骤求解系统在其他状态下的对应概率，最终可得系统可靠性为

$$
\begin{aligned}
R &= 0.036\times0+0.084\times0.5038+0.084\times0+0.196\times0.7699 \\
&\quad +0.054\times0+0.126\times0.8606+0.126\times0.7033+0.294\times0.9374 \\
&= 0+0.0423+0+0.1509+0+0.1084+0.0886+0.2756 \\
&= 0.6658
\end{aligned}
$$

12.5 数值实验

在本节中，将以一组性能共享机制的分布式计算系统的数值实验来说明前面提出的系统可靠性评估算法。此外，还分别考虑了任务处理时间函数为常数函数和指数函数两种情况。

考虑一个具有性能共享的分布式计算系统，该系统结构如图 12-2 所示。系统中包含有 10 台计算机且均通过一条公共总线连接，每台计算机算力概率分布如表 12-3 所列。一个应用程序被划分为 24 份任务，并以一定策略分配至 10 台计算机进行计算，任务的分配方案为 $\boldsymbol{\xi}_1=\{1,2\}$、$\boldsymbol{\xi}_2=\{3,4\}$、$\boldsymbol{\xi}_3=\{5,6\}$、$\boldsymbol{\xi}_4=\{7,8,9\}$、$\boldsymbol{\xi}_5=\{10,11\}$、$\boldsymbol{\xi}_6=\{12,13\}$、$\boldsymbol{\xi}_7=\{14,15,16\}$、$\boldsymbol{\xi}_8=\{17,18\}$、$\boldsymbol{\xi}_9=\{19,20,21\}$、$\boldsymbol{\xi}_{10}=\{22,23,24\}$。每份任务的工作量如表 12-4 所列。根据表 12-4 可知，每台计算机的总工作量分别为 $\sum W_{\xi_1}^{\mathrm{DCS}}=7.5$、$\sum W_{\xi_2}^{\mathrm{DCS}}=15$、

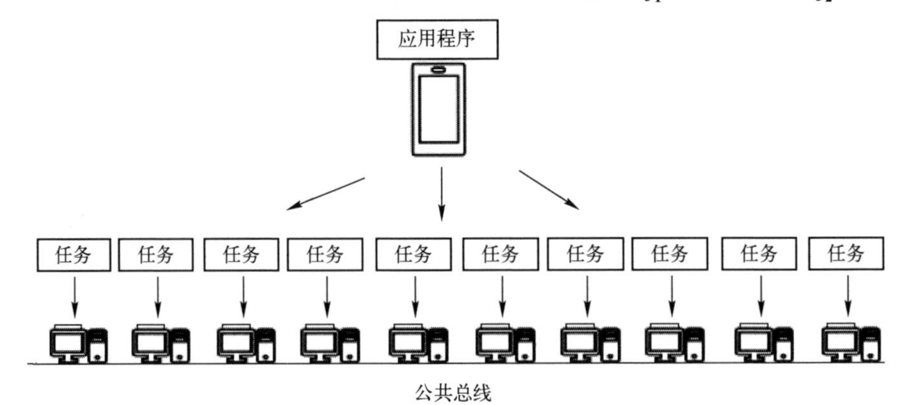

图 12-2 具有公共总线的分布式计算系统案例结构图

$\sum W_{\xi_3}^{DCS}=12.5$、$\sum W_{\xi_4}^{DCS}=20$、$\sum W_{\xi_5}^{DCS}=15$、$\sum W_{\xi_6}^{DCS}=10$、$\sum W_{\xi_7}^{DCS}=25$、$\sum W_{\xi_8}^{DCS}=12.5$、$\sum W_{\xi_9}^{DCS}=17.5$、$\sum W_{\xi_{10}}^{DCS}=15$。

表 12-3　多态计算机算力的概率分布表

G_1		G_2		G_3		G_4		G_5	
p	g	p	g	p	g	p	g	p	g
0.4	10	0.6	20	0.5	20	0.7	10	0.5	30
0.3	5	0.3	10	0.5	10	0.3	5	0.3	10
0.3	0	0.1	0	—	—	—	—	0.2	0
G_6		G_7		G_8		G_9		G_{10}	
p	g	p	g	p	g	p	g	p	g
0.3	20	0.6	30	0.7	20	0.8	30	0.9	35
0.4	10	0.4	20	0.3	10	0.2	25	0.1	30
0.3	5	—	—	—	—	—	—	—	—

表 12-4　每份任务的工作量

W_1	2.5	W_6	10	W_{11}	10	W_{16}	2.5	W_{21}	2.5
W_2	5	W_7	5	W_{12}	2.5	W_{17}	5	W_{22}	2.5
W_3	5	W_8	7.5	W_{13}	7.5	W_{18}	7.5	W_{23}	7.5
W_4	10	W_9	7.5	W_{12}	10	W_{19}	10	W_{24}	5
W_5	2.5	W_{10}	5	W_{15}	12.5	W_{20}	5		

12.5.1　常数函数

如式（12-15）所示，假设每台计算机完成自身所分配任务的处理时间为常数函数。为了分析公共总线传输能力对系统可靠性的影响，固定系统要求时间 $T_0^{DCS}=2$，并且将公共总线传输能力 C 从 5 变动至 40。对应结果如表 12-5 所列，从该表可知，增加公共总线的传输能力能够提高系统可靠性。图 12-3 展示了在任务处理时间函数为常数函数的情况下，公共总线传输能力和系统要求时间对系统可靠性的影响。

表 12-5　在常数函数情形下公共总线传输能力对系统可靠性的影响

C	R	C	R
5	0.7352	25	0.8721
10	0.8172	30	0.8972
15	0.8351	35	0.9334
20	0.8670	40	0.9531

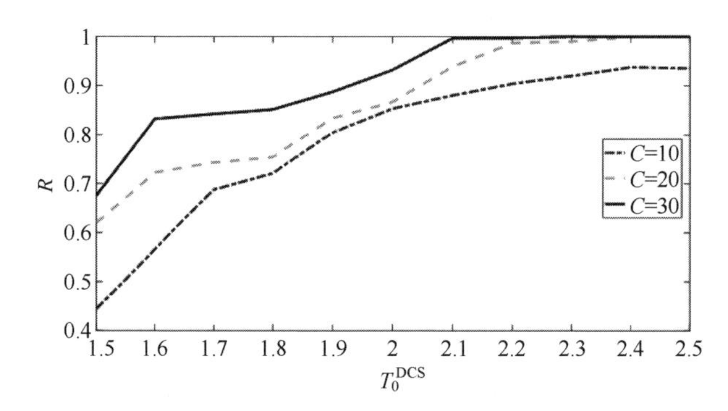

图 12-3 在常数函数和不同传输能力下系统可靠性随T_0^{DCS}增加的变化图

12.5.2 指数函数

在这种情况下，每台计算机完成自身任务的处理时间均为指数函数。表 12-6 显示了在固定系统要求时间为 $T_0^{DCS}=2$ 的条件下，增加公共总线传输能力时系统可靠性的变化情况。可以看出，无论任务处理时间函数为确定型还是随机型，系统可靠性都随着公共总线传输能力的增加而提高。图 12-4 描述了不同传输能力下的系统可靠性随时间 T_0^{DCS}增加的变化情况。

表 12-6 在指数函数情形下公共总线传输能力对系统可靠性的影响

C	R	C	R
5	0.4427	25	0.7044
10	0.5395	30	0.7305
15	0.6107	35	0.7459
20	0.6663	40	0.7561

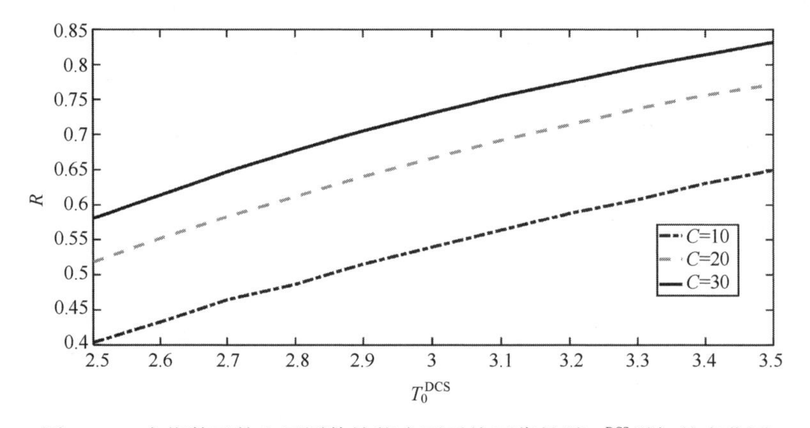

图 12-4 在指数函数和不同传输能力下系统可靠性随 T_0^{DCS}增加的变化图

12.6 本章总结

本章提出了一个基于性能共享的分布式计算系统，即多个计算机连接在一个公共总线上，并可以自由地传输算力，同时受公共总线传输容量的限制，总传输算力不能超过最大传输容量。当且仅当每个计算机在考虑计算能力共享的前提下，能够在规定的时间内完成分配的任务时，系统才是可靠的。由于不同的性能共享策略会导致不同的系统成功完成任务的概率，本章提出了一个最优性能共享模型，以最大化每个计算机在预定时间前完成任务的概率。通过求解该优化模型，可以确定系统在任何给定状态下是可靠的还是失效的。为了计算系统的可靠性，通过扩展通用生成函数技术，提出了一种可靠性评估算法。进一步分析了系统在确定性和随机性两种执行时间函数下的可靠性。数值实验结果表明，增加公共总线传输容量和确定最优任务分配可以提高系统的可靠性。

符号及说明列表	
N	处理器的数量
M	任务数量
S_j	由第 j 个处理器输出的算力总量
D_j	传输到第 j 个处理器的算力总量
G_j	第 j 个处理器的传输能力
W_i	第 i 个任务的工作量
ξ_j	分配给第 j 个处理器的任务集合
ζ_j	集合 ξ_j 的大小
T_j	分配给第 j 个处理器的任务总执行时间
T_0	所有任务必须完成的预定时间
K_j	随机变量 G_j 的状态数
$p_{j,k}$	G_j 在状态 k 的概率
$g_{j,k}$	当系统处于状态 k 时，G_j 的取值

第十三章

基于性能共享的电网系统可靠性建模与维修优化

电力不仅在我们的日常生活中扮演着重要的角色，而且对于诸如工业、通信和交通等世界的各个方面都是不可或缺的。用电量每天都在增加，根据国际能源署，全球电力需求预期到2040年将增加60%。不断增加的电力需求给政府和发电厂都带来了巨大的挑战。为了应对该挑战，发电能力近几年已经显著增加。然而电力需求不是恒定的，而是随着时间动态性地变化的。过多的发电会产生盈余的电力，这些电力必须通过电网储存传输到其他地方。然而，储存是非常昂贵的，而且部分电力将在传输过程中丢失。因此，实现区域电网的电力供需平衡具有重要意义。

鉴于此，学术界提出了不同的方法来平衡电力需求和供应。例如，建立最优潮流模型，以确定已承诺发电机组按小时的最优调度[124-127]；实施需求响应（demand response，DR）计划，鼓励用户优化其消费模式，降低消费成本[128-130]。实际上，发电厂和终端用户通过网络连接起来，即电网。电网系统通过电力可调度来帮助消费者克服间歇性和不可预测的高需求的缺点[131-132]。因此，本章将可靠性模型应用于电网系统中，建立了考虑不同区域电力共享的电网可靠性模型。通过扩展通用生成函数技术，提出了一种适用于通用电网的可靠性评估算法，确定区域网络内的最优输电策略和最优电力供应来实现电力供需平衡。

13.1 可靠性建模

本节首先对研究的电网系统进行详细描述，解释如何确定该系统不同节点之间的最优性能共享策略，最后提出一种基于可靠性的性能度量方法用于计算区域网络内各节点满足需求的概率。

13.1.1　问题描述

如图 13-1 所示，考虑一个由 N 个节点组成的电网系统。该电网系统可视为一个区域传输网络，每个节点视为一个需要电力供应的省份。节点 $i(i=1,2,\cdots,N)$ 中有供应电力的 n_i 台发电机。n_i 台发电机的总容量定义为节点 i 电力的最大供应量。节点 i 中的发电机可以是不同的规格。由于每个省份的发电厂的容量不同，节点 i 的发电机数量可以从 0 变化到 $n_i^{\max}$，其中 0 意味着该省份没有发电厂。在这个区域传输网络中，不同的省份相互连接，即不同的节点相互连接。对于任意两个节点 i 和 j，如果它们之间存在一条边，电力就可以在节点之间传输，这种电力传输在多态系统可靠性中被称为性能共享[43,133]，连接两点的边可视为公共总线。在实际中，两省之间可以传输的电量通常取决于输电线路的容量，这可视为公共总线传输容量。因此，如果节点 i 没有发电厂或节点 i 的发电机产生的电力不能满足它的需求，与节点 i 相连接且存在有盈余电量的节点（节点发电量高于节点本身的电力需求）可以传输电力到节点 i。

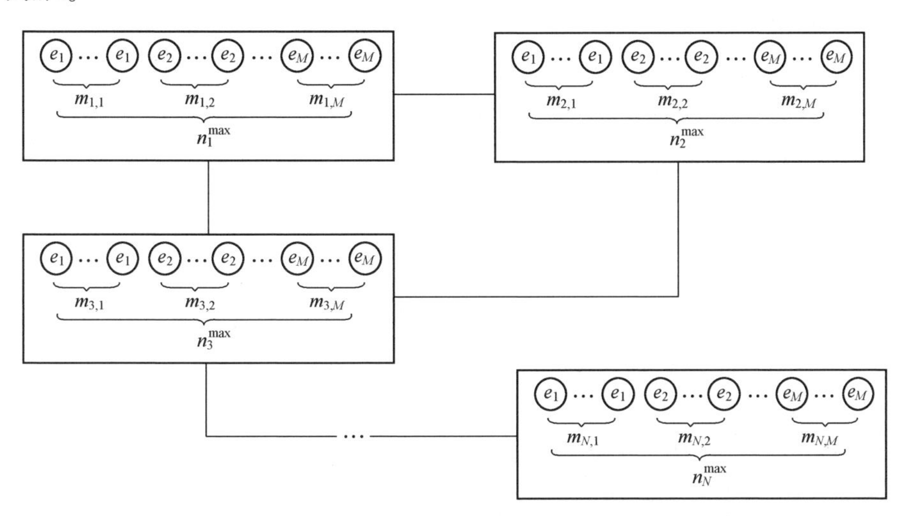

图 13-1　电网结构图

为了建立电网系统的可靠性模型，假设市场上有 M 种类型的发电机。每个节点中的发电机在 M 种类型的发电机中选用。令 $e_j(j=1,2,\cdots,M)$ 代表 j 类型的发电机，令 $m_{i,j}$ 代表节点 $i(i=1,2,\cdots,N)$ 中 e_j 的数量。令 F_j 代表 e_j 的随机性能，性能指的是产生的电力。F_j 的性能分布由概率质量函数 $\Pr\{F_j=F_j(l)\}=\alpha_j(l)$ 表示，其中 $l=1,2,\cdots,L_j$，并且 $\sum_{l=1}^{L_j}\alpha_j(l)=1$。这意味着 j 型发电机可以

在不同状态下工作，并产生不同的电力。因此，节点 i 的累积性能（总发电量）可以表示为

$$G_i = \sum_{j=1}^{M} (m_{i,j} \oplus F_j) \tag{13-1}$$

式中：$\oplus$算子为所有 j 型发电机性能的总和。需要注意的是，F_j是一个随机变量。因此，j 型发电机的总性能 $m_{i,j}$不能用一个标量乘以随机变量 F_j来计算。

令 W_i代表节点 i 的随机需求。换句话说，W_i代表 i 省的电力需求。显然，W_i是一个随机变量。假设 W_i的分布的概率质量函数为 $P(W_i=W_i(h))=\gamma_i(h)$，其中 $h=1,2,\cdots,H_i$，并且 $\sum_{h=1}^{H_i}\gamma_i(h)=1$。因此，节点 i 的盈余性能或不足性能可以表示为 G_i-W_i。

13.1.2 最优性能共享策略

当节点 l 的累积性能不足以满足自身的需求 W_l时，如果在节点 l 和节点 i 之间存在连接，则节点 l 的性能不足可以通过节点 $i(i\neq l)$来补充。只有考虑了性能共享后，才能确定该电网系统各节点满足其需求的概率。

令 $X_{i,l}$代表从节点 i 传输到节点 l 的性能总量，$X_{i,l}$是一个非负实数。最优性能共享的优化问题基于以下假设：

（1）如果 $X_{i,l}>0, \forall i\in\{1,2,\cdots,N\}$，则 $X_{l,i}=0, \forall l\in\{1,2,\cdots,N\}$，即性能传输为单向传输。

（2）对于每个 $l\in\{1,2,\cdots,N\}$，有 $X_{l,l}=0$，即不允许节点传输性能给自己。

（3）节点 i 和节点 l 之间可以传输的性能总量受到它们之间公共总线传输容量限制。令 $Q_{i,l}$表示公共总线传输容量，其中 $i,l=1,2,\cdots,N$ 并且 $i\neq l$。如果节点 i 和节点 l 之间没有连接，则令 $Q_{i,l}=0$。

性能共享后，节点 $i(i=1,2,\cdots,N)$的不足性能可以表示为

$$D_i = \max\left\{0, W_i - \left(G_i - \sum_{l=1,l\neq i}^{N} X_{i,l} + \sum_{l=1,l\neq i}^{N} X_{l,i}\right)\right\} \tag{13-2}$$

系统总的不足性能为

$$D = \sum_{i=1}^{N} D_i = \sum_{i=1}^{N} \max\left\{0, W_i - \left(G_i - \sum_{l=1,l\neq i}^{N} X_{i,l} + \sum_{l=1,l\neq i}^{N} X_{l,i}\right)\right\} \tag{13-3}$$

在式（13-2）和式（13-3）中，对于每一个 $i=1,2,\cdots,N$，D_i总是非负的。因此，D 是非负的。

最优性能共享的目标就是将总的性能不足减少至0。因此，优化问题可以表示如下：

$$\min D \equiv \sum_{i=1}^{N} \max\left\{0, W_i - \left(G_i - \sum_{l=1,l\neq i}^{N} X_{i,l} + \sum_{l=1,l\neq i}^{N} X_{l,i}\right)\right\} \tag{13-4}$$

$$\text{s. t. } X_{l,l}=0, \quad \forall l \in \{1,2,\cdots,N\} \tag{13-5}$$

$$\min\{X_{i,l}, X_{l,i}\}=0, \quad \forall i,l \in \{1,2,\cdots,N\}, \quad i\neq l \tag{13-6}$$

$$0 \leqslant X_{i,l} \leqslant Q_{i,l}, \quad \forall i,l \in \{1,2,\cdots,N\}, \quad i\neq l \tag{13-7}$$

$$G_i - \sum_{l=1,l\neq i}^{N} X_{i,l} + \sum_{l=1,l\neq i}^{N} X_{l,i} \geqslant 0, \quad \forall i \in \{1,2,\cdots,N\} \tag{13-8}$$

在以上的优化问题中，目标函数是最小化系统总不足性能 D。目标函数最小化的值 D^* 等于 0，就意味着每个节点在性能共享后可以满足自身的需求。该优化模型中的决策变量是 $X_{i,l}>0(\forall i,l \in \{1,2,\cdots,N\})$。式（13-5）排除了自身传输的情景，自身传输可能会导致次优解。式（13-6）确保性能传输是单向的。式（13-7）确保两个节点之间传输的性能总量不超过它们之间的公共总线传输容量。节点 i 和节点 l 之间没有公共总线，则令 $Q_{i,l}=0$。式（13-8）表明了性能共享之后任意一个节点的盈余性能应该是非负的。

式（13-4）~式（13-8）的优化问题是一个非线性优化问题。此外，由于式（13-6）是一个非凸约束，该优化问题是非凸的。在所有参数都已知的情况下只有用非线性规划求解该优化问题。需要注意，式（13-4）~式（13-8）中的参数 W_i、G_i 和 $Q_{i,l}$ 都是随机变量。因此，只有给定这些随机变量的取值，该优化问题才能得到解决。

13.1.3　可靠性模型

在多态系统理论中，有两种不同的方法来评价系统的性能：第一种性能度量定义为系统满足所需需求的概率；第二种性能度量评估预期总未供应需求量。

在所考虑的电网系统中，系统可靠性定义为各节点在性能共享后能够满足其需求的概率，即

$$R=P(D^*=0) \tag{13-9}$$

式中：D^* 为在确定最优性能共享策略后系统的最小不足性能。

另一个电网系统性能的度量方法是计算预期总未供应需求量，可以表示为

$$\hat{D}=E(D^*) \tag{13-10}$$

13.2　联合冗余与维修优化模型

本节在设计阶段和运行阶段均考虑了建立该电网系统的经济成本。在设

计阶段，从市场上选择最合适类型的发电机来建立这个系统。在运行阶段，希望确定最优的维修策略来使成本最小化，同时满足系统可用性要求。

本章考虑发电机的两种维修行动，即预防性替换和纠正性维修。每台发电机在固定的时间周期内进行预防替换。替换后，将发电机视为和新的一样。在任意两个连续的替换之间，发电机失效都会采取纠正维修，这意味着该发电机在不改变其失效率的情况下恢复其功能。

假设市场上有 M 种类型的发电机。每种类型的发电机具有以下参数特征：

(1) j 型发电机 e_j的性能定义为 F_j，它的概率分布唯一。

(2) 发电机 e_j的成本为 θ_j。

(3) j 型发电机的预防性替换和纠正性维修的平均时间分别为 $t_{p,j}$和 $t_{c,j}$。

(4) j 型发电机的预防性替换和纠正性维修的平均时间分别为 $\tau_{p,j}$和 $\tau_{c,j}$。

(5) j 型发电机的平均失效次数是替换时间周期的函数，定义为 $\lambda_j(T_j)$，其中 T_j为替换时间周期。

如前所述，$m_{i,j}$代表节点 $i(i=1,2,\cdots,N)$ 中 e_j的数量。建立该系统的成本为

$$C_D = \sum_{i=1}^{N} \sum_{j=1}^{M} (m_{i,j} \times \theta_j) \tag{13-11}$$

本节假设不同发电机的预防性替换和纠正性维修事件是独立的。这由真正的发电厂所证实，在那里发电机是并联的。假设纠正性维修和预防性替换的时间是显著小于失效之间的时间间隔。

令系统的寿命为 T。考虑到发电机 e_j的替换时间周期是 T_j，则 e_j在寿命周期中的期望失效次数为 $\lambda_j(T_j)(T/T_j)$。j 型发电机的预期可用性为

$$A_j = 1-\frac{\lambda(T_j)\times(T/T_j)\times t_{c,j}+(T/T_j-1)\times t_{p,j}}{T} \tag{13-12}$$

同时，与维修相关的成本可以计算如下：

$$C_M = \sum_{i=1}^{N} \sum_{j=1}^{M} \{m_{i,j} \times [\lambda(T_j) \times (T/T_j) \times \tau_{c,j} + (T/T_j - 1) \times \tau_{p,j}]\} \tag{13-13}$$

需要注意的是，T_j的替换时间周期应该选择集合 Ω 中的值，并且 $|\Omega| = \overline{\omega}$。总成本为

$$C = C_D + C_M = \sum_{i=1}^{N} \sum_{j=1}^{M} \{m_{i,j} \times [\theta_j + \lambda(T_j) \times (T/T_j) \times \tau_{c,j} + (T/T_j - 1) \times \tau_{p,j}]\} \tag{13-14}$$

本节的目标是确定各类型发电机的最优冗余和预防性替换时间周期，以使得在所考虑的时间 T 内总成本最小。优化问题可以表示如下：

$$\min C=\sum_{i=1}^{N}\sum_{j=1}^{M}\{m_{i,j}\times[\theta_j+\lambda(T_j)\times(T/T_j)\times\tau_{c,j}+(T/T_j-1)\times\tau_{p,j}]\}$$

$$\text{s.t. } A(\boldsymbol{m},\boldsymbol{T})\geqslant A_{\text{req}},\ \sum_{j=1}^{M}m_{i,j}\leqslant n_i^{\max},\ \forall i=1,2,\cdots,N,$$

$$m_{i,j}\in\mathbb{Z},\ \forall i=1,2,\cdots,N,\ \forall j=1,2,\cdots,M \tag{13-15}$$

式中：$\boldsymbol{m}=\begin{Bmatrix} m_{1,1} & m_{1,2} & \cdots & m_{1,M} \\ m_{2,1} & m_{2,2} & \cdots & m_{2,M} \\ \vdots & \vdots & \ddots & \vdots \\ m_{N,1} & m_{N,2} & \cdots & m_{N,M} \end{Bmatrix}$为代表节点$i(i=1,2,\cdots,N)$中$j(j=1,2,\cdots,M)$型发电机数量的矩阵；$\boldsymbol{T}=\{T_1,T_2,\cdots,T_M\}$为代表每种类型发电机的替换时间周期的向量；$A(\boldsymbol{m},\boldsymbol{T})$为给定$\boldsymbol{m}$和$\boldsymbol{T}$，系统可以达到的可用性。13.4 节中将给出计算给定$\boldsymbol{m}$和$\boldsymbol{T}$时的系统可用性的算法。

在以上的优化问题中，决策变量是$\boldsymbol{m}$和$\boldsymbol{T}$。A_{req}是预先给定的系统可用性要求。该问题的目标是找到最优的$\boldsymbol{m}$和$\boldsymbol{T}$使总成本C最小，同时满足预先设定的系统可用性要求A_{req}。第二组约束要求节点的发电机总数不应超过最大可用数量$n_i^{\max}$。第三组约束确保$m_{i,j}$（$i=1,2,\cdots,N$；$j=1,2,\cdots,M$）都是非负整数。

13.3　系统可靠性评估

在求解式（13-15）中优化问题中的一个主要困难在于给定$\boldsymbol{m}$和$\boldsymbol{T}$时，不存在求得系统可用性的解析方法。本节通过扩展通用生成函数技术，提出了一种评估系统可用性的算法。通用生成函数技术被广泛用于评估不同系统结构的多态系统可靠性[134-136]。

F_j表示发电机e_j的随机性能，概率质量函数为P（$F_j=F_j(l)$）$=\alpha_j(l)$，其中$l=1,2,\cdots,L_j$，并且$\sum_{l=1}^{L_j}\alpha_j(l)=1$。我们使用以下的通用生成函数表示$F_j$的性能分布：

$$\mu_j(z)=\sum_{l=1}^{L_j}\alpha_j(l)\times z^{F_j(l)} \tag{13-16}$$

节点i的累积性能是该节点中所有发电机的总性能。假设节点i有两个发电机。这两个发电机是j型和j'型的。需要注意的是j和j'不必是相同的，两个发电机的累积性能可以通过使用以下$\oplus_{\text{sum}}$算子来计算：

$$
\begin{aligned}
U_{j\cup j'}(z) &= \oplus_{\text{sum}}(\mu_j(z),\mu_{j'}(z)) \\
&= \oplus_{\text{sum}}\left(\sum_{l=1}^{L_j}\alpha_j(l)\times z^{F_j(l)},\sum_{l'=1}^{L_{j'}}\alpha_{j'}(l')\times z^{F_{j'}(l')}\right) \\
&= \sum_{l=1}^{L_j}\sum_{l'=1}^{L_{j'}}(\alpha_j(l)\times\alpha_{j'}(l'))\times z^{F_j(l)+F_{j'}(l')}
\end{aligned}
\tag{13-17}
$$

对于每个$j=1,2,\cdots,M$，在节点i有$m_{i,j}$个j型发电机，可以通过使用以上定义的$\oplus_{\text{sum}}$算子得到代表节点i中所有发电机的总性能的通用生成函数：

$$
U_i(z)=\oplus_{\text{sum}}(\underbrace{\mu_1(z),\cdots,\mu_1(z)}_{m_{i,1}},\underbrace{\mu_2(z),\cdots,\mu_2(z)}_{m_{i,2}},\cdots,\underbrace{\mu_M(z),\cdots,\mu_M(z)}_{m_{i,M}}) \tag{13-18}
$$

这可以简化为

$$
U_i(z)=\sum_{b_i=1}^{B_i}\beta(b_i)\times z^{G_i(b_i)} \tag{13-19}
$$

式中：$U_i(z)$为节点i中所有发电机的总性能的通用生成函数；B_i为处于G_i状态的元件个数；G_i为一个代表节点i中所有发电机总性能的随机变量。$\beta(b_i)=\Pr\{G_i=G_i(b_i)\}$是$G_i$取值为$G_i(b_i)$的概率。

同样地，可以用以下通用生成函数来表示节点i的需求：

$$
\Lambda_i(z)=\sum_{h_i=1}^{H_i}\gamma(h_i)\times z^{W_i(h_i)} \tag{13-20}
$$

式中：$Q_{i,l}$为在节点i和节点l之间的公共总线传输容量；$Q_{i,l}$可以是一个随机变量，也可以是一个常数。在不失一般性的前提下，假设对于每一个$i,l\in\{1,2,\cdots,N\}$并且$i\neq l$，$Q_{i,l}$服从概率分布$\Pr\{Q_{i,l}=Q_{i,l}(v_{i,l})\}=\eta(v_{i,l})$，并且$\sum_{v_{i,l}=1}^{V_{i,l}}\eta(v_{i,l})=1$。因此，公共总线传输容量$Q_{i,l}$的通用生成函数可以表示为

$$
\Gamma_{i,l}(z)=\sum_{v_{i,l}=1}^{V_{i,l}}\eta(v_{i,l})\times z^{Q_{i,l}(v_{i,l})} \tag{13-21}
$$

当公共总线传输容量是常数$Q_{i,l}^0$时，式（15-21）可以化简为

$$
\Gamma_{i,l}(z)=1\times z^{Q_{i,l}^0} \tag{13-22}
$$

对于每个节点的累积性能和需求的每个组合，每两个节点之间公共总线传输容量构成了系统的一种状态。简单来说，可以得到一个表示有相应概率的系统的每一种状态的通用生成函数：

$$
\begin{aligned}
\Phi(z) &= \oplus\{\underbrace{U_1(z),U_2(z),\cdots,U_N(z)}_{\text{性能}},\underbrace{\Lambda_1(z),\Lambda_2(z),\cdots,\Lambda_N(z)}_{\text{需求}},\underbrace{\Gamma_{i,l}(z),\cdots,\Gamma_{i',l'}(z)}_{\forall i,l\in\{1,2,\cdots,N\},i\neq l}\} \\
&= \sum_{b_1=1}^{B_1}\sum_{b_2=1}^{B_2}\cdots\sum_{b_N=1}^{B_N}\sum_{h_1=1}^{H_1}\sum_{h_2=1}^{H_2}\cdots\sum_{h_N=1}^{H_N}\sum_{v_{i,l}=1}^{V_{i,l}}\cdots\sum_{v_{i',l'}=1}^{V_{i',l'}}
\end{aligned}
$$

$$\{[\beta(b_1)\times\beta(b_2)\times\cdots\times\beta(b_N)]\times[\gamma(h_1)\times\gamma(h_2)\times\cdots\times\gamma(h_N)]$$
$$\times[\eta(v_{i,l})\times\cdots\times\eta(v_{i',l'})]$$
$$\times z^{\{[G_1(b_1),G_2(b_2),\cdots,G_N(b_N)],[W_1(h_1),W_2(h_2),\cdots,W_N(h_N)],[Q_{i,l}(v_{i,l}),\cdots,Q_{i',l'}(v_{i',l'})]\}}\}$$
$$=\sum_{s=1}^{S}p_s\times z^{\boldsymbol{\varphi}(s)} \tag{13-23}$$

式中：S 为系统状态的总数量；p_s为系统在状态 s 的概率；$\boldsymbol{\varphi}(s)$为系统在状态 s 时，各节点性能、各节点需求和所有公共总线传输容量的向量。

为了确定系统的可用性，需要检查各状态的系统不足性能。对于状态 s，系统的状态由向量$\boldsymbol{\varphi}(s)$决定。通过求解式（13-4）~式（13-8）的优化问题，可以得到系统在状态 s 时的系统不足性能，其中优化问题的参数均用向量$\boldsymbol{\varphi}(s)$表示。

D_s^* 表示在确定最优性能共享后系统可以达到的最小不足性能。如果 $D_s^*=0$，电网系统的所有节点在性能共享后都可以满足各自的需求，这种状态对应着一种可靠状态。如果 $D_s^*>0$，则必然存在一些不能满足其需求的节点，这种状态对应于一个失效的状态。因此，系统的可靠性为

$$R=\sum_{s=1}^{S}p_s\times I(D_s^*=0) \tag{13-24}$$

根据 13.2 节~13.4 节的讨论，总结了算法 13-1。

算法 13-1　可靠性评估算法

1. 确定输入参数，包括 $N,M,W_i,G_j,i\in\{1,2,\cdots,N\},j\in\{1,2,\cdots,M\}$，$Q_{i,l},i,l\in\{1,2,\cdots,N$ 和 $T,\boldsymbol{m},\boldsymbol{T},t_{p,j},t_{c,j},\lambda_j(T_j),j\in\{1,2,\cdots,M\}$
2. **for** $j=1,2,\cdots,M$
3. 　用式（13-12）计算各类型发电机的可用性
4. 　用式（13-16）构造各类型发电机的通用生成函数
5. **end for**
6. **for** $i=1,2,\cdots,N$
7. 　用式（13-17）~式（13-19）构造每个节点性能的通用生成函数
8. 　用式（13-20）构造需求 W 的通用生成函数
9. **for** 每一个 $l=1,2,\cdots,N$
10. 　　用式（13-21）和式（13-22）构造公共总线传输容量 $Q_{i,l}$的通用生成函数
11. 　**end for**

12. **end for**

13. 用式（13-23）构造系统的通用生成函数

14. **for** $s=1,2,\cdots,S$

15. 在式（13-4）~式（13-8）中求解该优化问题

16. **end for**

17. 用式（13-24）计算系统可靠性

13.4 优化方法

式（13-15）是一个复杂的组合优化问题，该问题没有显式的解。此外，考虑到时间的限制，不可能检查所有可行的解。为了克服这些困难，运用粒子群优化算法（PSO）来求解如式（13-15）的优化问题。粒子群优化算法已被证明在解决机器学习[137-139]、系统可靠性[140-141]和能源系统[142]等领域的优化问题是有用的。

13.4.1 编码-解码过程

在使用粒子群优化来求解13.3节提出的优化问题之前，必须定义解的编码和解码过程。

需要注意的是，节点 i 中发电机的数量从0变化到 $n_i^{\max}$。这意味着不超过 $n_i^{\max}$ 台发电机可以分配给节点 i 的 $n_i^{\max}$ 个位置。有了这个概念，将每个解定义为一个整数向量 $\boldsymbol{K}=\{K_1,K_2,\cdots,K_M,K_{M+1},K_{M+2},\cdots,K_L\}$，其中 L 为解的长度，并且 $L=M+\sum\limits_{i=1}^{N}n_i^{\max}$。每个解向量由 $N+1$ 个子字符串组成。对于 $1\leqslant l\leqslant M$，K_l 代表 e_l 的替换周期是 Ω_{K_l}。当 $M+1\leqslant l\leqslant L$ 时，K_l 代表节点 i 的第 h 个位置的发电机的类型，其中 $l=M+\sum\limits_{m=1}^{Ni-1}n_m^{\max}$，$1\leqslant h\leqslant n_i^{\max}$。需要注意的是，$K_l=0$ 意味着这个位置没有发电机。

例如：考虑 $N=3,M=3,\boldsymbol{\Omega}=\{10,6,3\},n_1^{\max},n_2^{\max},n_3^{\max}=2,1,1$ 并且 $\overline{\omega}=3$ 时，在该问题中，$L=7$。在解码给定的解向量后，知道每个节点中只有一个发电机。节点1的发电机类型为3，替换周期为6；节点2的发电机类型为1，替换周期为10；节点3的发电机类型为2，替换周期为3。

13.4.2 目标函数

由于这些约束，不能使用粒子群优化（PSO）来直接求解该优化问题。因此，重新写出如下目标函数：

$$C=\sum_{i=1}^{N}\sum_{j=1}^{M}\{m_{i,j}\times[\theta_j+\lambda(T_j)\times(T/T_j)\times\tau_{c,j}+(T/T_j-1)\times\tau_{p,j}]\}$$
$$+p\times\max(A_{\mathrm{req}}-A(\boldsymbol{m},\boldsymbol{T}),0) \tag{13-25}$$

式中：p 为惩罚系数，是一个很大的正数。13.5.1 节中提出的编码解码过程处理了其余的约束。

13.4.3 粒子群优化

在粒子群优化（PSO）中，搜索空间中的优化问题的每一个解叫作“粒子”。对每一次迭代，每个 $\mathfrak{D}$ 维粒子有一个位置向量 $\boldsymbol{x}_i^t=\{x_{i1}^t,x_{i2}^t,\cdots,x_{i\mathfrak{D}}^t\}$（粒子在解空间中的位置）和一个速度向量 $\boldsymbol{v}_i^t=\{v_{i1}^t,v_{i2}^t,\cdots,x_{i\mathfrak{D}}^t\}$（确定下一次迭代的方向和速度）。

假设粒子群中有 $\mathfrak{M}$ 个粒子。对于每个粒子 i，当前位置的适应度值 $f(x_i^t)$ 可以根据目标函数计算，并且速度和位置可以计算如下：

$$v_{id}^{t+1}=w\cdot v_{id}^t+c_1\varepsilon_1(p_{id}-x_{id}^t)+c_2\varepsilon_2(p_{gd}-x_{id}^t),\quad 1\leqslant d\leqslant\mathfrak{D} \tag{13-26}$$

$$x_{id}^{t+1}=x_{id}^t+v_{id}^{t+1},\quad 1\leqslant d\leqslant\mathfrak{D} \tag{13-27}$$

式中：$p_i=\arg\min\limits_{l=1,2,\cdots,t}f(x_i^l)p_i=\arg\min\limits_{l=1,2,\cdots,t}f(\boldsymbol{x}_i^l)$ 为粒子 i 的个体最优解，并且是 $p_g=\arg\min\limits_{\substack{l=1,2,\cdots,t\\i=1,2,\cdots,\mathfrak{M}}}f(x_i^l)p_g=\arg\min\limits_{\substack{l=1,2,\cdots,t\\i=1,2,\cdots,\mathfrak{M}}}f(\boldsymbol{x}_i^l)$ 全局最优解；w 为惯性系数，该系数控制粒子当前速度受前一次迭代速度的影响程度；c_1 和 c_2 为控制个体最优解和全局最优解对粒子的影响程度的常数；ε_1 和 ε_2 为[0,1]的随机变量。

粒子群优化的算法结构总结在算法 13-2 中。

算法 13-2 粒子群优化的算法

1. 在搜索空间中随机产生 $\mathcal{M}$ 个粒子，并且随机初始化速度，$t=1$
2. **while** 停止标准不满足
3. **for** 粒子群中每个粒子 i
4. 计算适应度值 $f(x_i)$
5. 更新 p_i 和 p_g
6. 用式（13-26）和式（13-27）更新速度和位置

```
7.          end for
8.          t=t+1
9.     end while
```

13.5 数值实验

本节中，首先进行了一组数值实验来演示 13.4 节中描述的可靠性模型。在这些实验中，研究了公共总线传输容量和节点需求对可靠性的影响。然后，应用粒子群优化确定各节点的最优冗余度和每种类型发电机的预防维修。

13.5.1 可靠性模型

本节考虑了一个区域电网系统，用于连接六个省。图 13-2 显示了该电网系统的拓扑结构。图 13-2 中，六个节点表示六个省份。两个节点之间有边，就意味着两个节点之间可以直接传输。

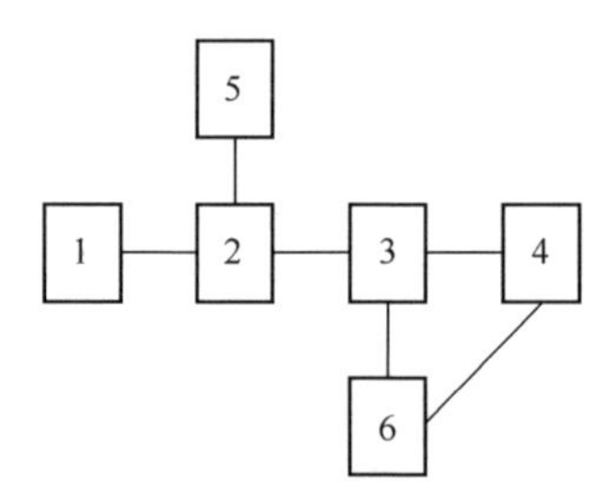

图 13-2　六节点电网拓扑结构

各节点的需求分布和每个公共总线传输容量分布分别如表 13-1 和表 13-2 所列。每个节点的最大发电机个数为 $n_1^{max}, n_2^{max}, n_3^{max}, n_4^{max}, n_5^{max}, n_6^{max} = 1,2,2,1,1,1$。

表 13-1　各节点的需求分布　　单位：PW·h

W_1		W_2		W_3		W_4		W_5		W_6	
W	γ	W	γ	W	γ	W	γ	W	γ	W	γ
2	1	7	0.9	8	0.8	4	1	6	0.9	5	1
—	—	4	0.1	5	0.2	—	—	3	0.1	—	—

表 13-2　每个公共总线传输容量分布　　　单位：PW·h

$Q_{1,2}=Q_{2,1}$		$Q_{2,3}=Q_{3,2}$		$Q_{3,4}=Q_{4,3}$		$Q_{2,5}=Q_{5,2}$		$Q_{3,6}=Q_{6,3}$		$Q_{4,6}=Q_{6,4}$	
Q	η	Q	η	Q	η	Q	η	Q	η	Q	η
2	1	2	0.8	2	1	3	0.9	3	1	3	0.9
—	—	1	0.2	—	—	2	0.1	—	—	1	0.1

本节假设系统寿命为 10 年，即 T 为 120 个月。各类发电机的预防性替换时间均为 0.5h（0.0007 个月）。可能的替换间隔为 20 个月、12 个月、19 个月、8 个月和 6 个月。市场上可用发电机的其他特性如表 13-3 所列。

表 13-3　市场上可用发电机的特性

参数	性能 /PW·h		成本 /(10^9 元)			t_c /月	$\lambda_j(T_j)$					
e_j	F_j	α_j	θ_j	$\tau_{p,j}$	$\tau_{c,j}$	—	T_j	20	12	10	8	6
e_1	2	1	10.1	2.80	0.31	0.010	—	33.0	9.0	6.8	4.0	2.0
e_2	4	0.8	12.3	4.50	0.38	0.012	—	26.0	9.6	7.0	4.1	2.0
	2	0.2										
e_3	4	0.9	16.7	4.82	0.42	0.012	—	31.0	10.0	7.0	6.2	2.6
	2	0.1										
e_4	4	1	19.0	5.25	0.50	0.016	—	34.0	10.4	7.0	5.8	2.9
e_5	6	0.8	21.2	7.46	0.66	0.018	—	32.0	11.0	8.4	5.0	2.6
	2	0.2										
e_6	6	0.9	25.4	7.72	0.72	0.018	—	30.0	12.0	9.5	5.0	2.8
	2	0.1										
e_7	6	0.9	27.0	8.01	0.76	0.018	—	36.0	13.6	9.6	5.0	2.9
	4	0.1										
e_8	6	1	29.0	8.11	0.87	0.020	—	38.0	14.0	10.0	6.6	3.0

假设冗余和预防性替换间隔的固定策略为 $\boldsymbol{K}=\{1,2,5,4,5,1,5,1,8,4,5,2,3,4,8,6\}$。根据 $\boldsymbol{K}$，很容易确定分配给这些节点的发电机的集合是 $\{e_8\}$、$\{e_4,e_5\}$、$\{e_2,e_3\}$、$\{e_4\}$、$\{e_8\}$ 和 $\{e_6\}$。每台发电机的替换周期向量 $\boldsymbol{T}=\{20,12,6,8,6,20,6,20\}$。每台发电机的平均失效次数是 $\lambda_1,\lambda_2,\cdots,\lambda_6=33,9.6,2.6,5.8,2.6,30,2.9,38$。

实验 1：公共总线传输容量的影响

在实验 1 中，测试了公共总线传输容量的影响。仅将公共总线传输容量从预设值增加或减少了 10%~100%。例如，$Q_{2,3}$ 增加了 10%，其容量从[2　1;

0.8　0.2]增加到[2.2　1.1;0.8　0.2]。

表 13-4 给出了不同传输容量的系统可靠性。对于容量等于“0”的情况，可以参照表 13-2 给出的容量。可以看出，系统的可靠性随着传输容量的增加而增加。例如，当传输容量减少了 100%时，系统可靠性为 0.497；当传输容量增加了 100%时，系统可靠性达到其最大值的 0.8173。

表 13-4　不同传输容量的系统可靠性

容量	-100%	-90%	-80%	-70%	-60%	-50%	-40%
可靠性	0.4907	0.4907	0.5045	0.5269	0.5320	0.7143	0.7170
容量	-30%	-20%	-10%	0	+10%	+20%	+30%
可靠性	0.7170	0.7190	0.7190	0.7815	0.7825	0.7825	0.7827
容量	+40%	+50%	+60%	+70%	+80%	+90%	+100%
可靠性	0.7829	0.7860	0.8009	0.8037	0.8037	0.8037	0.8173

实验 2：节点需求的影响

在实验 2 中，研究了各节点需求的影响。所有节点的需求在预设值的基础上增加或减少 10%~100%，其他参数与实验 1 相同。

表 13-5 显示了系统可靠性随需求增加的变化趋势。从表中可以看出，随着各节点需求的增加，系统可靠性从 0.9999 下降到 0。

表 13-5　不同需求下的系统可靠性

需求	-100%	-90%	-80%	-70%	-60%	-50%	-40%
可靠性	0.9999	0.9999	0.9999	0.9999	0.9965	0.9932	0.9642
需求	-30%	-20%	-10%	0	+10%	+20%	+30%
可靠性	0.9619	0.9404	0.8881	0.7815	0.5407	0.0937	0.0936
需求	+40%	+50%	+60%	+70%	+80%	+90%	+100%
可靠性	0.0131	0	0	0	0	0	0

实验 3：替换周期的影响

在实验 3 中，比较了不同维修策略下的系统可靠性和总成本。在本实验中，将各类型发电机的替换周期设为相同。其他参数与实验 1 相同。

不同替换周期下的系统可靠性和总成本如表 13-6 所列。从表中可以看出，系统可靠性随着替换时间周期的减小而增大。这是因为更多的替换减少了失效的次数，并且替换所要的时间大大少于纠正维修所需的时间。然而，总成本不是替换周期的单调函数。这是因为更短的替换周期减少了纠正替换的成本，但增加了替换成本。通过该实验可以看出，确定最优的替换周期可以使系统总成本最小。

表 13-6　不同替换周期下的系统可靠性和总成本

T_j	20	12	10	8	6
可靠性	0.7440	0.7934	0.8026	0.8134	0.8323
成本/(10^9 元)	1473.36	1268.88	1294.85	1365.09	1470.08

13.5.2　冗余和预防性维修的联合优化

13.5.1 节中的讨论说明了系统的可靠性如何受到不同因素的影响，如公共总线传输容量和节点需求等因素。本节将描述如何进行一系列实验，以说明如何通过确定最优冗余和替换周期来最小化成本，同时满足系统可靠性。

实验 4

在实验 4 中，使用了与 13.5.1 节中描述的相同的参数设置，如表 13-3 所列。同样也使用解向量 $\boldsymbol{K}=\{1,2,5,4,5,1,5,1,8,4,5,2,3,4,8,6\}$ 作为预设冗余和替换周期，用于与运行粒子群优化算法 500 次迭代后得到的最优冗余和替换策略相比较。粒子群中的粒子数是 20，c_1 和 c_2 的值设为 1，并且设置惯性系数为 0.4。每个粒子各维度的速度限制为 $[-2,2]$，并且 $A_{req}=0.95$。

表 13-7 显示了不同策略的系统可靠性和成本。从表中可以看出，在预设策略下，系统可靠性仅为 0.7815，不满足预定的系统可靠性要求。对于最优策略，虽然总成本略有增加，但系统可靠性达到 0.9553。

表 13-7　最优策略和预设策略的比较

策略类型	最优策略	预设策略
$\boldsymbol{m}$	$\underbrace{[e_8]}_{\text{节点1}}\underbrace{[e_3,e_8]}_{\text{节点2}}\underbrace{[e_7,e_7]}_{\text{节点3}}\underbrace{[e_7]}_{\text{节点4}}\underbrace{[e_7]}_{\text{节点5}}\underbrace{[e_3]}_{\text{节点6}}$	$\underbrace{[e_8]}_{\text{节点1}}\underbrace{[e_4,e_5]}_{\text{节点2}}\underbrace{[e_2,e_3]}_{\text{节点3}}\underbrace{[e_4]}_{\text{节点4}}\underbrace{[e_8]}_{\text{节点5}}\underbrace{[e_6]}_{\text{节点6}}$
$\boldsymbol{T}$	[8,6,10,8,8,20,8,10]	[20,12,6,8,6,20,6,20]
可靠性	0.9553	0.7815
总成本/(10^9 元)	1497.68	1469.30

实验 5

在实验 5 中，所有的实验设置和参数完全和实验 4 相同，除了改变了需求分布为 $W_1=[4.5\quad 3.5,0.8\quad 0.2]$，$W_2=[6.4,1]$，$W_3=[5.5,1]$，$W_4=[4.3\quad 2.3,0.7\quad 0.3]$，$W_5=[4.7,1]$ 和 $W_6=[5.2,1]$。从表 13-8 可以看出，系统可靠性增加到 0.9504，而总成本降低。

表 13-8　最优策略和预设策略的比较

策略类型	最优策略	预设策略
$\boldsymbol{m}$	$\underbrace{[e_4]}_{节点1}\underbrace{[e_4,e_4]}_{节点2}\underbrace{[e_4,e_5]}_{节点3}\underbrace{[e_4]}_{节点4}\underbrace{[e_7]}_{节点5}\underbrace{[e_8]}_{节点6}$	$\underbrace{[e_8]}_{节点1}\underbrace{[e_4,e_5]}_{节点2}\underbrace{[e_2,e_3]}_{节点3}\underbrace{[e_4]}_{节点4}\underbrace{[e_8]}_{节点5}\underbrace{[e_6]}_{节点6}$
$\boldsymbol{T}$	[10,8,10,10,10,8,8,8]	[20,12,6,8,6,20,6,20]
可靠性	0.9504	0.8633
总成本/(10^9 元)	1238.18	1469.30

实验 6

在实验 6 中，基于实验 4 改变了公共总线传输容量分布为 $Q_{1,2}=Q_{2,1}=[1.8;1]$，$Q_{2,3}=Q_{3,2}=[1.4;1]$，$Q_{3,4}=Q_{4,3}=[2.8;1]$，$Q_{2,5}=Q_{5,2}=[2.5;1]$，$Q_{3,6}=Q_{6,3}=[3.5;1]$和 $Q_{4,6}=Q_{6,4}=[2.2;1]$，所有其他的实验设置和参数设置完全和实验 4 相同。

数值结果如表 13-9 所列。在固定策略下，系统可靠性仅为 0.759，总成本为 1469.3。在用粒子群优化优化冗余和维修周期后，系统可靠性达到了 0.9514，总成本减少到了 1457.50。

表 13-9　最优策略和预设策略的比较

策略类型	最优策略	预设策略
$\boldsymbol{m}$	$\underbrace{[e_4]}_{节点1}\underbrace{[e_4,e_5]}_{节点2}\underbrace{[e_7,e_7]}_{节点3}\underbrace{[e_6]}_{节点4}\underbrace{[e_7]}_{节点5}\underbrace{[e_6]}_{节点6}$	$\underbrace{[e_8]}_{节点1}\underbrace{[e_4,e_5]}_{节点2}\underbrace{[e_2,e_3]}_{节点3}\underbrace{[e_4]}_{节点4}\underbrace{[e_8]}_{节点5}\underbrace{[e_6]}_{节点6}$
$\boldsymbol{T}$	[10,6,8,10,10,10,10,10]	[20,12,6,8,6,20,6,20]
可靠性	0.9514	0.7590
总成本/(10^9 元)	1457.50	1469.30

实验 7

在实验 7 中，改变了需求分布为 $W_1=[4.5,1]$，$W_2=[3.6,1]$，$W_3=[4.2,1]$，$W_4=[3.5,1]$，$W_5=[3.7,1]$，$W_6=[6.3,1]$，并且传输容量分布为 $Q_{1,2}=Q_{2,1}=[0.8;1]$，$Q_{2,3}=Q_{3,2}=[2.3;1]$，$Q_{3,4}=Q_{4,3}=[1.7;1]$，$Q_{2,5}=Q_{5,2}=[2.8;1]$，$Q_{3,6}=Q_{6,3}=[2;1]$和 $Q_{4,6}=Q_{6,4}=[0.4;1]$，$A_{req}=0.95$，所有其他的实验设置和参数完全和实验 4 相同。

表 13-10 显示了优化前后策略的比较。相比优化前的系统可靠性 0.8008，优化后的系统可靠性达到 0.9533。此外，优化后建立成本和维修成本均低于预设策略下的成本，总成本由 1469.3 下降至 949.46。

表 13-10　最优策略和预设策略的比较

策略类型	最优策略	预设策略
m	$\underbrace{[e_4]}_{节点1}\underbrace{[e_3,e_4]}_{节点2}\underbrace{[e_3,e_3]}_{节点3}\underbrace{[e_4]}_{节点4}\underbrace{[e_4]}_{节点5}\underbrace{[e_4]}_{节点6}$	$\underbrace{[e_8]}_{节点1}\underbrace{[e_4,e_5]}_{节点2}\underbrace{[e_2,e_3]}_{节点3}\underbrace{[e_4]}_{节点4}\underbrace{[e_8]}_{节点5}\underbrace{[e_6]}_{节点6}$
T	[8,6,10,10,10,10,8,10]	[20,12,6,8,6,20,6,20]
可靠性	0.9533	0.8008
总成本/(10^9 元)	949.46	1469.30

13.5.3　讨论

通过上述数值实验，可以为电网业主在实际生活中提供一些实用的结论。首先，建立一个区域传输网络是实现多省地区电力供需平衡的必要条件。例如，实验 1 表明，在不允许输电的情况下，满足所有六省的电力需求的概率仅为 0.4907。采用图 13-2 所示的输电网络，通过求解本章提出的优化模型确定最优输电策略，可以将该概率提高到 0.8173。其次，随着各省电力需求的增加，满足各省电力需求的概率迅速降低。因此，决策者在确定每个省的电厂容量之前，必须对区域内每个省的预期电力需求有一个良好的估计。最后，我们看到增加替换新发电机的频率可以增加满足每个省电力需求的可能性。然而，总成本显著增加。预先确定满足各需求的目标概率，并利用所提出的优化模型和算法，找出各省份发电厂的冗余度和发电机的最优预防替换。这包括找到在每个城市建立发电机的正确数量和类型的发电机。总的来说，从实验 7 可以看出，所提出的模型和优化算法可以帮助提高决策者在总成本最小的情况下满足每个省份需求的目标概率。

13.6　本章总结

本章是基于实际工程应用和电网系统性能共享的分析，提出了一个联合优化问题来确定最优冗余度和维修策略。该模型可同时确定发电机的类型、数量和最优维修周期，以使经济成本最小。通过扩展通用生成函数技术，提出了一种考虑电网可用性评估算法。我们使用粒子群优化算法来解决联合优化问题。结果表明，该方法能在满足可靠性要求的前提下，使设计阶段和运行阶段的总成本最小。

符号及说明列表	
UGF	通用生成函数
PSO	粒子群优化
DR	需求响应
N	电网系统节点数
M	发电机类型的数量
$n_i^{\max}$	节点 i 的最大发电机数
e_j	j 型的发电机
$m_{i,j}$	节点 i 中发电机 e_j 的数量
F_j	发电机 e_j 的性能
L_j	F_j 实现的数量
α_j	F_j 实现的相应的概率
G_i	节点 i 的累积性能
W_i	节点 i 的需求
H_i	W_i 实现的数量
γ_i	W_i 实现相应的概率
$X_{i,\ell}$	节点 i 传输到节点 l 的性能总量
$Q_{i,\ell}$	节点 i 和节点 l 之间的公共总线传输容量
D_i	性能共享后节点 i 的不足性能
D	系统的总不足性能
θ_j	发电机 e_j 的成本
$t_{p,j}$	发电机 e_j 的预防替换的平均时间
$t_{c,j}$	发电机 e_j 纠正维修的平均时间
$\tau_{p,j}$	发电机 e_j 预防替换的成本
$\tau_{c,j}$	发电机 e_j 纠正维修的成本
T_j	发电机 e_j 的替换时间周期
$\lambda_j(T_j)$	发电机 e_j 的平均失效次数
C_D	建立系统的成本
T	生命周期
A_j	发电机 e_j 的预期可用性
C_M	总的系统维修成本
C	建立和运行系统的总的成本

续表

符号及说明列表	
Ω	替换周期的集合
ω	Ω的大小
A_{req}	系统可用性要求
$u_j(z)$	发电机 e_j 性能分布的通用生成函数
$U_i(z)$	节点 i 中所有发电机总性能的通用生成函数
$\Lambda_i(z)$	节点 i 需求分布的通用生成函数
$\Gamma_{i,\ell}(z)$	公共总线 $Q_{i,1}$ 容量的函数
$\Psi(z)$	C 分布的通用生成函数
$\Phi(z)$	系统状态的通用生成函数
S	系统状态的总数
$\varphi(s)$	系统在状态 s 实现的向量
p_s	系统在状态 s 的概率
K	粒子群优化中的解向量
L	粒子群优化中解向量的长度
$\mathfrak{M}$	粒子群的粒子数
$\boldsymbol{x}_i^t$	粒子 i 的位置向量
$\boldsymbol{v}_i^t$	粒子 i 的速度向量
p_i	粒子 i 的个体最优解
p_g	全局最优解

第十四章

基于性能共享的温备份多态电力系统可靠性建模与优化

随着电网系统规模的不断扩大以及互联程度的不断提高，各个地区发电与需求之间的不平衡得到了有效缓解[143]。在实际的电力系统中，不同地区的子系统需要满足其自身的负载要求[144]。当某一区域发电机组停运或负载波动时，其他区域的系统可以提供必要的备用发电[145]。性能共享是电力系统中提高系统可靠性的一种有效机制，具体来说，一个子系统的不足电力可以通过传输线，由另一子系统的盈余电力来补偿。但共享发电会受到不同子系统之间传输线的传输容量的限制。

此外，在整个电力系统的子系统中，与热备份和冷备份相比，温备份已经被广泛地应用于发电系统，它可以确保系统在具有更低能耗和更短启动时间的情况下安全可靠地运行[146]。考虑到不同的运行环境压力，与在线模式下的机组相比，温备份模式下的发电机组有更低的状态转移速率[147]。此外，由于老化和退化[148]，系统组件可能在运行期间呈现出多状态特征，这比二态模型[149-150]更能准确地展示系统组件的特征。

基于以上分析，本章考虑了同时具有多态发电机组和多态性能共享的电力系统。电力可以在不同的子系统之间共享，其中一个子系统的盈余电力可以通过多态传输线传输到任意存在电力不足的子系统[151-152]。允许发电机组在温备份模式和运行模式下有不同的状态转移分布。此外，考虑到温备份机组启动时，可能会出现启动失败或不完美切换的情况[146]，假设温备份发电机组的成功启动概率为常数。本章提出了一种多态决策图方法用以评估所提出的电力系统可靠性。

14.1 具有多态温备份和多态性能共享机制的电力系统的模型描述

考虑一个由 M 个子系统和 N 个多态发电机组组成的电力系统，其中每个子系统应该先满足自身的负载要求。第 i 个子系统的最大负载要求是 D_i。在子系统 i 中，发电机组 j 可能有 K_{ij} 种状态，当它处于状态 k 时相应的容量为 $C_{j,k}^{i}$。在初始状态下，机组 j 处于具有额定容量 $C_{j,1}^{i}$ 的状态 1。容量以降序描述，即对于机组 j，有 $C_{j,1}^{i}>C_{j,2}^{i}>\cdots>C_{j,K_{ij}}^{i}$。在所提出的模型中，假设发电机组在系统运行期间是不可维修的[153]。

子系统 i 中配置的发电机组数量是预先设置的，现将其记为 n_i，则有 $\sum_{i=1}^{M} n_i = N$。在线模式和温备份模式下的机组数量取决于不同机组的容量和每个子系统的负载要求。具体而言，在子系统 i 中，如果前面的 m_i 个机组能满足负载 D_i，那么这些机组就是在线模式，而剩下的 n_i-m_i 个机组则都处于温备份模式。假设子系统 i 的在线模式和温备份模式机组的集合分别记为 Ω_i^0 和 Ω_i^s。设这两个集合的初始形式为 $\Omega_i^0=\{1,2,\cdots,m_i\}$ 和 $\Omega_i^s=\{m_i+1,m_i+2,\cdots,n_i\}$。定义在线机组 j 从状态 k 到状态 $k+1$ 的状态转移时间分布的概率密度函数为 $f_{j,k}^{i,o}(t)$，而温备份机组 j 从状态 k 到状态 $k+1$ 的状态转移时间分布的概率密度函数为 $f_{j,k}^{i,w}(t)$。本章所考虑的电力系统结构如图 14-1 所示，其中 A_{i,m_i} 为子系统 i 中的第 m_i 个发电机组。

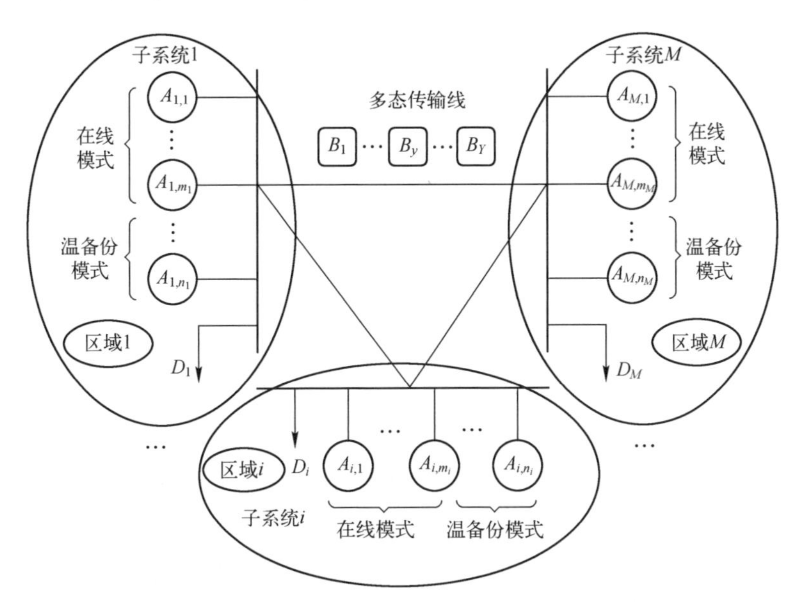

图 14-1　具有多态发电机组和性能共享的电力系统

当任意一个发电机组发生状态转移时，可能需要在不同子系统之间进行性能共享或启动温备份机组至在线模式，以满足其负载要求。通过这种方式，由状态转移引起的不足电力可以通过其他子系统的共享电力或启动温备份机组进行抵消。此外，考虑到温备份机组的开关可能存在缺陷，模型中考虑了机组 $A_{i,j}$ 的成功启动概率，记为 p_j^i。

由于从其他子系统传输盈余电力的成本通常低于启动温备份机组[154]，因此，如果一个子系统当前的盈余电力可以平衡另一子系统的不足电力，则不会启动温备份机组。换言之，为了确保系统可靠性，应该优先传输系统中的盈余性能。当一个子系统中出现电力不足时，发电量超过最大负载要求 D_i 的子系统 i 可以通过多态公共总线将其盈余电力传输到电力不足的子系统。假设传输线具有 Y 个状态，其中第 $y(y=1,2,\cdots,Y)$ 个状态的容量记为 B_y，且相应的概率为 q_y。注意，盈余电力的传输量受传输线路容量 B_y 的限制。

如果一个子系统的不足电力不能通过性能共享来平衡，那么存在电力不足子系统中的温备份机组将优先激活。除了该优先级之外，温备份机组的激活还取决于其温备份组件的索引[155]。具体而言，在子系统 i 中，温备份机组 $A_{i,k}$ 在温备份机组 $A_{i,j}$ 启动之后被启动，其中 $m_i \leqslant j<k \leqslant n_i$。当任意一个子系统不能满足其负载时，电力系统则失效。

在子系统 i 中，组件 j 在状态为 k 时的容量是 $C_{j,k}^i$，子系统 i 中的盈余电力和不足电力分别为 W_i 和 X_i。

$$W_i = \max\Big(\sum_{j\in\Omega_i^0} C_{j,k}^i - D_i, 0\Big) \tag{14-1}$$

$$X_i = \max\Big(D_i - \sum_{j\in\Omega_i^0} C_{j,k}^i, 0\Big) \tag{14-2}$$

因此，通过将每个子系统中的所有盈余电力和不足电力分别相加，则可获得整个电力系统的总盈余电力 W 和总不足电力 X：

$$W = \sum_{i=1}^{M} W_i = \sum_{i=1}^{M} \max\Big(\sum_{j\in\Omega_i^0} C_{j,k}^i - D_i, 0\Big) \tag{14-3}$$

$$X = \sum_{i=1}^{M} X_i = \sum_{i=1}^{M} \max(D_i - \sum_{j\in\Omega_i^0} C_{j,k}^i, 0) \tag{14-4}$$

通过发电共享机制，存在盈余电力的子系统可以与存在不足电力的子系统共享电力，其中存在不足电力的子系统只能传输不超过 W 的电量。即，被传输的电量为 $\min\{W,X\}$。

此外，传输线处于状态 y 时的容量为 B_y，由于传输容量的限制，可以在整个系统中传输的电量 E 可以通过下式计算：

$$\begin{aligned} E &= \min(W, X, B_y) \\ &= \min\Big(\sum_{i=1}^{M} \max\Big(\sum_{j\in\Omega_i^0} C_{j,k}^i - D_i, 0\Big), \sum_{i=1}^{M} \max(D_i - \sum_{j\in\Omega_i^0} C_{j,k}^i, 0), B_y\Big) \end{aligned} \tag{14-5}$$

需要注意的是 W 和 X 在统计学意义上是相关的，其中 W 和 B_y 以及 X 和 B_y 在统计学意义上是独立的。

在重新分配电力之后，整个系统的不足电力 X' 用下式表示：

$$\begin{aligned} X' &= X - E = X - \min(W,X,B_y) = \max(0,X - \min(W,B_y)) \\ &= \max\left(0, \sum_{i=1}^{M} \max(D_i - \sum_{j \in \Omega_i^0} C_{j,k}^i, 0) - \min\left(\sum_{i=1}^{M} \max\left(\sum_{j \in \Omega_i^0} C_{j,k}^i - D_i, 0\right), B_y\right)\right) \end{aligned} \tag{14-6}$$

剩余未使用的盈余电力 W' 可表示为

$$\begin{aligned} W' &= W - E = W - \min(W,X,B_y) = \max(0,W - \min(X,B_y)) \\ &= \max\left(0, \sum_{i=1}^{M} \max\left(\sum_{j \in \Omega_i^0} C_{j,k}^i - D_i, 0\right) - \min\left(\sum_{i=1}^{M} \max\left(D_i - \sum_{j \in \Omega_i^0} C_{j,k}^i, 0\right), B_y\right)\right) \end{aligned} \tag{14-7}$$

如果在电力共享后所有的子系统均不存在不足电力的情况，则系统是可靠的。因此，本章所提出的电力系统的可靠性 R 可以表示为

$$\begin{aligned} R &= P\{X' = 0\} = P\{X - \min(W,B_y) \leqslant 0\} \\ &= P\left\{\sum_{i=1}^{M} \max\left(D_i - \sum_{j \in \Omega_i^0} C_{j,k}^i, 0\right) - \min\left(\sum_{i=1}^{M} \max\left(\sum_{j \in \Omega_i^0} C_{j,k}^i - D_i, 0\right), B_y\right) \leqslant 0\right\} \end{aligned} \tag{14-8}$$

特别地，如果传输线处于完全失效的状态，即 $B_y = 0$，这表明电力盈余无法通过该传输线进行传输，此时该电力系统可以被视为串并联系统。当 $B_y = 0$ 时，电力共享后，更新的不足电力 X' 可以用式（14-9）表示，系统可靠性 R 可表示为式（14-10）。

$$X' = X - \min(W,X,B_y) = X - \min(W,X,0) = X = \sum_{i=1}^{M} \max\left(D_i - \sum_{j \in \Omega_i^0} C_{j,k}^i, 0\right) \tag{14-9}$$

$$R = P\{X' = 0\} = P\left\{\sum_{i=1}^{M} \max\left(D_i - \sum_{j \in \Omega_i^0} C_{j,k}^i, 0\right) = 0\right\} = \prod_{i=1}^{M} P\left\{D_i \leqslant \sum_{j \in \Omega_i^0} C_{j,k}^i\right\} \tag{14-10}$$

在另一种特殊情况下，如果传输线处于传输容量不受限制的状态，即 $B_y = \infty$，此时该电力系统则可以被看作是一个并联系统。因此，电力共享后，更新的不足性能 X' 可表示为式（14-11），系统可靠性 R 可表示为式（14-11）。

$$\begin{aligned} X' &= X - \min(W,X,\infty) = \max(0,X - W) \\ &= \max\left(0, \sum_{i=1}^{M} \max\left(D_i - \sum_{j \in \Omega_i^0} C_{j,k}^i, 0\right) - \sum_{i=1}^{M} \max\left(\sum_{j \in \Omega_i^0} C_{j,k}^i - D_i, 0\right)\right) \end{aligned}$$

$$= \max\left(0, \sum_{i=1}^{M} D_i - \sum_{i=1}^{M} \sum_{j \in \Omega_i^0} C_{j,k}^i\right) \tag{14-11}$$

$$R = P\{X' = 0\} = P\left\{\max\left(0, \sum_{i=1}^{M} D_i - \sum_{i=1}^{M} \sum_{j \in \Omega_i^0} C_{j,k}^i\right) = 0\right\} = P\left\{\sum_{i=1}^{M} D_i \leqslant \sum_{i=1}^{M} \sum_{j \in \Omega_i^0} C_{j,k}^i\right\} \tag{14-12}$$

为了更好地展示所提出的系统模型，图 14-2 中提供了一个简单的系统模型。该系统由 2 个子系统组成，其中每个子系统由 2 个发电机组组成。多态发电机组的容量和不同子系统的最大负载如表 14-1 所列。其中传输线的容量有 100MV、50MV 和 0MV 三种状态。

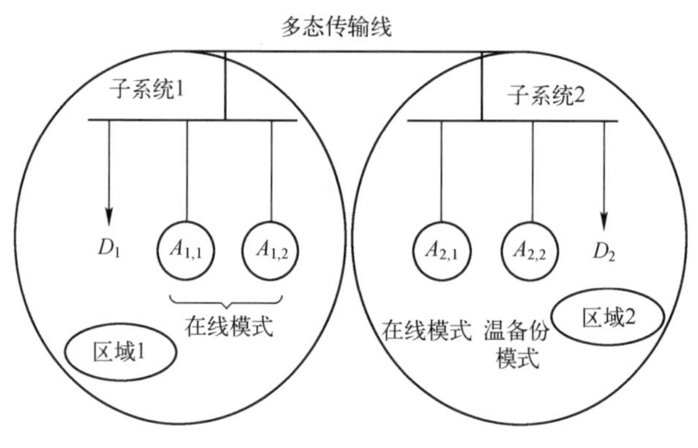

图 14-2　简单系统的结构

表 14-1　简单系统的容量和需求

发电机组/状态	容量/需求/MW		
	1	2	3
$A_{1,1}$, $A_{1,2}$	80	40	0
$A_{2,1}$, $A_{2,2}$	100	50	0
D_1	120		
D_2	100		

最初，系统所有发电机组都处于最大发电能力的状态 1。基于每个子系统所提供的容量和负载，子系统 1 中的机组 $A_{1,1}$ 和 $A_{1,2}$ 处于在线模式；子系统 2 中的机组 $A_{2,1}$ 处于在线模式，而机组 $A_{2,2}$ 处于温备份模式。如果机组 $A_{1,1}$ 或机组 $A_{1,2}$ 出现了状态转移，导致子系统 1 发生电力不足的情况，此时机组 $A_{2,2}$ 会被启动为在线模式，并且子系统 2 的盈余电力在传输容量的限制下通过传输线传输到子系统 1。

14.2　基于多态决策图技术的电力系统可靠性分析

决策图方法已经被广泛应用于温备份系统的可靠性分析。本章提出了一种多态决策图方法，用于实现所提出电力系统的可靠性评估。

14.2.1　系统多态决策图的构造

基于所提出系统的模型描述，在为所提出系统创建多态决策图时，需要考虑三个方面。首先，向量 $\boldsymbol{L}_x^s$ 表示多态决策图中第 s 状态转移第 x 个分支发电机组的状态索引。在表示第 s 状态转移的第 x 个分支机组的不同模式的向量 $\boldsymbol{G}_x^s$ 中，“1”表示机组处于在线模式，而“0”则表示机组处于温备份模式。此外，向量 $\boldsymbol{H}_x^s=[E_x^{s'},X_x^{s'}]$ 表示在系统多态决策图中第 s 状态转移的第 x 个分支，系统更新后传输电量以及不足电力。如果更新后的不足电力大于 0，则系统被视为不可靠，即在发电容量重新分配和温备份启动后，系统中还出现了电量不足。综合考虑上述三个方面，多态决策图方法则拓展了传统的二元决策图方法。此外，系统多态决策图中的节点值由 $\{\boldsymbol{L}_x^s,\boldsymbol{G}_x^s,\boldsymbol{H}_x^s\}$ 来表示，这个集合由每个发电机组的状态和模式以及系统发电容量组成。

随着发电机组状态转移次数的增加，系统多态决策图可以从顶层节点开始进行迭代构造。现定义一条具有无线传输容量的传输线，则系统多态决策图的创建过程具体如下：

步骤 1：构建系统多态决策图的顶层节点。

在系统多态决策图中，顶层节点表示所有机组都处于其最大发电容量的完美运行状态。机组的不同模式取决于它们的容量和子系统的负载。顶层节点的值呈现在式（14-13）中。

$$
\begin{cases}
\boldsymbol{L}_1^0=[\underbrace{1,1,\cdots,1}_{N}] \\
\boldsymbol{G}_1^0=[\cdots,\underbrace{1,1,\cdots,1}_{m_i},\underbrace{0,0,\cdots,0}_{n_i-m_i},\cdots] \\
\boldsymbol{H}_1^0=[E_1^{0'},X_1^{0'}]
\end{cases}
\tag{14-13}
$$

在式（14-13）中，向量 $\boldsymbol{G}_1^0$ 表示发电机组的不同模式，其中包括在线模式或者温备份模式。在初始阶段，子系统 i 中的前 m_i 个机组能够满足子系统的负载 D_i，剩下的 n_i-m_i 个机组都处于温备份模式。向量 $\boldsymbol{H}_1^0$ 中更新后的传输电量 $E_1^{0'}$ 以及性能不足 $X_1^{0'}$ 用式（14-14）计算。

$$\begin{cases} E_1^{0'}=\min(W_1^0,X_1^0,\infty) \\ \quad =\min\left(\sum_{i=1}^{M}\max\left(\sum_{j=1}^{n_i}C_{j,1}^i-D_i,0\right),\sum_{i=1}^{M}\max\left(D_i-\sum_{j=1}^{n_i}C_{j,1}^i,0\right)\right) \\ X_1^{0'}=X_1^0-E_1^0 \\ \quad =\max\left(0,\sum_{i=1}^{M}\max\left(D_i-\sum_{j=1}^{n_i}C_{j,1}^i,0\right)-\min\left(\sum_{i=1}^{M}\max\left(\sum_{j=1}^{n_i}C_{j,1}^i-D_i,0\right)\right)\right) \end{cases} \tag{14-14}$$

以图 14-2 为例，顶层节点中的值可以用式（14-15）来计算。

$$\begin{cases} \boldsymbol{L}_1^0=[1,1,1,1] \\ \boldsymbol{G}_1^0=[1,1,1,0] \\ \boldsymbol{H}_1^0=[0,0] \end{cases} \tag{14-15}$$

步骤 2：构造具有无限容量并且用于任意机组第一个状态转移的多态决策图。

基于顶层的节点，可以构造任意机组第一个状态转移的多态决策图。第一次状态转移的系统多态决策图如图 14-3 所示。由于第一个状态转移可以发生在任意一个机组上，这致使顶层节点会产生 N 个分支，其中第 $x(x=1,2,\cdots,N)$ 个分支表示第一个状态转移发生在第 x 个机组。由于状态转移可能会导致某些子系统存在不足电力，为了确保系统可靠性，性能共享和温备份机组的启动会依次进行，这可能会导致集合 $\Omega_i^{0'}$ 和 $\Omega_i^{s'}$ 的更新。

在图 14-3 中，第一次状态转移的第 $x(x=1,2,\cdots,N)$ 个分支的节点值可以用式（14-16）计算，它表示第 x 个机组从状态 1 转换到状态 2。如果第 x 个机组属于子系统 k，那么有 $\sum_{i=1}^{k}n_i \leqslant x \leqslant \sum_{i=1}^{k+1}n_i$。

$$\begin{cases} \boldsymbol{L}_x^1=[\underbrace{1,\cdots,1}_{x-1},2,\underbrace{1,\cdots,1}_{N-x}] \\ \boldsymbol{H}_x^1=[E_x^{1\prime},X_x^{1\prime}] \end{cases},\quad x=1,2,\cdots,N \tag{14-16}$$

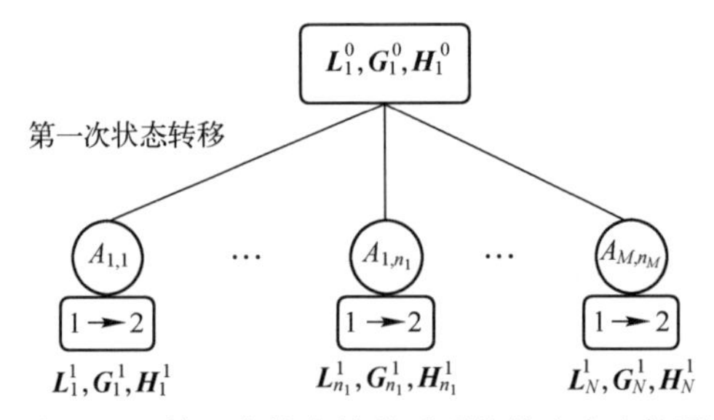

图 14-3　第一次状态转移后系统的多态决策图

其中参数 $\boldsymbol{H}_x^1=[E_x^{1'},X_x^{1'}]$ 可通过式（14-17）计算。

$$
\begin{cases}
E_x^{1\prime}=\min(W_x^{1\prime},X_x^{1\prime},\infty) \\
\quad =\min\left(\sum_{i=1,i\neq k}^{M}\max\left(\sum_{j\in\Omega_i^{0'}}C_{j,1}^{i}-D_i,0\right)+\max\left(\sum_{j\in\Omega_i^{0'},j\neq x-\sum_{i=1}^{k-1}n_i}C_{j,1}^{k}+C_{x-\sum_{i=1}^{k-1}n_i,2}^{k}-D_k,0\right),\right. \\
\quad\quad \left.\sum_{i=1,i\neq k}^{M}\max\left(D_i-\sum_{j\in\Omega_i^{0'}}C_{j,1}^{i},0\right)+\max\left(D_k-\sum_{j\in\Omega_i^{0'},j\neq x-\sum_{i=1}^{k-1}n_i}C_{j,1}^{k}-C_{x-\sum_{i=1}^{k-1}n_i,2}^{k},0\right)\right) \\
X_x^{1\prime}=\max(0,X_x^1-\min(W_x^1,\infty)) \\
\quad =\max\left(0,\sum_{i=1,i\neq k}^{M}\max\left(D_i-\sum_{j\in\Omega_i^{0'}}C_{j,1}^{i},0\right)+\max\left(D_k-\sum_{j\in\Omega_i^{0'},j\neq x-\sum_{i=1}^{k-1}n_i}C_{j,1}^{k}-C_{x-\sum_{i=1}^{k-1}n_i,2}^{k},0\right)\right. \\
\quad\quad \left.-\min\left(\sum_{i=1,i\neq k}^{M}\max\left(\sum_{j\in\Omega_i^{0'}}C_{j,1}^{i}-D_i,0\right)+\max\left(\sum_{j\in\Omega_i^{0'},j\neq x-\sum_{i=1}^{k-1}n_i}C_{j,1}^{k}+C_{x-\sum_{i=1}^{k-1}n_i,2}^{k}-D_k,0\right)\right)\right)
\end{cases}
\tag{14-17}
$$

此外，$\boldsymbol{G}_x^1$取决于机组容量和子系统负载。如果第 $x(x=1,2,\cdots,N)$ 个分支的第一个状态转移导致某些子系统发生电力不足的情况，性能共享优先为存在不足电力的子系统提供盈余电力。如果通过性能共享仍不能平衡其不足电力，则 r 个温备份机组被启动为在线模式，直至其不足电力被弥补为止。在线发电机组更新的集合 $\boldsymbol{\Omega}_i^{0'}$ 可以用 $\boldsymbol{G}_x^1$ 中等于 1 的元素来获取。

步骤 3：构建第二次状态转移的系统多态决策图。

基于步骤 2 中构造的多态决策图，可以建立第二次状态转移的系统多态决策图。假设图 14-3 中的第 x 个终端节点产生 $N-q_x^1$ 个分支，其中 q_x^1 表示在第一次状态转移后第 x 个分支处于完全失效的机组数量，q_x^1 可以通过机组状态 $\boldsymbol{L}_x^1$ 来获取。换句话说，如果机组处于完全失效的状态，则该机组将不会再发生状态转移。第 $l(l=1,2,\cdots,N-q_x^1)$ 个分支表示某个机组发生了第二次状态转移。

以图 14-3 中最左边的节点为例，第一次状态转移发生在第一个机组，第二次状态转移的系统多态决策图如图 14-4 所示。在图 14-4 中，假设在第一次状态转移后没有机组处于完全失效的状态，即 $q_x^1=0$。第一个分支表示第一个机组从第二状态转移到第三状态的状态转移。第 $l(l=2,3,\cdots,N)$ 分支表示第 l 个机组经历了从第一状态转移到第二状态的状态转移。根据第二种可能的状态转移，进一步更新多态决策图中节点的最终值。式（14-18）~式（14-19）表示其相应的更新值。

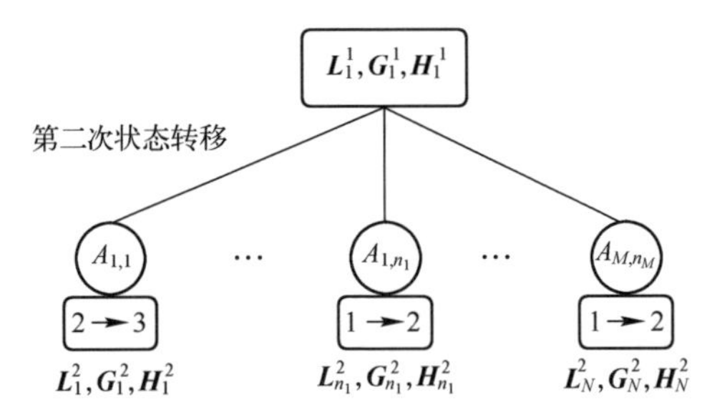

图 14-4　第一个机组发生第二次状态转移后的系统多态决策图

$$
\boldsymbol{L}_l^2 = \begin{cases} [3, \underbrace{1, 1, \cdots, 1}_{N-1}], & l = 1 \\ [2, \underbrace{1, 1, \cdots, 1}_{l-2}, 2, \underbrace{1, 1, \cdots, 1}_{N-l}], & l = 2, 3, \cdots, N \end{cases} \tag{14-18}
$$

$$
E_x^{2\prime} = \min(W_x^{2\prime}, X_x^{2\prime}, \infty)
$$

$$
= \begin{cases}
\begin{aligned}
&\min\Big(\max\Big(\sum_{j\in\Omega_1^{0'}, j\neq 1} C_{j,1}^i + C_{1,3}^1 - D_1, 0\Big) + \sum_{i=2}^{M} \max\Big(\sum_{j\in\Omega_i^{0'}} C_{j,1}^i - D_i, 0\Big), \\
&\max\Big(D_1 - \sum_{j\in\Omega_1^{0'}, j\neq 1} C_{j,1}^i - C_{1,3}^1, 0\Big) + \sum_{i=2}^{M} \max\Big(D_i - \sum_{j\in\Omega_i^{0'}} C_{j,1}^i, 0\Big)\Big)
\end{aligned}, & l = 1 \\
\begin{aligned}
&\min\Big(\max\Big(\sum_{j\in\Omega_1^{0'}, j\neq 1} C_{j,1}^i + C_{1,2}^1 - D_1, 0\Big) + \sum_{i=2, i\neq k}^{M} \max\Big(\sum_{j\in\Omega_i^{0'}} C_{j,1}^i - D_i, 0\Big) \\
&+ \max\Big(\sum_{j\in\Omega_1^{0'}, j\neq l-\sum_{j=1}^{k-1} n_j} C_{j,1}^k + C_{l-\sum_{i=1}^{k-1} n_i, 2}^k - D_k, 0\Big), \\
&\max\Big(D_1 - \sum_{j\in\Omega_1^{0'}, j\neq 1} C_{j,1}^i - C_{1,2}^1, 0\Big) + \sum_{i=2, i\neq k}^{M} \max\Big(D_i - \sum_{j\in\Omega_i^{0'}} C_{j,1}^i, 0\Big) \\
&+ \max\Big(D_k - \sum_{j\in\Omega_1^{0'}, j\neq l-\sum_{j=1}^{k-1} n_j} C_{j,1}^k + C_{l-\sum_{i=1}^{k-1} n_i, 2}^k, 0\Big)\Big)
\end{aligned}, & \begin{aligned} l &= 2, 3, \cdots, N, \\ k &\neq 1 \end{aligned} \\
\begin{aligned}
&\min\Big(\max\Big(\sum_{j\in\Omega_1^{0'}, j\neq l} C_{j,1}^k + C_{l,2}^k + C_{1,2}^1 - D_1, 0\Big) + \sum_{i=2}^{M} \max\Big(\sum_{j\in\Omega_i^{0'}} C_{j,1}^i - D_i, 0\Big), \\
&\max\Big(D_1 - \sum_{j\in\Omega_1^{0'}, j\neq l} C_{j,1}^k - C_{l,2}^k - C_{1,2}^1, 0\Big) + \sum_{i=2}^{M} \max\Big(D_i - \sum_{j\in\Omega_i^{0'}} C_{j,1}^i, 0\Big)\Big)
\end{aligned}, & \begin{aligned} l &= 2, 3, \cdots, N, \\ k &= 1 \end{aligned}
\end{cases} \tag{14-19}
$$

步骤 4：基于表示第 $s-1$ 个状态转移的多态决策图，通过迭代构建第 s 个可能状态转移的系统多态决策图。并根据处于不同状态的机组容量和每个子系统的负载来更新节点值。图 14-5 显示了所提出电力系统的总体多态决策图。

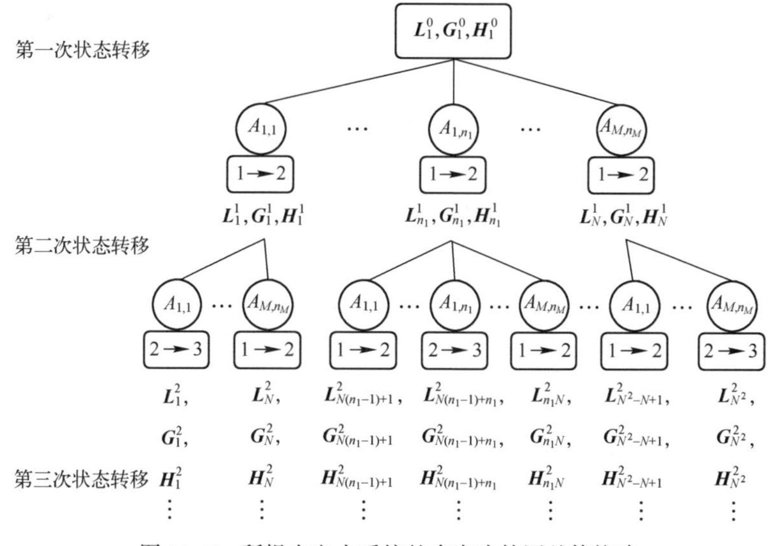

图 14-5　所提出电力系统的多态决策图总体构建

步骤 5：如果更新后的性能不足大于零，则至少有一个子系统的负载不能得到满足，因此多态决策图的构建将被终止。此外，如果不再发生状态转移，也会停止多态决策图的构建。因此，停止构建多态决策图的准则是状态转移 $S=\max s(X_x^{s'}=0)$ 和 $S=\sum_{i=1}^{M}\sum_{j=1}^{n_i}(K_{ij}-1)$ 的最大数。

步骤 6：将传输线状态 y 的容量设置为 B_y，忽略更新传输容量大于 B_y 的状态转移。

步骤 7：获得具有不同传输容量 $B_y(y=1,2,\cdots,Y)$ 的系统多态决策图。

构造多态决策图算法流程图如图 14-6 所示。

最后，基于上述多态决策图构造算法，可以得到整个系统的多态决策图。图 14-7 展示了图 14-2 中示例的多态决策图结构，其中第一次状态转移发生在第一个机组（假设传输线处于容量为 100MW 的状态）。

14.2.2　基于多态决策图方法的可靠性评估

以表示状态转移发生在机组 $A_{1,1}$ 和 $A_{1,2}$ 的图 14-7 中最左边路径为例，该路径可以表示为：机组 $A_{1,1}$ 发生了从状态 1 到状态 2 的第一次状态转移；机组

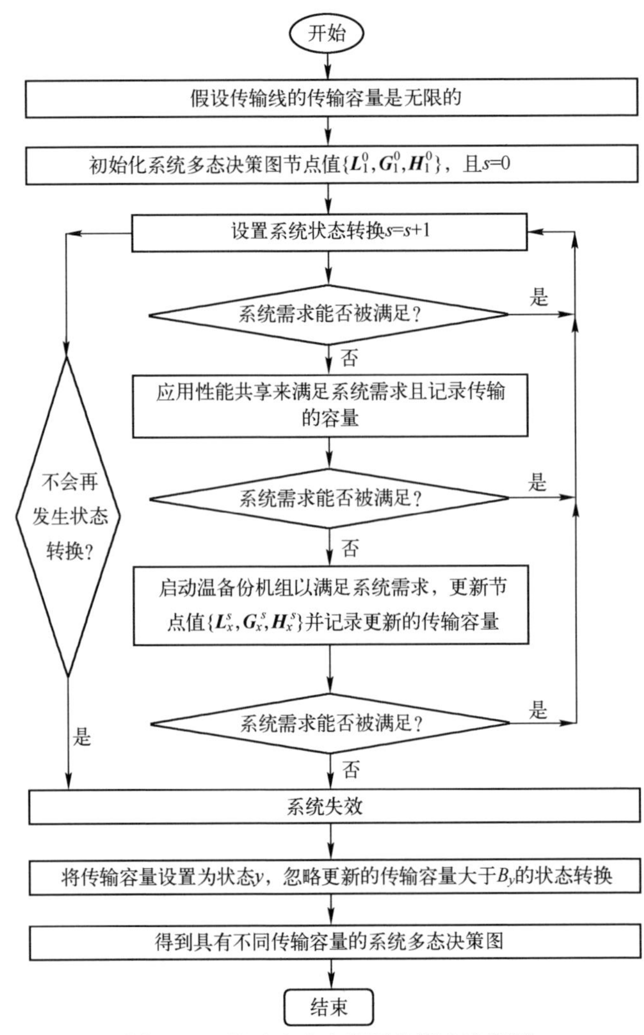

图 14-6　构造多态决策图的算法流程图

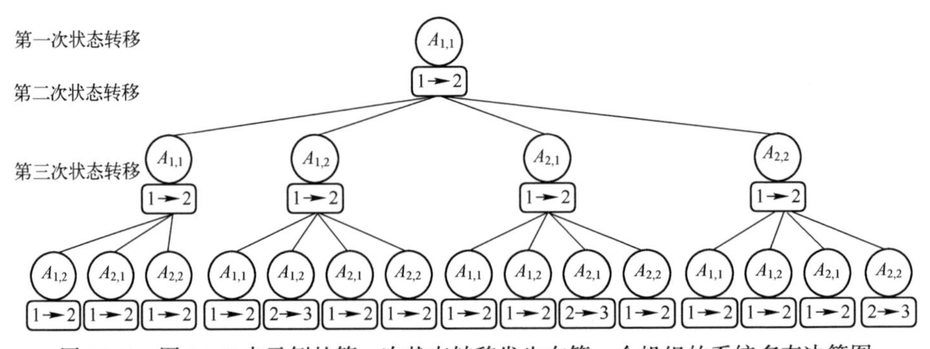

图 14-7　图 14-2 中示例的第一次状态转移发生在第一个机组的系统多态决策图

$A_{1,1}$发生了从状态 2 到状态 3 的第二次状态转移，而子系统 2 中的机组 $A_{2,2}$将从温备份模式启动为在线模式，并通过传输线为子系统 1 输送电力；第三次系统状态转移时，机组 $A_{1,2}$从状态 1 转换到状态 2，并且子系统 1 中的不足电力通过多态传输线由子系统 2 中的电力盈余来补偿。传输线处于 y 状态的这一路径发生概率，如式（14-20）所示。

$$\mathrm{Path}_1^y = p_2^2 \cdot \int_{\tau_0}^{t}\int_{\tau_1}^{t}\int_{\tau_2}^{t} \frac{f_{1,1}^{1,0}(\tau_1)f_{1,2}^{1,0}(\tau_2-\tau_1)f_{2,1}^{1,0}(\tau_3)}{R_{2,2}^{1,0}(t-\tau_3)R_{1,1}^{2,0}(t)R_{2,1}^{2,w}(\tau_2)R_{2,1}^{2,0}(t-\tau_2)} \mathrm{d}\tau_1\mathrm{d}\tau_2\mathrm{d}\tau_3 \tag{14-20}$$

式中：t 为系统运行时间；τ_0为系统开始运行的时间；$f_{j,k}^{i,0}(t)$ 和 $F_{j,k}^{i,0}(t)$ 分别为子系统 i 中具有在线模式的第 j 个机组从状态 k 到状态 k+1 的状态转移时间的概率密度函数和累积分布函数；$f_{j,k}^{i,w}(t)$ 和 $F_{j,k}^{i,w}(t)$ 分别为子系统 i 中具有温备份模式的第 j 个机组从状态 k 到状态 k+1 的状态转移时间的概率密度函数和累积分布函数。相应地，$R_{j,k}^{i,0}(t)=1-F_{j,k}^{i,0}(t)$ 和 $R_{j,k}^{i,w}(t)=1-F_{j,k}^{i,w}(t)$ 为发电机组的可靠性函数。τ_s为第 s 个子系统发生状态转移的时间，它是一个积分变量，并且位于(τ_{s-1},t)之间；p_j^i为将机组 $A_{i,j}$从温备份模式成功启动到在线模式的概率。

在得到通向可靠系统路径发生概率后，就可以获得传输线第 y 状态的系统可靠性，其中该状态的容量为 B_y并且发生概率为 q_y。最后，通过将不同状态下所有路径的发生概率相加便可以得出系统可靠性，如式（14-21）所示。

$$R(t) = \sum_{y=1}^{Y} q_y \cdot \sum_b \mathrm{Path}_b^y(t) \tag{14-21}$$

14.2.3　复杂性分析

本章所提出方法的复杂性主要源于构建多态决策图和可靠性评估。对于多态决策图的构建，其复杂性主要来自于多态决策图中的节点数。而对于基于多态决策图的可靠性评估，其复杂性则主要在于获取发生概率的积分计算过程。因此，考虑到多态决策图构建中的节点数量和发生概率的积分，本章将进一步分析所提出方法的计算复杂度。

根据以上多态决策图构建的步骤，当传输线处于状态 y 时，系统多态决策图的节点数将小于式（14-22）。因此，在传输线的不同状态下，所有系统多态决策图的节点数都小于式（14-23）。

$$1 + \sum_{s=1}^{S} N^s = (N^{S+1} - 1)/(N - 1) \tag{14-22}$$

$$Y\left(1+\sum_{s=1}^{S}N^{s}\right)=Y(N^{S+1}-1)/(N-1) \tag{14-23}$$

从式（14-23）可以看出，所有多态决策图中的节点数都是由状态转移数决定，而状态转移数与不同模式下的机组容量、子系统的负载、传输线的容量和状态数有关。

具体来说，如果系统多态决策图的构建是因没有进一步的状态转移而终止，即所有机组都转换到了完全失效状态，这种情况被认为是系统多态决策图中节点数量最多的最坏情况。在该情况下，所有系统多态决策图的节点数小于 $Y(N^{1+\sum_{i=1}^{M}\sum_{j=1}^{n_i}(K_{ij}-1)})/(N-1)$，它与系统机组的数量、传输线的状态以及不同机组的状态数之和有关。

然而，值得注意的是，系统多态决策图中的节点数通常比式（14-23）要小得多，这是因为多态决策图的构建通常因容量不足以覆盖系统负载而停止。此外，如果可靠路径的数量远远大于不可靠路径的数量，则可以通过构造导致系统不可靠的多态决策图来进一步改进本章所提出的方法。因此，总的来说，可以通过避免列举所有可能的组合，来降低本章所提出的多态决策图算法复杂度。

对于用于计算发生概率积分的计算复杂度，Jia 等[152]详细阐述了得到发生概率多重积分的复杂性分析。

当电力系统具有大量子系统和系统状态时，状态转移的数量可能会变得很大，从而导致可靠性评估时产生非常复杂的多重积分。需要注意的是，一些状态转移次数较多路径的发生概率非常小（接近于零）。因此，在计算系统可靠性时，状态转移次数较多的路径发生概率可以忽略不计。

此外，基于模糊聚类的系统状态近似可以用来实现系统多态决策图中具有相似系统状态的节点，从而在不降低结果精度的情况下可以提高算法效率[156]。基于系统多态决策图，仿真的方法也可用于计算无法通过数值积分直接求解多重积分的具有大量状态转移路径的发生概率。

14.3 数值实验

案例 1：指数分布

在这种案例下，分析图 14-2 所示的电力系统，其中不同状态下发电机组的状态转移时间分布服从指数分布。表 14-2 给出了不同模式下发电机组的状态转移率。

表 14-2　不同模式下发电机组的状态转移率

发电机组	在线模式/天		温备份模式/天	
状态转移	1→2	2→3	1→2	2→3
$A_{1,1}$	1/120	1/100	—	—
$A_{1,2}$	1/150	1/120	—	—
$A_{2,1}$	1/150	1/100	—	—
$A_{2,2}$	1/150	1/100	1/300	1/200

当传输线的容量为 100MW 时，始终有足够的输电容量；如果传输线处于容量 50MW 的状态时，发电再分配有时会受到传输线容量的限制；当传输线处于完全失效的状态时，不同子系统之间无法共享发电。当传输线处于 100MW、50MW、0MW 的不同状态时，系统多态决策图中分别有 75、69、41 条通向可靠系统的路径。

此外，为了验证本章所提出的多态决策图方法的有效性，本章进行了 100000 次蒙特卡罗模拟（蒙特卡罗仿真）。本书关于这两种方法的计算机程序均从 Wolfram Mathematica 12 中获取，并且使用一台具有 1. 8GHz 处理器的笔记本电脑来运行它们。为了清楚地说明不同传输容量对系统可靠性的影响，图 14-8 给出了温备份机组成功启动概率为 1 时，不同传输容量和方法的系统可靠性比较。表 14-3 列出了本章方法与蒙特卡罗仿真方法的计算时间的比较。

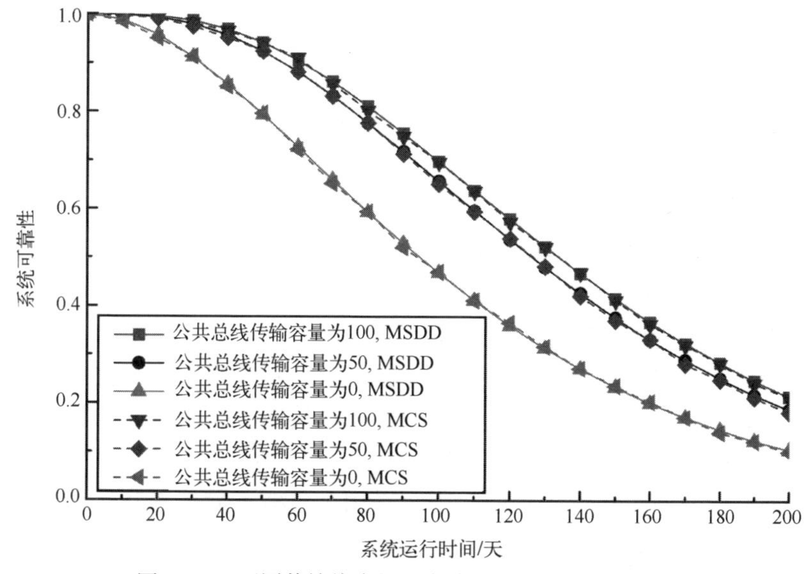

图 14-8　不同传输线容量和方式下电力系统的可靠性

表 14-3 不同传输线容量和方式的电力系统计算时间

方法	多态决策图			蒙特卡罗仿真		
传输线的容量/MW	100	50	0	100	50	0
计算时间/s	5.92	5.43	2.54	152.39	151.84	151.27

从图 14-8 和表 14-3 可以看出，与蒙特卡罗仿真方法相比，本章所提出的多态决策图算法提供了更准确的结果，且在计算时间上具有很大的优势。此外，传输线容量越大，系统可靠性越高。当传输线的容量超过了需要传输的最大容量阈值时，即使传输线容量是无限的，也无法再提高系统可靠性。在这种情况下，需要传输的最大容量阈值是 80MW。也就是说，当传输容量不小于 80MW 时，系统可靠性保持不变。

此外，在案例 1 中，为了探索传输线路的多状态特征，本章将其建模为三状态模型。表 14-4 给出了电力系统的不同场景，包括传输线状态概率不同和温备份组件成功启动的概率不同。

表 14-4 具有不同传输状态概率和成功启动概率的电力系统场景

场　景		A	B	C	D
传输容量/MW	100	0.4	0.8	0.4	0.4
	50	0.3	0.1	0.3	0.3
	0	0.3	0.1	0.3	0.3
成功启动概率		1	1	0.9	0.8

图 14-9 给出了案例 1 在不同场景下随时间变化的系统可靠性。与系统具有不同传输容量状态概率的场景 A 相比，系统的额定传输容量状态概率越大，系统的可靠性就越高。出现上述结果的原因在于传输容量越大，不足电力越有可能得到平衡。此外，对比场景 A、C 和 D，温备份成功启动概率较小的系统可靠性会低于温备份成功启动概率较大的系统可靠性。

案例 2：威布尔分布

考虑到威布尔分布在可靠性工程中的广泛应用，本节将研究具有威布尔分布的电力系统，以验证本章所提出的多态决策图方法在具有非指数状态转移时间分布电力系统中的适用性，其中表 14-5 给出了发电机组状态转移时间分布的威布尔分布参数。在案例 2 中，采用了具有不同传输状态概率和成功启动概率的 4 个场景，如表 14-5 所列。

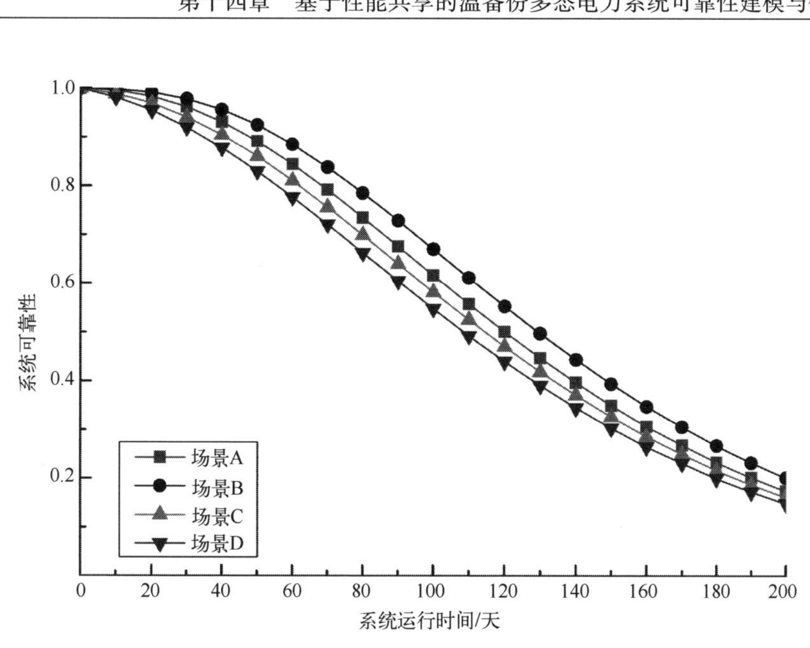

图 14-9　案例 1 中不同场景的系统可靠性

表 14-5　案例 2 下状态转移时间的威布尔分布参数

机　　组	状态转移	在线模式/天		温备份模式/天	
		比例参数	形状参数	比例参数	形状参数
$A_{1,1}$	1→2	300	1.5	—	—
	2→3	150	1.5	—	—
$A_{1,2}$	1→2	200	2	—	—
	2→3	200	2	—	—
$A_{2,1}$	1→2	300	1.5	—	—
	2→3	200	1.5	—	—
$A_{2,2}$	1→2	200	2	300	2
	2→3	150	2	200	2

案例 2 中的多态决策图构建以及导致系统成功的可靠路径数量与案例 1 相同。不同之处在于基于多重积分的不同路径发生概率的计算。具有威布尔分布的电力系统可靠性随时间变化的规律如图 14-10 所示。其结果也与案例 1 中的结果保持一致。

此外，本节还进一步比较了多态决策图方法应用于指数分布和威布尔分布的计算时间。具体地，在案例 1 和案例 2 中，每个场景的平均计算时间分别为 13. 89s 和 19. 45s。可以看出，不同的多重积分确实会影响计算时间，其中威布尔分布的积分更复杂，因此，该分布情景下的计算时间要大于指数分布情况下的计算时间。

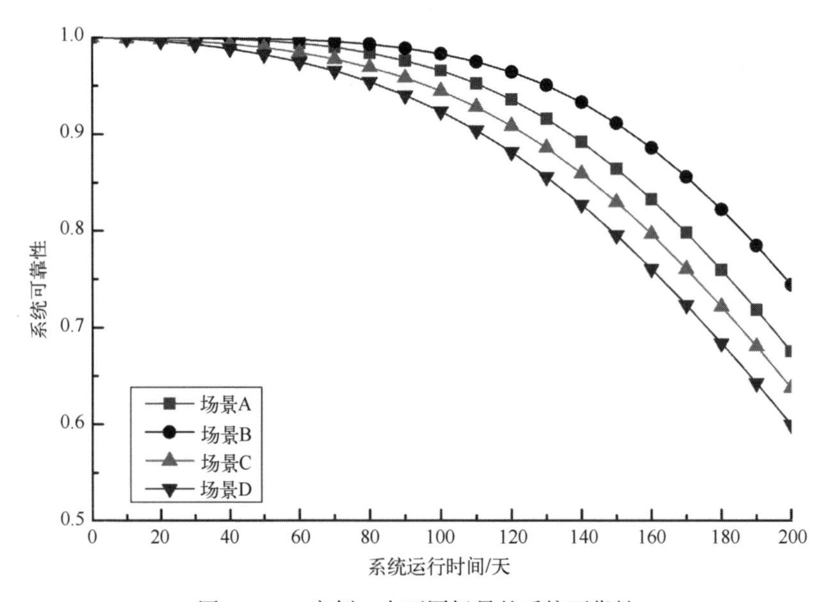

图 14-10　案例 2 中不同场景的系统可靠性

案例 3：有 3 个子系统的电力系统

案例 3 分析由 3 个子系统组成的电力系统，其中前两个子系统的相应参数设置与案例 1 中相同。第三个子系统的最大负载为 140MW，并且该系统中安装了 3 个 50MW 的二态发电机组，其中状态转移率为 1/200 天。在上述情况下，案例 3 中传输线的容量和概率与案例 1 相同并且具有 3 种状态。

当传输线路的容量是 100MW、50MW 和 0MW 时，多态决策图中分别有 336 条、209 条和 41 条路径使得系统是可靠的。出于对比的目的，假设温备份机组的启动是完美的，当传输线处于不同状态时，案例 1 中 2 个子系统和案例 3 中 3 个子系统的系统可靠性分别如图 14-11 所示。在具有相同传输容量的情况下，对比案例 1 和案例 3 的系统可靠性，可以看到当增加一个子系统时，案例 3 的系统可靠性低于案例 1。出现上述结果的原因在于第三个子系统最初处于在线模式，并且仅提供 10MW 的盈余电力，因此第三系统的失效加剧了整个电力系统的失效。

此外，在案例 3 中，使用案例 1 中具有不同传输状态概率和成功启动概率的场景，则具有 3 个子系统的电力系统可靠性随时间变化的情况如图 14-12

所示。案例 3 的结果与案例 1 和案例 2 的结果一致，即容量大的温备份机组，其传输状态概率越大，备份机组成功启动的概率越小，则电力系统可靠性就越高。

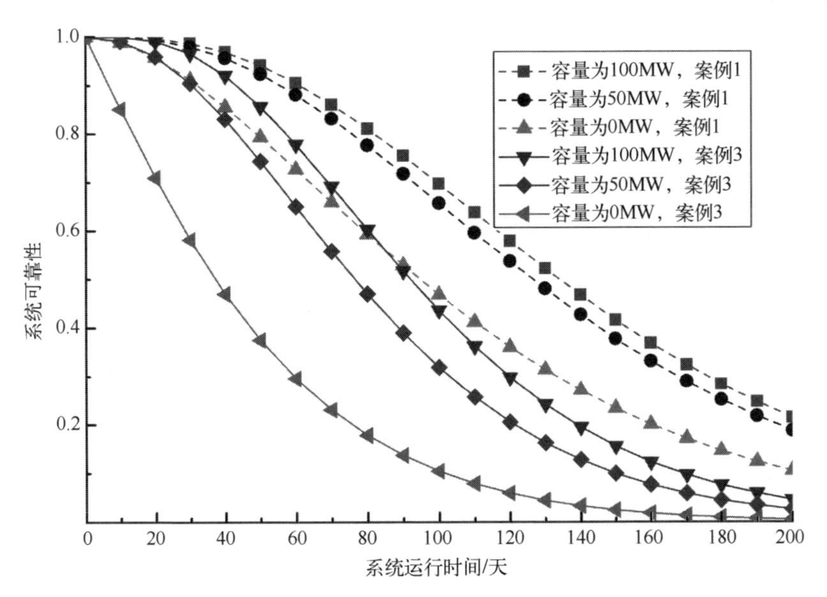

图 14-11　案例 1 和案例 3 中传输容量处于不同状态时的系统可靠性

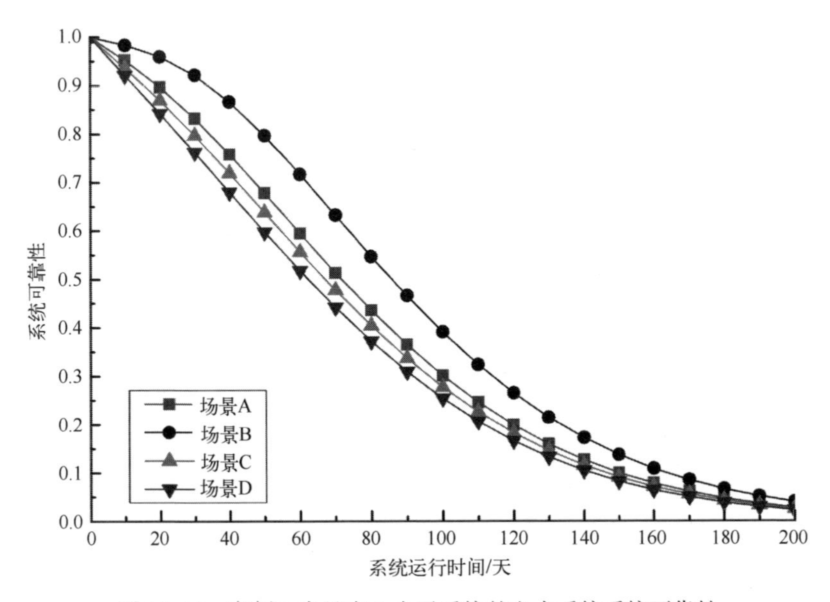

图 14-12　案例 3 中具有 3 个子系统的电力系统系统可靠性

14.4 本章总结

本章考虑了一个电力系统的建模问题，其中该电力系统的每个子系统均配置了多态温备份机组，并且性能可以通过多态传输线在不同的子系统之间共享。此外，还提出了多态决策图方法来评估所提出系统的时间依赖可靠性，该方法允许系统具有任意状态转换时间分布，包括常用的指数分布。最后，通过实例验证了本章所提出算法的有效性与准确性，同时还与蒙特卡罗仿真方法进行了比较，结果表明本章所提出的算法具有一定的优势。

符号及说明列表	
N	电力系统中发电机组的数量
M	电力系统中子系统的数量
D_i	第 i 个子系统的最大负载要求
A_{ij}	子系统 i 中的第 j 个发电机
$C_{j,k}^{i}$	子系统 i 中状态为 k 的第 j 个发电机组容量
n_i	子系统 i 中发电机组数量
m_i	子系统 i 中初始在线发电机组的数量
p_j^i	发电机组 $A_{i,j}$ 的成功启动概率
Y	多态传输线的状态数
B_y	传输线在第 y 个状态($y=1,2,\cdots,Y$)的容量
q_y	传输线在第 y 个状态($y=1,2,\cdots,Y$)的概率
W	电力系统的盈余电力
X	电力系统的不足电力
E	整个系统中可传输的发电量
W'	电力重新分配后系统的盈余电力
X'	电力重新分配后系统的不足电力
$\boldsymbol{L}_x^s$	在多态决策图中第 s 状态转移的第 x 个分支发电机组的状态索引向量
$\boldsymbol{G}_x^s$	第 s 状态转移的第 x 分支机组的不同模式的向量
$E_x^{s}{}'$	第 s 状态转移的第 x 分支更新后的发电量
$X_x^{s}{}'$	第 s 状态转移的第 x 分支更新后的不足电量
$\boldsymbol{H}_x^s$	发电量 E_u^v 和更新后的不足电力 $X_u^{\prime v}$ 的向量
s	系统中状态转移的指数

续表

符号及说明列表	
S	系统中状态转移的次数
$Path_b^y(t)$	当传输线处于第 y 个状态时第 b 条通道的发生概率
t	系统运行时间
τ_s	第 s 个状态转移发生的时间，它是一个位于(τ_{s-1},t)之间的积分变量
$f_{j,k}^{i,o}(t)$	第 i 个子系统处于在线模式时，第 j 个发电机组从状态 k 到状态 k+1 的状态转移时间的概率密度函数
$F_{j,k}^{i,o}(t)$	第 i 个子系统处于在线模式时，第 j 个发电机组从状态 k 到状态 k+1 的状态转移时间的累积分布函数
$f_{j,k}^{i,w}(t)$	第 i 个子系统处于温备份模式的第 j 个发电机组从状态 k 到状态 k+1 的状态转移时间的概率密度函数
$F_{j,k}^{i,w}(t)$	第 i 个子系统处于温备份模式的第 j 个发电机组从状态 k 到状态 k+1 的状态转移时间的累积分布函数
$R_{j,k}^{i,o}(t)$	第 i 个子系统处于在线模式的第 j 个发电机组从状态 k 到状态 k+1 的状态转移时间的可靠性函数
$R_{j,k}^{i,w}(t)$	第 i 个子系统处于温备份模式的第 j 个发电机组从状态 k 到状态 k+1 的状态转移时间的可靠性函数
$R(t)$	电力系统的可靠性

第十五章

基于性能共享的多态系统最优负载和保护

工程系统是为承载负载而设计的，系统的性能很大程度上取决于它承载的负载。另一方面，系统的失效率也很大程度上受到其负载的影响。除了老化过程、疲劳等内部失效外，系统还可能因自然灾害等外部冲击而失效。本章将结合性能共享，考虑负载及外部冲击保护对多状态系统的影响。其目的在于确定如何平衡系统元件上的负载和保护，提出该系统的可用性评估算法，并利用遗传算法解决相应的优化问题。

15.1 系统介绍

本章考虑公共总线性能共享的多态串并联系统，如图 15-1 所示。每个子系统的性能等于其内部各元件的累积性能。如果任何子系统的性能超过其需求，盈余性能可以通过公共总线传输到其他性能不足的子系统。然而，可以在不同的子系统之间传输的性能总量取决于公共总线传输容量。在本章中，由于公共总线可能被多个系统同时使用，容量也被假设为随机变量。任何系统元件的性能都取决于它所承载的负载。一般来说，每个元件的性能随着负载的增加而增加。但是增加负载也会增加元件的失效率，从而降低元件的可用性。因此，元件的期望性能不是其负载的单调函数。除了内部失效外，系统元件还受到以恒定频率发生的外部冲击。因此，重要的是要考虑为系统元件提供保护，以提高它们抵御外部冲击的生存能力。例如，如果外部冲击是地震，可以安装抗震装置来保护系统元件。

与其他公共总线系统的研究相比，本研究考虑了内部失效和外部冲击对系统元件的影响。为了提高系统可用性，需要对系统元件进行保护，并且在失效时立即进行维修。此外，还考虑了负载对元件失效率的影响。由于增加负载会增加元件失效率，同时也会提高元件的性能，因此负载和系统可用性之间的关系已经是非单调的。考虑到外部冲击，对于如何负载和保护系统元件，无法给出一个直观的答案。因此，提出解决系统负载和保护的联合优化问题的框架是十分必要的。

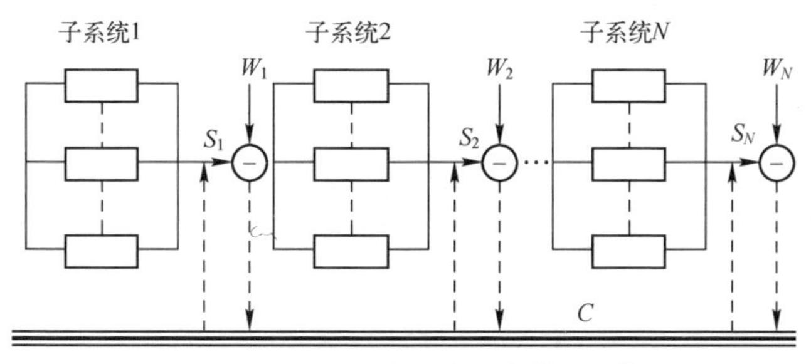

图 15-1　具有公共总线的串并联系统

15.2　失效率和负载关系

本章考虑的每个多态元件 e_i 都能承载不同值的负载。然而，元件 e_i 只能处于两种状态：性能为零的失效状态和性能为 $g_i(L_i)$ 的工作状态，其中 L_i 为元件 e_i 承载的负载，$g_i(L_i)$ 为负载 L_i 的函数，表示元件 e_i 的性能。元件 e_i 上的负载 L_i 可以从 $L_{i,\min}$ 到 $L_{i,\max}$，其中 $L_{i,\min}$ 和 $L_{i,\max}$ 分别为元件 e_i 上的最小和最大容许负载。这就是元件 e_i 是多态的原因。如前所述，元件 e_i 的期望性能不是负载 L_i 的单调函数。

在某些情况下，很难区分负载和性能，因为它们可以被视为相同的。例如，以层流模式输送流体的管道上的压力与流量成正比，即通过流量（性能）与压力（负载）成正比。然而，负载-性能的关系可能是非线性的。例如，考虑一个以湍流模式输送流体的管道，管道上的压力是流量体积的非线性函数。

性能关于负载的函数 $g_i(L_i)$ 可以根据不同的情况采用不同的表达式。不失一般性，测量性能和负载之间的关系函数可以假设为

$$g_i(L_i)=a_i+c_iL_i \tag{15-1}$$

式中：a_i 和 c_i 为线性方程的系数。

为了分析由具有负载相关失效率的元件组成的系统可用性，必须事先知道负载与失效之间的关系，因为每个元件可用性可以根据其失效率来推导。本章将讨论常用的比例风险模型（proportional hazard model，PHM），并将其用于数值实验。PHM 最早由 Cox[157] 提出，近年来在可靠性工程领域得到广泛应用[158-160]。PHM 指出元件的失效率是基线危险率和基于条件因素的乘积。一般来说，PHM 可以表示为

$$h(t\,|\,\boldsymbol{X})=h_0(t)\cdot \mathrm{e}^{(\beta_1X_1+\beta_2X_2+\cdots+\beta_dX_d)} \tag{15-2}$$

式中：$h_0(t)$为基线危险率作为时间的函数；$X_1, X_2, \cdots, X_d$为影响危险率函数的因素；$\beta_1, \beta_2, \cdots, \beta_d$为相应的系数。

本章假设负载是影响各元件失效率的唯一因素。因此，我们可以将 PHM 简化为单因素模型：

$$h(t|L) = h_0(t) \cdot e^{L\beta} \tag{15-3}$$

本章考虑了各元件上的负载是静态的情况，即各元件上的负载在整个系统周期内没有变化。此外，我们假设基线失效率不随时间而变化。给定上述条件，式（15-2）可以进一步简化为以下表达式：

$$h(L) = h(t|L) = \lambda \cdot e^{L\beta} \tag{15-4}$$

式中：$\lambda = h_0(t)$为对于所有 t 的基线失效率。

15.3 可用性模型

本章中的多态串并联系统由 N 个子系统串联而成。子系统 j 中有H_j个多态元件并联。系统中共有 M 个多态元件，即 $\sum_{j=1}^{N} H_j = M$。子系统 j 的需求 W_j是一个随机变量，其概率密度函数为 $q_{j,r} = P(W_j = w_{j,r})$，且 $\sum_{r=1}^{\theta(j)} q_{j,r} = 1$，其中 $q_{j,r}$为子系统 j 的需求处于状态 r 的概率，此时其需求率为 $w_{j,r}$。总的来说，随机需求 W_j有 $\theta(j)$个可能的状态。子系统 j 的性能是所有并联元件的累积性能，用 G_i表示元件 e_i的性能。元件 e_i的负载是 L_i，元件 e_i工作时，$G_i = g_i(L_i)$，元件 e_i失效时，则 $G_i = 0$。因此，子系统 j 的总性能表示为

$$O_j = \sum_{e_i \in E_j} G_i \tag{15-5}$$

式中：E_j为子系统 j 中的元件的集合。

因此，具有公共总线性能共享的串并联系统的盈余性能可以通过对每个子系统的盈余性能进行求和来评估：

$$S = \sum_{j=1}^{N} S_j = \sum_{j=1}^{N} \max(O_j - W_j, 0) \tag{15-6}$$

同样，系统的不足性能可以表示为

$$D = \sum_{j=1}^{N} D_j = \sum_{j=1}^{N} \max(W_j - O_j, 0) \tag{15-7}$$

不同子系统之间传输的性能总量不能大于盈余性能或不足性能的最小值。此外，传输总量还受到性能共享系统的容量限制。性能共享系统的容量是随机变量 C，其概率密度函数为$\alpha_\beta = P(C = \zeta_\beta)$，且 $\sum_{\beta=1}^{Q} \alpha_\beta = 1$。因此，传输总量

是 S、D、C 中的最小值。

$$Z = \min(S,D,C) = \min\left(\sum_{j=1}^{N} \max(O_j - W_j,0),\sum_{j=1}^{N} \max(W_j - O_j,0),C\right) \tag{15-8}$$

性能重新分配后的系统不足性能为

$$\hat{D} = D - Z = D - \min(S,D,C) = \max(0,D - \min(S,C)) = \max\left(0,\sum_{j=1}^{N} \max(W_j - O_j,0) - \min\left(\sum_{j=1}^{N} \max(O_j - W_j,0),C\right)\right) \tag{15-9}$$

系统可用性是系统中不存在不足性能的时间的概率，可以表示为

$$R=P\{\hat{D}=0\}=P\left\{\max\left(0,\sum_{j=1}^{N} \max(W_j-O_j,0)-\min\left(\sum_{j=1}^{N} \max(O_j-W_j,0),C\right)\right)=0\right\} \tag{15-10}$$

当 $C=0$ 时，具有性能共享机制的串并联系统将简化为一个一般的串并联系统；当 $C=\infty$，该系统简化为所有元件并联的并联系统。

15.4　最优负载和性能模型

串并联系统中的每个元件都可以在最小和最大允许负载之间进行任意加载，即元件 e_i上的负载 L_i必须满足 $L_{i,\min} \leqslant L_i \leqslant L_{i,\max}$。元件 e_i上的负载是 L_i，它的失效率可以基于 PHM 得到：

$$h_i(L_i)=\lambda_i \cdot e^{\beta_i L_i} \tag{15-11}$$

当元件 e_i失效时，将立即维修，并且维修是完美的。维修所需要的成本和时间分别为 c_{ri}和 t_{ri}。假设对于相同的元件，维修成本和时间是不变的。

此外，元件还受到外部冲击。用 x_i表示分配给元件 e_i的保护努力，$c_{p_1 i}$为元件 e_i的单位保护努力。外部冲击的固定频率为 f，冲击强度期望为 d。元件易损性定义为一个元件受到外部冲击而失效的条件概率，通常使用竞争函数进行评估[161-162]：

$$v(x_i,d)=\frac{d^m}{x_i^m+d^m} \tag{15-12}$$

式中：m 为竞争强度。

如果失效是由外部冲击造成的，假设 $c_{p_2 i}$为元件 e_i的固定维修成本，t_{pi}为元件 e_i的固定维修时间。系统生命周期为 T，元件 e_i的可用性可以表示为

$$A_i(L_i,x_i)=(T-t_{ri} \cdot \lambda_i e^{\beta_i L_i} \cdot T-f \cdot v(x_i,d) \cdot t_{pi} \cdot T)/T=1-t_{ri} \cdot \lambda_i e^{\beta_i L_i}-f \cdot v(x_i,d) \cdot t_{pi} \tag{15-13}$$

总成本包含内部失效和外部失效的维修成本以及花在保护上的成本。假设元件 e_i 的维修成本 c_{ri} 和 c_{p_2i} 是固定的，并且与系统状态无关，系统总成本可以表示为

$$C_T = \sum_{i=1}^{M} (c_{p_1i} \cdot x_i + c_{p_2i} \cdot f \cdot v(x_i, d) \cdot T + c_{ri} \cdot \lambda_i e^{\beta_i L_i} \cdot T) \tag{15-14}$$

括号中的第一项表示保护元件 e_i 的投资成本，第二项表示元件 e_i 由于外部冲击而失效的维修成本，最后一项表示元件 e_i 内部失效的维修成本。

本章研究目的是找到每个元件上的最优负载和保护，以最小化系统总成本，同时满足预设的系统可用性要求。令 $\boldsymbol{L}=(L_1,L_2,\cdots,L_M)$ 为每个元件上的负载的向量，$\boldsymbol{X}=(x_1,x_2,\cdots,x_M)$ 为分配给每个元件的保护努力的向量。用 $A(\boldsymbol{L},\boldsymbol{X})$ 表示给定每个元件上的负载是 $\boldsymbol{L}$ 并且对每个元件的保护工作是 $\boldsymbol{X}$ 时的系统可用性。A^* 为预设的系统可用性要求。优化模型可以表示为

$$\begin{aligned} \min\ C_{\mathrm{TLX}} &= \sum_{i=1}^{M} (c_{p_1i} \cdot x_i + c_{ri} \cdot \lambda_i \cdot e^{\beta_i L_i} \cdot T + c_{p_2i} \cdot f \cdot v(x_i, d) \cdot T) \\ \text{s.t.}\ & A(\boldsymbol{L},\boldsymbol{X}) \geqslant A^* \\ & x_i \geqslant \mathbf{0},\ \forall i = \mathbf{1},\mathbf{2},\cdots,M \\ & L_{i,\min} \leqslant L_i \leqslant L_{i,\max},\ \forall i = \mathbf{1},\mathbf{2},\cdots,M \end{aligned} \tag{15-15}$$

在以上的优化模型中，目标是最小化系统总成本 C_T。决策变量是每个元件的负载（即 $\boldsymbol{L}=(L_1,L_2,\cdots,L_M)$）和分配给每个元件的保护努力（即 $\boldsymbol{X}=(x_1,x_2,\cdots,x_M)$）。第一个约束要求对于 $\boldsymbol{L}=(L_1,L_2,\cdots,L_M)$ 和 $\boldsymbol{X}=(x_1,x_2,\cdots,x_M)$ 任何组合下的系统可用性必须至少为 A^*，第二个约束要求任意元件的保护努力必须是非负的，最后一个约束定义每个元件最大和最小允许负载。

15.5 可用性评估算法

为了求解优化模型（15-15），必须首先评估所考虑的系统可用性。换句话说，我们必须找到一个算法，该算法可以计算给定每个元件上的负载和保护努力分别为 $\boldsymbol{L}$ 和 $\boldsymbol{X}$ 的系统可用性。

本节同样采用基于通用生成函数的系统可用性评估算法。

随机变量 X 的通用生成函数定义为以下多项式：

$$u(z) = \sum_{k=1}^{K} \zeta_k \cdot z^{X_k} \tag{15-16}$$

式中：变量 X 有 K 种可能的取值，并且 $\zeta_k = P(X = X_k)$。

本章中，元件 e_i 能够承载从 $L_{i,\min}$ 到 $L_{i,\max}$ 的负载。元件 e_i 的负载是 L_i 时，如果该元件工作，则元件 e_i 的性能为 $g(L_i)$；如果该元件失效，那么元件 e_i 的性能为 0。因此，元件 e_i 的通用生成函数可以表示为

$$u_i(z|L_i)=(1-A_i(L_i))\cdot z^0+A_i(L_i)\cdot z^{g_i(L_i)} \tag{15-17}$$

式中：$A_i(L_i)$ 为当元件 e_i 上的负载为 L_i 时该元件工作的概率。式（15-17）表明，元件 e_i 的状态分布取决于它所承载的负载。

考虑一对并联的元件 e_e 和 e_f。元件 e_e 和 e_f 的总性能是两个元件的累积性能。定义⊕算子来获得两个元件的组合通用生成函数，如下所示：

$$\begin{aligned}&\oplus(u_e(z|L_e),u_f(z|L_f))\\&=\oplus((1-A_e(L_e))\cdot z^0+A_e(L_e)\cdot z^{g_e(L_e)},(1-A_f(L_f))\cdot z^0+A_f(L_f)\cdot z^{g_f(L_f)})\\&=\sum_{h_e=0}^{1}\sum_{h_f=0}^{1}((A_e(L_e))^{h_e}\cdot(1-A_e(L_e))^{1-h_e}\cdot(A_f(L_f))^{h_f}\cdot(1-A_f(L_f))^{1-h_f})\cdot z^{h_eg_e(L_e)+h_fg_f(L_f)}\end{aligned} \tag{15-18}$$

算子⊕满足交换律：

$$\oplus(u_e(z|L_e),u_f(z|L_f))=\oplus(u_f(z|L_f),u_e(z|L_e)) \tag{15-19}$$

和分配律：

$$\begin{aligned}&\oplus(u_e(z|L_e),u_f(z|L_f),u_g(z|L_g))\\&=\oplus(\oplus(u_e(z|L_e),u_f(z|L_f)),u_g(z|L_g))\\&=\oplus(u_e(z|L_e),\oplus(u_f(z|L_f),u_g(z|L_g)))\end{aligned} \tag{15-20}$$

$E_j=\{e_{j_1},e_{j_2},\cdots,e_{j_{|E_j|}}\}$ 表示子系统 j 中并联的元件集合。子系统 j 的性能是元件 $e_{j_1},e_{j_2},\cdots,e_{j_{|E_j|}}$ 的累积性能。因此，表示子系统 j 的性能的通用生成函数可以通过对子系统 j 中的所有元件应用⊕算子来得到，

$$\begin{aligned}U_j(z|\boldsymbol{L})&=\oplus(u_{j_1}(z|L_{j_1}),\cdots,u_{j_{|E_j|}}(z|L_{j_{|E_j|}}))\\&=\sum_{h_{j_1}=0}^{1}\cdots\sum_{h_{j_{|E_j|}}=0}^{1}\left(\prod_{i=1}^{|E_j|}((A_{j_i}(L_{j_i}))^{h_{j_i}}(1-A_{j_i}(L_{j_i}))^{1-h_{j_i}})\right)\cdot z^{\sum_{i=1}^{|E_j|}h_{j_i}\cdot g_{j_i}(L_{j_i})}\end{aligned} \tag{15-21}$$

式（15-21）表示子系统 j 的性能分布的通用生成函数。同样，子系统 j 的需求可以表示为

$$W_j(z)=\sum_{r=1}^{\theta(j)}q_{jr}\cdot z^{w_{jr}} \tag{15-22}$$

子系统 j 的状态由其性能和需求构成。子系统 j 的状态可以通过盈余性能 S_j 和不足性能 D_j 来描述。S_j 和 D_j 统计上是相关的，因此应该推导出通用生成函数 $\Delta_j(z|\boldsymbol{L})$ 来表示同时考虑 S_j 和 D_j 的子系统 j 的状态分布。$\Delta_j(z|\boldsymbol{L})$ 可以使用

以下$\underset{\rightarrow}{\otimes}$算子来计算：

$$
\begin{aligned}
\boldsymbol{\Delta}_j(z|\boldsymbol{L}) &= U_j(z|\boldsymbol{L}) \underset{\rightarrow}{\oplus} W_j(z) \\
&= \left(\sum_{h_{j_1}=0}^{1}\cdots\sum_{h_{j_{|E_j|}}=0}^{1}\prod_{i=1}^{|E_j|}\left((A_{j_i}(L_{j_i}))^{h_{j_i}}(1-A_{j_i}(L_{j_i}))^{1-h_{j_i}}\right)\cdot z^{\sum_{i=1}^{|E_j|}h_{j_i}g_{j_i}(L_{j_i})}\right) \underset{\rightarrow}{\oplus} \left(\sum_{r=1}^{\theta(j)} q_{jr}\cdot z^{w_{jr}}\right) \\
&= \sum_{b_j=1}^{B_j}\boldsymbol{\pi}_{b_j}(\boldsymbol{L})\cdot z^{\max\left\{\sum_{i=1}^{|E_j|}h_{j_i}g_{j_i}(L_{j_i})-w_{jr},0\right\},\max\left\{w_{jr}-\sum_{i=1}^{|E_j|}h_{j_i}g_{j_i}(L_{j_i}),0\right\}} \\
&= \sum_{b_j=1}^{B_j}\boldsymbol{\pi}_{b_j}(\boldsymbol{L})\cdot z^{s_{b_j}(\boldsymbol{L}),d_{b_j}(\boldsymbol{L})}
\end{aligned}
\tag{15-23}
$$

式中：$\boldsymbol{\pi}_{b_j}(\boldsymbol{L})=P\{(S_j=s_{b_j}(\boldsymbol{L}))I(D_j=d_{b_j}(\boldsymbol{L})\}$。

定义一个$\otimes$算子来计算表示子系统 i 和子系统 j 的联合状态的通用生成函数：

$$
\begin{aligned}
&\boldsymbol{\Delta}_j(z|\boldsymbol{L})\otimes\boldsymbol{\Delta}_i(z|\boldsymbol{L}) \\
&= \left(\sum_{b_j}^{B_j}\boldsymbol{\pi}_{b_j}(\boldsymbol{L})\cdot z^{s_{b_j}(\boldsymbol{L}),d_{b_j}(\boldsymbol{L})}\right)\otimes\left(\sum_{b_i}^{B_i}\boldsymbol{\pi}_{b_i}(\boldsymbol{L})\cdot z^{s_{b_i}(\boldsymbol{L}),d_{b_i}(\boldsymbol{L})}\right) \\
&= \sum_{b_j=1}^{B_j}\sum_{b_i=1}^{B_i}\boldsymbol{\pi}_{b_j}(\boldsymbol{L})\cdot\boldsymbol{\pi}_{b_i}(\boldsymbol{L})\cdot z^{s_{b_j}(\boldsymbol{L})+s_{b_i}(\boldsymbol{L}),d_{b_j}(\boldsymbol{L})+d_{b_i}(\boldsymbol{L})}
\end{aligned}
\tag{15-24}
$$

可以证明，像$\oplus$算子一样，$\otimes$算子同样满足交换律和分配律。因此，系统总盈余性能和不足性能可以通过对所有子系统使用$\otimes$算子来计算：

$$
\begin{aligned}
\boldsymbol{\Gamma}(z|\boldsymbol{L}) &= \otimes(\boldsymbol{\Delta}_1(z|\boldsymbol{L}),\boldsymbol{\Delta}_2(z|\boldsymbol{L}),\cdots,\boldsymbol{\Delta}_N(z|\boldsymbol{L})) \\
&= \otimes\left(\left(\sum_{b_1}^{B_1}\pi_{b_1}(\boldsymbol{L})\cdot z^{s_{b_1}(\boldsymbol{L}),d_{b_1}(\boldsymbol{L})}\right),\left(\sum_{b_2}^{B_2}\pi_{b_2}(\boldsymbol{L})\cdot z^{s_{b_2}(\boldsymbol{L}),d_{b_2}(\boldsymbol{L})}\right),\cdots,\left(\sum_{b_N}^{B_N}\pi_{b_N}(\boldsymbol{L})\cdot z^{s_{b_N}(\boldsymbol{L}),d_{b_N}(\boldsymbol{L})}\right)\right) \\
&= \sum_{b}^{B}\boldsymbol{\pi}_b(\boldsymbol{L})\cdot z^{s_b(\boldsymbol{L}),d_b(\boldsymbol{L})}
\end{aligned}
\tag{15-25}
$$

式中：$\boldsymbol{\pi}_b(\boldsymbol{L})=P\{(S=s_b(\boldsymbol{L}))I(D=d_b(\boldsymbol{L})\}$。

式（15-25）表示系统总盈余性能和不足性能的通用生成函数。然而，这样计算没有考虑到性能共享系统的容量。公共总线性能共享系统的传输容量是一个随机变量 C，其概率密度函数为$\alpha_\beta=P(C=\zeta_\beta)$，且 $\sum_{\beta=1}^{Q}\alpha_\beta=1$。可以用以下的多项式用通用生成函数表示随机变量 C 的状态分布。

$$
\boldsymbol{\eta}(z)=\sum_{\beta=1}^{Q}\alpha_\beta\cdot z^{\zeta_\beta}
\tag{15-26}
$$

在考虑传输容量后，系统的通用生成函数 $\boldsymbol{\Phi}(z)$ 可以通过对 $\boldsymbol{\Gamma}(z|\boldsymbol{L})$ 和 $\boldsymbol{\eta}(z)$ 运用$\underset{\varphi}{\otimes}$算子计算如下：

$$\Phi(z|\boldsymbol{L})=\Gamma(z|\boldsymbol{L})\underset{\varphi}{\otimes}\eta(z)=\left(\sum_{b}^{B}\boldsymbol{\pi}_b(\boldsymbol{L})\cdot z^{s_b(\boldsymbol{L}),d_b(\boldsymbol{L})}\right)\underset{\varphi}{\otimes}\left(\sum_{\beta=1}^{Q}\alpha_\beta z^{\zeta_\beta}\right)$$
$$=\sum_{b}^{B}\sum_{\beta=1}^{Q}\alpha_\beta\cdot\boldsymbol{\pi}_b(\boldsymbol{L})\cdot z^{\max\{0,d_b(\boldsymbol{L})-\min(s_b(\boldsymbol{L}),\zeta_\beta)\}}=\sum_{\theta=1}^{\Theta}\gamma_\theta(\boldsymbol{L})\cdot z^{\hat{d}_\theta(\boldsymbol{L})} \quad (15-27)$$

式中：$r_\theta(\boldsymbol{L})=P\{\hat{D}=\hat{d}_\theta(\boldsymbol{L})\}$是对于整个系统。

根据式（15-10），系统的可用性可以计算为

$$A(\boldsymbol{L},\boldsymbol{X})=\sum_{\theta=1}^{\Theta}\gamma_\theta(\boldsymbol{L})\cdot I(\hat{d}_\theta(\boldsymbol{L})=0) \quad (15-28)$$

式中：$I(x)$为指示函数，如果$I(x)$为真，则$I(x)=1$；如果$I(x)$不为真，则$I(x)=0$。

15.6 优化方法

式（15-15）中建立的优化模型是一个复杂的组合确定性优化问题，因此详尽地研究所有可能的解决方案是不现实的。本章为实现所提出的具体优化问题，采用了遗传算法，因此其解必须用整数向量来表示。虽然通常假设每个元件上的负载为连续的，但是可以根据所需的精度来研究离散负载。例如，元件e_i上的负载L_i可以用整数k_i来表示。

$$L_i=L_{i,\min}+\frac{k_i}{K}(L_{i,\max}-L_{i,\min}) \quad (15-29)$$

式中：$k_i=0,1,\cdots,K$，即元件e_i上的负载可以有$K+1$种可能的选择。K值决定了所需的精度。优化模型（15-15）中的另一个决策变量是保护努力$\boldsymbol{X}=(x_1,x_2,\cdots,x_M)$。假设$\Lambda$是可以分配给元件的最大保护努力。分配给元件$e_i$的保护努力可以用零到$\Lambda$之间的整数表示，即$x_i\in\{0,1,\cdots,\Lambda\}$。

考虑到负载和保护，令整数向量$\boldsymbol{Y}=(y_1,y_2,\cdots,y_M)$来表示优化模型（15-15）的一个解，其中$y_i$为对应于元件$e_i$的解，$y_i$的取值范围是

$$0\leqslant y_i<(K+1)(\Lambda+1) \quad (15-30)$$

整数y_i可以用以下式解码为负载和保护：

$$k_i=\lceil y_i/(\Lambda+1)\rceil \quad (15-31)$$

$$x_i=\mathrm{mod}_{(\Lambda+1)}(y_i) \quad (15-32)$$

式中：$\lceil x\rceil$为不大于x的最大整数，$\mathrm{mod}_x y=y-\lfloor y/x\rfloor\cdot x$为$y/x$的余数。

对于给定的k_i和x_i，相应的y_i如下所示，

$$y_i=k_i\cdot(\Lambda+1)+x_i \quad (15-33)$$

在解码所有解后，系统可用性可以用 15.5 节中的算法来计算。系统可用性为 A，遗传算法中的适应度值计算如下：

$$C_{GA} = \sum_{i=1}^{M} [c_{p_1 i} \cdot x_i + c_{p_2 i} \cdot f \cdot v(x_i, d) \cdot T + c_{ri} \cdot \lambda_i \cdot e^{\beta_i L_i} \cdot T] + \omega \cdot I(A < A^*) \tag{15-34}$$

如果不满足预设的系统可用性，ω 就是一个足够大的惩罚数。

对于给定的父代向量 $\boldsymbol{Y}_1$ 和 $\boldsymbol{Y}_2$，通过 $\boldsymbol{Y}_1$ 的前 i 个元件和 $\boldsymbol{Y}_2$ 的后 $M-i$ 个元件的组合来生成子代向量 $\boldsymbol{Y}_3$，其中 i 是从 1 到 M 随机生成的整数。突变操作交换最初位于两个随机选择位置的向量的元件。

15.7 数值实验

本节将考虑一个具有 7 个多态元件和一条公共总线传输性能的串并联协同计算系统。系统结构如图 15-2 所示。每个元件只有一个处理器，可以根据其工作负载以不同的性能水平工作。并联的元件协同工作，以满足子系统的需求。系统中计算问题的复杂程度决定了各子系统的需求。

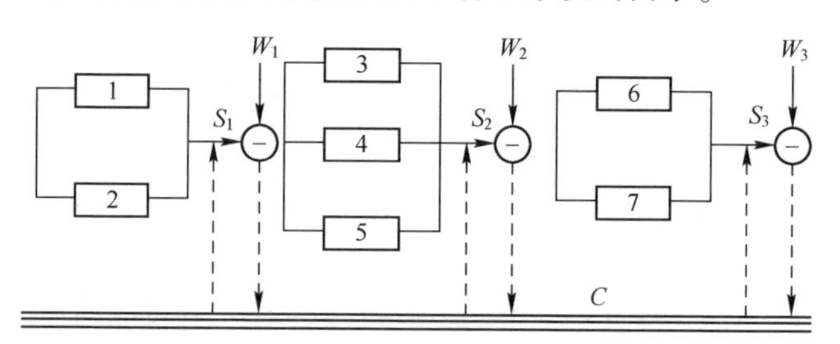

图 15-2　有 3 个子系统和 7 个元件的串并联系统

每个元件都是不同的，具有不同的工作容量和失效率。工作容量可以在 $[L_{i,\min}, L_{i,\max}]$ 范围内变化，$i=1,2,\cdots,7$。元件的参数见表 15-1。每个子系统的需求分布见表 15-2。

表 15-1　多态元件的参数

参　数	e_1	e_2	e_3	e_4	e_5	e_6	e_7
λ_i	0.0105	0.0116	0.0113	0.0109	0.0108	0.0112	0.0095
β_i	0.14	0.17	0.11	0.13	0.14	0.13	0.11
$L_{i,\min}$	20	20	30	10	20	30	20
$L_{i,\max}$	50	40	60	50	50	50	60
a_i	1	2	2	1	3	2	1

续表

参　数	e_1	e_2	e_3	e_4	e_5	e_6	e_7
c_i	2	2	2	2	2	2	2
t_{ri}	0.056	0.063	0.065	0.058	0.055	0.062	0.061
t_{pi}	0.12	0.09	0.11	0.13	0.09	0.08	0.11
c_{p_1i}	5	6	4	3	5	6	7
c_{p_2i}	15	16	15	14	16	17	13
c_{ri}	15	14	13	12	16	12	14

表 15-2　子系统需求分布

子系统 1		子系统 2		子系统 3	
W	p	W	p	W	p
50	0.6	120	0.7	80	0.5
60	0.4	140	0.3	110	0.5

在本实验中，假设外部冲击的固定频率为 0.5，预期冲击强度为 30，博弈强度参数为 1，即 $f=0.5$，$d=30$，$m=2$。假设系统生命周期为 60。进行了两组数值实验：两组数值实验的性能共享系统的容量设置分别为 $C=[600.5;300.5]$ 和 $C=[200.5;100.5]$。假设对于每个元件的保护投资是从 0~50 变化。

表 15-3 和表 15-4 分别总结了高传输容量和低传输容量的数值结果。它们是通过遗传算法进行 1000 次迭代获得的。在表中，A^* 为预设的系统可用性要求；A 为实际达到的系统可用性；C_T 为系统总成本；C_{rep} 为系统内部失效和由于外部冲击而失效所产生的维修成本；C_{inv} 为在保护上的投资。结果表明，系统总成本随着更严格的系统可用性要求而增加。在相同的系统可用性要求下，更高的传输容量可以降低系统成本。然而，在不同的设置下，维修成本和保护成本之间的最优权衡可能不同。一般来说，如果分别观察维修成本和保护成本，就找不到它们之间的趋势。

表 15-3　高传输容量下的最优负载和保护

参　数	e_1	e_2	e_3	e_4	e_5	e_6	e_7
$A^*=0.85$，$A=0.8500$，$C_T=3928$，$C_{\text{rep}}=2476$，$C_{\text{inv}}=1452$							
$\boldsymbol{L}$	20	20	30	10	20	30	20
$\boldsymbol{X}$	47	37	47	47	37	37	37
$A^*=0.90$，$A=0.9000$，$C_T=4363$，$C_{\text{rep}}=3409$，$C_{\text{inv}}=954$							
$\boldsymbol{L}$	20	20	33	18	20	30	28
$\boldsymbol{X}$	22	22	35	33	22	22	33

续表

参　　数	e_1	e_2	e_3	e_4	e_5	e_6	e_7
$A^*=0.92$, $A=0.9201$, $C_T=4671$, $C_{\text{rep}}=3924$, $C_{\text{inv}}=747$							
L	20	20	30	22	26	30	28
X	22	22	22	23	18	22	18
$A^*=0.95$, $A=0.9504$, $C_T=6125$, $C_{\text{rep}}=5423$, $C_{\text{inv}}=702$							
L	23	24	36	30	26	32	40
X	2	36	36	14	36	2	14

表 15-4　低传输容量下的最优负载和保护

参　　数	e_1	e_2	e_3	e_4	e_5	e_6	e_7
$A^*=0.85$, $A=0.8501$, $C_T=4925$, $C_{\text{rep}}=3677$, $C_{\text{inv}}=1248$							
L	20	22	33	30	26	32	20
X	35	34	34	23	43	34	35
$A^*=0.88$, $A=0.8803$, $C_T=5371$, $C_{\text{rep}}=4003$, $C_{\text{inv}}=1368$							
L	26	24	36	30	26	30	28
X	26	44	44	34	44	49	26
$A^*=0.90$, $A=0.9001$, $C_T=6786$, $C_{\text{rep}}=5296$, $C_{\text{inv}}=1490$							
L	29	24	39	30	29	36	36
X	46	33	46	12	46	46	48
$A^*=0.92$, $A=0.9201$, $C_T=7096$, $C_{\text{rep}}=5569$, $C_{\text{inv}}=1527$							
L	29	26	39	38	29	30	36
X	41	42	42	44	44	45	40

还可以探讨测试冲击强度 d 和频率 f 的变化如何影响系统成本。为了分析 d 的影响，使用表 15-1 和表 15-2 中的参数值。假设性能共享系统的传输容量较低，并且预设的系统可用性要求为 0.85。通过将其从 10 改变到 100，当频率保持为 0.5 时，运行遗传算法找到最小的系统成本，结果如表 15-5 所列。类似地，当冲击强度保持为 30 时，不同的频率值下的最小系统成本如表 15-6 所列。

表 15-5　冲击强度的影响

d	10	20	30	40	50
C_T	3283	4047	4925	5344	6065
d	60	70	80	90	100
C_T	6568	7010	7585	7956	8456

表 15-6　频率的影响

f	0.1	0.2	0.3	0.4	0.5
C_T	2689	3680	4038	4346	4925
f	0.6	0.7	0.8	0.9	1
C_T	5362	5857	6058	6155	6428

表 15-1 和表 15-2 中的数值结果清楚地表明，系统成本是冲击强度 d 和频率 f 的递增函数。该结果与函数模型以及式（15-15）中的系统成本函数一致。根据冲击强度 d 和频率 f 的灵敏度分析表明，在设计工程系统时，降低潜在的冲击频率和预期强度可以节省未来的系统运行成本。

15.8 本章总结

本章将负载效应和系统元件免受外部冲击的保护结合到具有公共总线性能共享的多态串并联系统中。不同于以往的研究，每个多态元件的性能分布是未知的。每个元件的性能取决于它所承载的负载。此外，还允许采取保护措施，以减少自然灾害等外部冲击造成的系统失效。虽然每个元件上的负载越高，性能就越高，但元件失效率也越高。因此，维修成本增加，元件可用性降低。本章建立了一个平衡维修成本和保护投资的优化模型，提出了一种基于通用生成函数的可用性评估算法，以一个协同计算机系统为例，对所提出的模型和算法进行了说明。

符号及说明列表	
E_j	子系统 j 中的多态元件的集合
L_i	元件 e_i 上的负载
$g(L_i)$	负载为 L_i 时元件 e_i 的性能
$L_{i,\min}$	元件 e_i 上的最小允许负载
$L_{i,\max}$	元件 e_i 上的最大允许负载
N	串联的子系统数量
M	多态元件的总数量
G_i	元件 e_i 的随机性能
O_j	子系统 j 的随机性能
W_j	子系统 j 的随机需求

续表

符号及说明列表	
S_j	子系统 j 的随机盈余性能
D_j	子系统 j 的随机不足性能
z	重新分配的随机性能总量
$\hat{D}$	重新分配后的系统不足性能
x_i	分配给元件 e_i 的保护努力
f	固定频率的外部冲击
d	预期冲击强度
c_{ri}	元件 e_i 内部失效的固定维修成本
$c_{p_2 i}$	元件 e_i 由于外部冲击而失效的固定维修成本
$c_{p_1 i}$	元件 e_i 的单位保护成本
t_{ri}	元件 e_i 内部失效的固定维修时间
t_{pi}	元件 e_i 由于外部冲击而失效的固定维修时间
T	系统生命周期
C_T	系统总成本
A^*	预先设定的系统可用性要求
$\theta(j)$	子系统 j 的需求的状态的数量
q_{jr}	子系统 j 的需求在状态 r 时的概率
w_{jr}	子系统 j 在状态 r 时的需求
Q	公共总线性能共享系统的状态的数量
α_β	公共总线性能共享系统处于状态 β 的概率
ζ_β	公共总线性能共享系统处于状态 β 的传输容量

第十六章

基于性能共享的多态系统攻防博弈

本章将考虑具有公共总线共享机制的系统在蓄意攻击下的防御与攻击。系统可能因内部原因（如元件退化）以及外部原因（如蓄意攻击）而失效[83,163-166]。为了最大化系统可靠性，防御方可以将防御资源进行优化分配以保护公共总线和元件。本章将上述问题建模为两阶段的攻防博弈模型，并进一步求解防御方的最优防御策略。

16.1 系统描述和假设

考虑如图16-1所示的具有公共总线的电力系统，在这个系统中，所有的发电站由一个公共总线连接，形成一个区域发电系统。系统中的每一个发电站必须要满足本区域的用电需求，在满足本区域用电需求之后还有盈余的电力，则可以通过公共总线将盈余的电力传输到其他电力不足的区域。

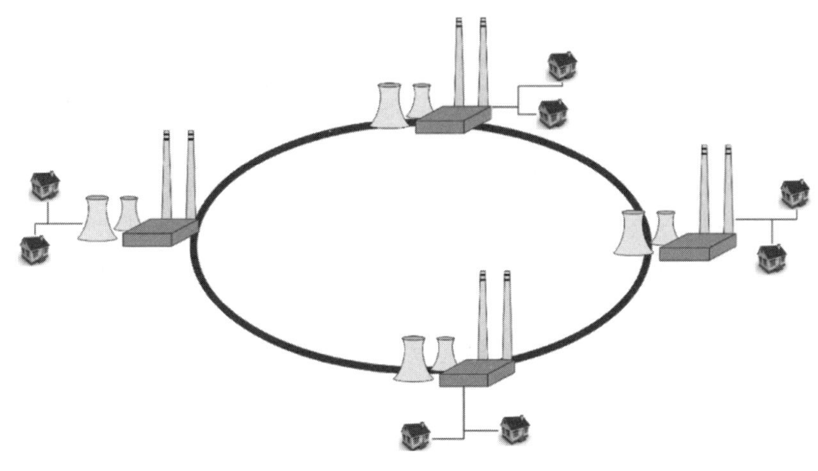

图16-1　具有公共总线的电力系统

16.1.1 公共总线系统

将上述提到的具有公共总线的电力系统扩展为一般化的系统，考虑一个由 n 个二态元件组成的系统，系统中所有的元件都连接在一个二态的公共总线上。元件 $i(i=1,2,\cdots,n)$ 在正常运行的状态下具有额定容量 C_i（如发电站的电力）。该元件首先必须满足自身需求 D_i（如自身电力需求），并且满足 $D_i \leqslant C_i$。元件 i 在正常运行时，会有盈余容量(C_i-D_i)；当它失效时，会有不足性能 D_i。由于系统中的元件都连接在公共总线上，所以盈余容量可以传输到那些具有不足性能的元件。注意公共总线的性能共享容量是有限的，将其最大容量记为 S。因此，可以通过公共总线重新分配的性能是系统总的盈余性能 $\sum_{i=1}^{n}\max\{0,c_i-D_i\}$ ，系统总的不足性能 $\sum_{i=1}^{n}\max\{0,D_i-c_i\}$ 以及公共总线传输容量 S 三者中的最小值。c_i 为元件 i 在实际运行时的容量，它有两个取值，如果元件 i 正常运行，则 $c_i=C_i$；反之，如果元件 i 失效，则 $c_i=0$。实际上，如果存在有任何元件的自身需求不能被满足，就会造成一定的损失[167]。和 Levitin[43]一样，本章关注的是系统中所有元件的自身需求都能够被满足的概率。如果存在任何一个元件的自身需求没有被满足，则系统必定会失效。

16.1.2 攻防博弈模型

在系统中，元件（公共总线）可能由于元件退化或蓄意攻击原因导致失效。不管是哪种原因导致的元件（公共总线）失效，它的实际容量变为 0。假设元件 i（公共总线）由于内部原因导致失效的概率为 p_i^I（p_{bus}^I），由于蓄意攻击原因导致失效的概率为 $p_i^O=F(e_i,E_i)$ $[p_{\text{bus}}^O=F(e_{\text{bus}},E_{\text{bus}})]$，其中 e_* 和 E_* 为元件 i 防御与攻击的努力。$F(\cdot,\cdot)$ 为竞争方程，其满足以下现实假设：① $F(e,E)$ 为 e 的非增函数，为 E 的非减函数；② $F(e,0)=0$，$F(0,E)=1$，$\forall E>0$。也就是说，如果攻击方不攻击元件，则该元件将不会被破坏，如果一个没有被保护的元件被攻击方攻击，则该元件将必定会被破坏。因此，对于一个具体形式的竞争方程，元件或者公共总线的破坏概率取决于分配在该元件或者公共总线防御资源和攻击资源量。

在实际应用竞争方程时，可以根据具体的情况来设定竞争方程的具体形式。出于举例说明目的，本章以竞争方程比较常见的一种形式——比例形式为例。比例形式的竞争方程如下所示：

$$F(e,E)=\frac{E^{\lambda_0}}{e^{\lambda_0}+E^{\lambda_0}} \tag{16-1}$$

竞争方程起源于寻租理论[168]。$\lambda_0(\lambda_0 \geqslant 0)$表示竞争的强度。当$\lambda_0$的值较大时，任何一个博弈参与方只要稍加努力就能轻松占据上风。当$\lambda_0=0$，$F(e, E)=1/2$时，只要$e>0$和$E>0$，那么博弈参与方无论付出多大努力都能够以相等的概率赢得比赛。另外，当$\lambda_0 \to +\infty$时，$F(e,E) \to 1_{(E>e)}$，这也暗示了"赢家通吃"。

在这个攻防博弈中，假设用于攻击和防御元件i的单位努力的费用分别为A_i和a_i，同样用于攻击和防御公共总线的单位努力的费用分别为A_{bus}和a_{bus}。本章假设攻击方和防御方的总可用预算分别为R和r。具有策略性的攻击方可以将其资源用于攻击公共总线或元件，以最大化系统被破坏的概率。同样地，防御方可以合理地分配其资源用来保护公共总线和元件，以最大化系统的可靠性。

16.2　公共总线系统的通用博弈模型

如16.1节所述，存在盈余容量的元件可以通过公共总线将其盈余容量传输给那些自身需求无法满足的元件。当元件具有不同的容量，并且每个元件的自身需求也不同时，元件之间的性能共享会变得非常复杂。在这种情况下，识别出可能导致系统失效的场景是一个复杂的组合问题。因此，本章同样使用基于通用生成函数的方法来有效地确定系统的可靠性[90,169]。

离散随机变量X的概率质量函数为

$$Pr\{X=x_k\}=p_k,\quad k=1,2,\cdots,K$$

通过运用通用生成函数，可以将其用多项式$u(z)=\sum_{k=1}^{K} p_k z^{x_k}$来表示。对于组合问题涉及的随机变量，可以通过运算相应的通用生成函数来表示其概率质量函数。例如，考虑两个离散随机变量X和Y的和$(X+Y)$。假设X和Y的通用生成函数分别是$u_X(z)=\sum_{k=1}^{K} p_k z^{x_k}$和$u_Y(z)=\sum_{l=1}^{L} q_l z^{y_l}$。通过对$u_X(z)$和$u_Y(z)$应用乘法运算，就可以得到随机变量$(X+Y)$的通用生成函数，即

$$u_X(z)u_Y(z)=\sum_{k=1}^{K}\sum_{l=1}^{L} p_k q_l z^{x_k+y_l}$$

根据这个通用生成函数，$(X+Y)$的概率质量函数即为$Pr\{X+Y=x_k+y_l\}=p_k q_l$。

为了运用通用生成函数来得到系统可靠性，首先考虑一个元件的情形。由于元件退化和蓄意攻击都会导致元件失效，因此元件i总的失效概率为

$$P_i=1-(1-p_i^I)(1-p_i^O)=p_i^I+p_i^O-p_i^I p_i^O$$

对应于元件 i 的运行状态和失效状态，分别存在盈余性能 C_i-D_i 和不足性能 $-D_i$。为了表示出元件 i 的概率质量函数，本章将运用如下所示的二元通用生成函数：

$$u_i(z_1,z_2)=(1-P_i)z_1^{C_i-D_i}z_2^0+P_iz_1^0z_2^{-D_i} \tag{16-2}$$

式中：z_1 和 z_2 的指数分别表示元件的盈余性能和不足性能。可以看出，通用生成函数可以非常清楚地将元件 i 每个状态（即运行或失效）的盈余性能和不足性能与相应的概率联系起来。

将所有元件通用生成函数相乘，便可以得到表示整个系统盈余性能和不足性能的通用生成函数：

$$U(z_1,z_2)=\prod_{i=1}^{n}u_i(z_1,z_2)=\sum_{j=1}^{J}\gamma_j z_1^{w_{j,1}}z_2^{w_{j,2}} \tag{16-3}$$

式中：$w_{j,1}$ 为总的盈余性能；$w_{j,2}$ 为总的不足性能；γ_j 为相应的概率；J 为合并同类项之后的项数。例如，对于由两个元件组成的系统，其通用生成函数可以表示为

$$\begin{aligned}U(z_1,z_2)&=u_1(z_1,z_2)u_2(z_1,z_2)\\&=(1-P_1)(1-P_2)z_1^{C_1+C_2-D_1-D_2}z_2^0+(1-P_1)P_2z_1^{C_1-D_1}z_2^{D_2}\\&\quad+P_1(1-P_2)z_1^{C_2-D_2}z_2^{D_1}+P_1P_2z_1^0z_2^{D_1+D_2}\end{aligned}$$

根据系统通用生成函数 $U(z_1,z_2)$，可以推断出：

系统有盈余容量 $C_1+C_2-D_1-D_2$ 和性能不足为 0 的概率为 $(1-P_1)(1-P_2)$；

系统有盈余容量 C_1-D_1 和性能不足 D_2 的概率为 $(1-P_1)P_2$；

系统有盈余容量 C_2-D_2 和性能不足 D_1 的概率为 $P_1(1-P_2)$；

系统有盈余容量 0 和性能不足 D_1+D_2 的概率为 P_1P_2。

因此，本章可以根据系统通用生成函数得到其所有可能的运行情景和相应的概率。假设公共总线运行，系统的条件可靠性等于不足性能 $|w_{j,2}|$ 小于总的盈余容量 $w_{j,1}$ 和公共总线传输容量 S 之间的最小值的所有概率之和，即

$$R_1=\sum_{j=1}^{J}1_{\min\{w_{j,1},S\}\geqslant|w_{j,2}|}\gamma_j \tag{16-4}$$

另外，如果公共总线失效，则系统间无法共享性能。因此，任何元件失效都会使得自身需求不能被满足，从而导致系统失效。在这种情况下，系统的条件可靠性是 $\prod_{i=1}^{n}(1-P_i)$。进一步地，系统的可靠性为

$$R_S=P_{\text{bus}}\prod_{i=1}^{n}(1-P_i)+(1-P_{\text{bus}})R_1 \tag{16-5}$$

从攻防博弈的角度来看，系统可靠性是防御方和攻击方资源分配的函数，即

$$R_S = R_S(e_1, e_2, \cdots, e_n, e_{\text{bus}}, E_1, E_2, \cdots, E_n, E_{\text{bus}})$$

对于防御方来说，它将最优地分配其资源，以最大限度地提高系统可靠性：

$$\max_{e_1, e_2, \cdots, e_n, e_{\text{bus}}} R_S$$

$$\text{s. t.} \sum_{i=1}^{n} a_i e_i + a_{\text{bus}} e_{\text{bus}} \leqslant r, \quad e_i \geqslant 0, \quad e_{\text{bus}} \geqslant 0 \tag{16-6}$$

另外，对于攻击方来说，它试图最小化系统可靠性：

$$\min_{E_1, E_2, \cdots, E_n, E_{\text{bus}}} R_S$$

$$\text{s. t.} \sum_{i=1}^{n} A_i E_i + A_{\text{bus}} E_{\text{bus}} \leqslant R, \quad E_i \geqslant 0, \quad E_{\text{bus}} \geqslant 0 \tag{16-7}$$

可以很容易证明 R_S 是 $e_i(i=1,2,\cdots,n)$ 和 e_{bus} 的非减函数，并且是 $E_i(i=1,2,\cdots,n)$ 和 E_{bus} 的非增函数。因此，攻击方和防御方的最优策略将在约束的边界处实现，即防御方将花费所有的预算用于防御，攻击方花费所有预算用于攻击。假设竞争方程 $F(e,E)$ 是关于 e 的凸函数并且是关于 E 的凹函数（可见本章附录 A），则可以证明上述两个问题都是凸优化问题。通过进一步求解该优化问题，可以很容易找到一般情况下的最优策略。如果式(16-6)和式(16-7)中的目标函数不是凸的，则该优化问题可以通过启发式算法来求解，例如遗传算法[170]。

防御方和攻击方之间的博弈类型是由攻击方是否知道防御方的资源分配来决定的。如果攻击方不知道防御方的资源分配，则最优的防御策略和攻击策略可以通过纳什均衡来求解[171]。在这种情况下，最优的防御策略和攻击策略满足以下条件：

防御方：

$$R_S(e_1^*, e_2^*, \cdots, e_n^*, e_{\text{bus}}^*, E_1^*, E_2^*, \cdots, E_n^*, E_{\text{bus}}^*) \geqslant R_S(e_1, e_2, \cdots, e_n, e_{\text{bus}}, E_1^*, E_2^*, \cdots, E_n^*, E_{\text{bus}}^*),$$
$$\forall e_1, e_2, \cdots, e_n, e_{\text{bus}}$$

攻击方：

$$R_S(e_1^*, e_2^*, \cdots, e_n^*, e_{\text{bus}}^*, E_1^*, E_2^*, \cdots, E_n^*, E_{\text{bus}}^*) \leqslant R_S(e_1^*, e_2^*, \cdots, e_n^*, e_{\text{bus}}^*, E_1, E_2, \cdots, E_n, E_{\text{bus}}),$$
$$\forall E_1, E_2, \cdots, E_n, E_{\text{bus}}$$

另外，如果攻击方充分了解防御方的资源分配，则可以通过两阶段最小-最大博弈来建模。最优防御策略为

$$(e_1^*, e_2^*, \cdots, e_n^*, e_{\text{bus}}^*) = \arg \max_{e_1, e_2, \cdots, e_n, e_{\text{bus}}} \left(\min_{E_1, E_2, \cdots, E_n, E_{\text{bus}}} R_S(e_1, e_2, \cdots, e_n, e_{\text{bus}}, E_1, E_2, \cdots, E_n, E_{\text{bus}}) \right)$$

相应地，最优的攻击策略为

$$(E_1^*, E_2^*, \cdots, E_n^*, E_{\text{bus}}^*) = \arg \min_{E_1, E_2, \cdots, E_n, E_{\text{bus}}} R_S(e_1^*, e_2^*, \cdots, e_n^*, e_{\text{bus}}^*, E_1, E_2, \cdots, E_n, E_{\text{bus}})$$

从防御的角度来看，假设攻击方知道防御策略更加合理。本章将首先针对一个由相同元件组成的公共总线系统这个特殊情况下的防御问题，通过建立最小-最大博弈模型，求解最优的防御策略和攻击策略。

16.3 同质元件的公共总线系统的博弈

16.3.1 系统可靠性模型

假设系统中所有的元件都是相同的，即 $C_i=C$（容量），$a_i=a, A_i=A$（单位防御努力的费用）和 $p_i^I=p^I$（由于内部原因的失效概率）（$i=1,2,\cdots,n$）。另外假设对于系统中所有元件的需求都是相同的，即 $D_i=D$（$i=1,2,\cdots,n$）。此外，防御方在每个被保护的元件上花费的努力也是相同的，尽管如此，防御方也会选择只保护部分元件或公共总线。相应地，攻击方也会选择攻击部分元件或公共总线。

如上所述，当防御方（攻击方）在博弈中花费了所有的预算时，就达到了最优策略。因此，本章假设防御方将分配其一部分预算 $xr(x\in[0,1))$ 用于保护公共总线，将剩余预算 $(1-x)r$ 平均分配给 y 个被保护的元件，则这 y 个被保护的元件的防御努力是 $(1-x)r/(ya)$。相应地，攻击方将分配部分预算 XR（$X\in[0,1)$）用于攻击公共总线，将剩余预算 $(1-X)R$ 用于攻击元件。假设攻击方不知道哪些元件被防御方保护，因此，它只能随机地选择 Y 个元件进行攻击，则每个被攻击的元件的攻击努力是 $(1-X)R/(YA)$。对于系统中的每个元件，有 4 种可能的情况：①同时受到保护和攻击；②未受到保护但受到攻击；③受到保护但未受到攻击；④不受保护且不受攻击。在前两种情况下，元件破坏概率分别为 $F((1-x)r/(ya),(1-X)R/(YA))$ 和 1，在后两种情况下，元件被破坏的概率为 0，这两种情况下的元件都可以被称为“未受到攻击”的元件。

如果一个没有被保护的元件受到攻击，它肯定会被毁坏。因此，在公共总线被毁坏的情况下，只有受到攻击的元件是被保护的元件，系统才有可能存活。这种情况下系统的可靠性为

$$R_{S,2}=\begin{cases}P_{\text{bus}}\cdot\dfrac{\binom{y}{Y}}{\binom{n}{Y}}(1-P)^{Y}, & Y\leqslant y\\ 0, & Y>y\end{cases}\tag{16-8}$$

其中 $P_{\text{bus}}=p_{\text{bus}}^{I}+(1-p_{\text{bus}}^{I})F(xr/a_{\text{bus}},XR/A_{\text{bus}})$ 和 $P=p^{I}+(1-p^{I})F((1-x)r/(ya),(1-X)R/(YA))$。

如果公共总线没有被毁坏，那么盈余容量可以分配给其他需求不足的位置。如果有 $n-k$ 个元件失效，k 个元件存活，则总的盈余性能是 $k(C-D)$，总的不足性能是 $(n-k)D$。考虑到公共总线的有限传输容量，只有满足以下不等式，系统才能存活。

$$(n-k)D\leqslant \min\{k(C-D),S\}\Leftrightarrow k\geqslant \max\left\{n-\frac{S}{D},\frac{nD}{C}\right\} \tag{16-9}$$

令 $K=\lceil \max\{n-S/D,nD/C\}\rceil$，即不小于 $\max\{n-S/D,nD/C\}$ 的最小整数。当至少有 K 个元件同时运行，系统才是正常运行的。换句话说，在公共总线没有失效的情况下，系统是一个 n 中取 K 系统，相应地，系统的可靠性：

$$R_{S,1}=(1-P_{\text{bus}})\times\sum_{l=\max\{0,Y-y\}}^{\min\{Y,n-K,n-y\}}\frac{\binom{n-y}{l}\binom{y}{Y-l}}{\binom{n}{Y}}\sum_{m=0}^{\min\{Y-l,n-K-l\}}\binom{Y-l}{m}P^{m}(1-P)^{Y-l-m} \tag{16-10}$$

攻击方选择 Y 个元件进行攻击，假设被攻击的 Y 个元件中有 l 个未受保护的元件，那么这 l 个元件必会在攻击下失效。由于有 $n-y$ 个未受保护元件，则有 $l\leqslant n-y$ 和 $Y-l\leqslant y\Rightarrow l\geqslant Y-y$。如果 $l>n-K$，则会有超过 $n-K$ 个元件失效，并且系统会因此而被毁坏。因此 $l\leqslant n-K$。在这 $Y-l$ 个受到保护和攻击的元件中，它们中的 m 个可能以概率 $\binom{Y-l}{m}P_1^{m}(1-P_1)^{Y-l-m}$ 失效。图 16-2 给出了公共总线没有失效的一种情况。

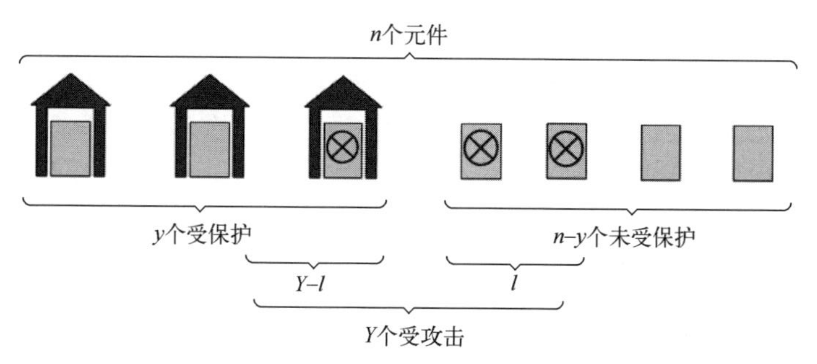

图 16-2　当公共总线正常运行时，系统元件的防御与攻击

把所有情况的概率相加，系统的可靠性为

$$R_s=R_{s,1}+R_{s,2}$$

$$= (1 - P_{\text{bus}}) \times \sum_{l=\max\{0,Y-y\}}^{\min\{Y,n-K,n-y\}} \frac{\binom{n-y}{l}\binom{y}{Y-l}}{\binom{n}{Y}} \sum_{m=0}^{\min\{Y-l,n-K-l\}} \binom{Y-l}{m} P^m (1-P)^{Y-l-m}$$

$$+ 1_{Y \leqslant y} P_{\text{bus}} \cdot \frac{\binom{y}{Y}}{\binom{n}{Y}} (1-P)^Y \tag{16-11}$$

16.3.2 最优防御与攻击策略

在这个两阶段博弈中，防御方在第一阶段行动，部署防御措施来保护系统，攻击方在第二阶段行动，对系统进行攻击。假设防御方和攻击方完全了解系统的所有参数和竞争方程等信息。此外，攻击方在第二阶段采取行动时，它还知道防御者的防御预算在公共总线和系统中 x 个元件上的分配策略，以及系统中受保护元件的数量 y。虽然在实际情况中，攻击方可能无法知道 x 和 y 的具体取值，但防御方假设攻击方知道系统的信息和防御策略，在这种情况下攻击者采取的攻击策略是最具有破坏力的，这对防御者来说是最坏的情况下的系统防御，它可以采取最保守的策略以应对攻击者的攻击[172]。为了最大化系统被破坏的概率，攻击方在观察到防御方在第一阶段采取的策略 x 和 y 之后，选择最优的攻击策略 X 和 Y，即

$$(X^*, Y^*) = \arg\min_{X,Y} R_S(X, Y; x, y) \tag{16-12}$$

将 R_S 中攻击方的策略 x 和 y 替换成其最优策略 X^* 和 Y^*，防御方可以求出其最优防御策略 x^* 和 y^* 以最小化系统被破坏的概率，即

$$(x^*, y^*) = \arg\max_{x,y} R_S(X^*(x,y), Y^*(x,y), x, y) \tag{16-13}$$

在这个博弈中，防御方应该保护至少 K 个元件，即 $y \geqslant K$；否则，攻击方总是选择攻击所有的 n 个元件，并且会有超过 $n-K$ 个元件被毁坏。因此，系统可靠性可以进一步写成：

$$R_S = (1 - P_{\text{bus}}) \times \sum_{l=\max\{0,Y-y\}}^{\min\{Y,n-y\}} \frac{\binom{n-y}{l}\binom{y}{Y-l}}{\binom{n}{Y}} \sum_{m=0}^{\min\{Y-l,n-K-l\}} \binom{Y-l}{m} P^m (1-P)^{Y-l-m}$$

$$+ 1_{Y \leqslant y} P_{\text{bus}} \cdot \frac{\binom{y}{Y}}{\binom{n}{Y}} (1-P)^Y \tag{16-14}$$

考虑一个具体的例子，其中 $n=8$，$K=4$，$R/A=r/a=1$，$A_{bus}=A$，$a_{bus}=a$，$p^I=p^I_{bus}=0$。对于防御方来说，最优的受保护元件的数量不应小于 $K=4$。这种情况下，系统的可靠性为

$$R_S=(1-P_{bus})\sum_{m=0}^{y-4}\binom{y}{m}P^m(1-P)^{y-m}+1_{y\geq 8}P_{bus}(1-P)^8$$

应用比例竞争方程 $F(e,E)=E^{\lambda_0}/(e^{\lambda_0}+E^{\lambda_0})$，并令 $\lambda_0=1$，可以找到(x,y)不同组合下的最优攻击策略(Y^*,X^*)。求解出的 Y^* 总是 8，即攻击方的最优攻击策略是攻击系统中所有的元件。对于不同取值下的 Y，X^* 对于 x 的变化（用于攻击公共总线的攻击资源的最优比例）如图 16-3 所示。当 $y<8$ 时，即系统中存在未被保护的元件，X^* 是 x 的非增函数。这表明随着防御方增加保护公共总线的努力，攻击方则会减少攻击公共总线的资源。这是因为分配的保护元件防御资源减少，与攻击方通过破坏公共总线导致系统失效相比，攻击方通过破坏 4 个以上元件导致系统失效更容易。当 $y=5,6,7$ 时，如果 x 的取值很小，则 X^* 接近 1，即攻击方几乎将其所有资源都用于攻击公共总线。这是因为一旦公共总线被破坏，攻击方可以通过微不足道的努力破坏系统中未被保护的元件。当 x 小于某个阈值时，X^* 随着 y 的增加而增加，因为每个元件上分配的防御资源量被削弱，攻击方可以用小的努力来破坏这些元件。因此，它将把重点转移到攻击公共总线。当 $y=8$ 时，即所有元件都受保护，最优 X^* 首先随着 x 的增加而增加，当 x 超过某个确定的阈值时，最优 X^* 减少为 0。这是因为当所有元件都受到保护时，攻防双方的博弈变成了一个公平博弈。随着 x 的增加，攻击方必须首先应对公共总线增加的防御资源。当 x 超过一定比例（在本例中大约为 0.23）时，攻击方将减少攻击公共总线的努力，而试图破坏更多的元件。当 x 足够大时（$x>0.55$），攻击方完全放弃攻击公共总线，并且专注于破坏元件。

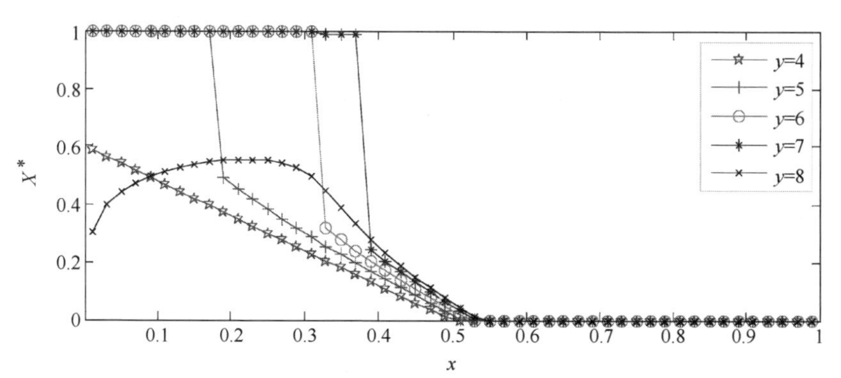

图 16-3　对于不同的 x 和 y，攻击公共总线的最优资源比例 X^*

图 16-4 给出了不同的 y，$R_S^*(x,y)$（当攻击方采取最具破坏力的策略时，系统最小的可靠性）对于 x 的变化。对于所有的 y，$R_S^*(x,y)$ 首先随着 x 的增加而增加，直到达到巅峰值之后减少。当 $y<8$ 时，对于固定的 x，系统可靠性随着 y 的增加而增加，这表明保护更多的元件对防御方更有利。注意，在 x 相对小时，对于不同的 y，$R_S^*(x,y)$ 的值可能是相同的。这是因为攻击方在攻击公共总线上花费了几乎所有的资源，在攻击 8 个元件上花费的努力可以忽略不计（参考图 16-3），由于存在未受保护的元件，如果公共总线出现失效，系统将会失效，也就是说公共总线存活的概率决定了系统的可靠性。还可以注意到，对于 $y<8$，$R_S^*(x,8)>R_S^*(x,y)$，这表明保护所有元件对于防御方来说总是最优的。实际上，最优防御策略是 $(x^*,y^*)=(0.36,8)$，具体来说，防御方将其 36%的防御资源用于保护公共总线，剩余 64%的防御资源用于保护系统中的 8 个元件。在这种防御策略下，攻击方最优的攻击策略为 $(X^*,Y^*)=(0.36,8)$，即攻击方将其 36%的攻击资源用于攻击公共总线，剩下的资源用于攻击系统中的 8 个元件。本次攻防博弈下系统生存概率为 0.32。

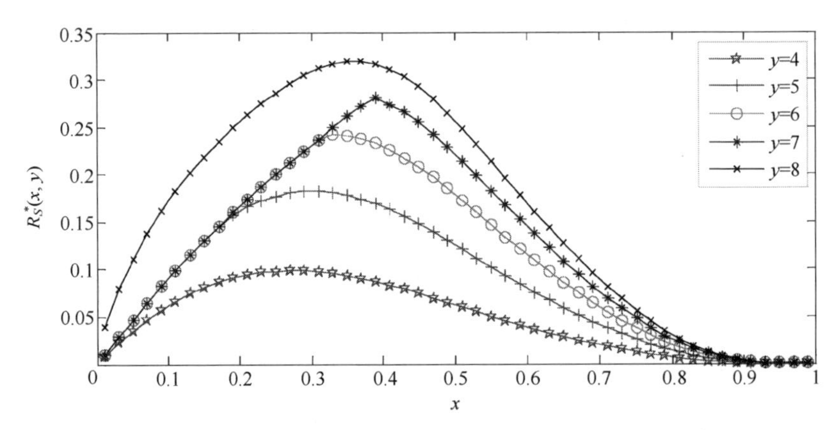

图 16-4　防御方不同的防御策略 x 和 y 下，系统最小的可靠性

16.3.3　攻击和保护元件的最优数量

当防御方选择保护所有元件时，即 $y=n$，根据式（16-14）可以获得系统的可靠性：

$$R_S=(1-P_{\text{bus}})\sum_{m=0}^{\min\{Y,n-K\}}\binom{Y}{m}P_Y^m(1-P_Y)^{Y-m}+P_{\text{bus}}\cdot(1-P_Y)^Y \tag{16-15}$$

P_Y 的下标"Y"表示 P_Y 是 Y 的函数。令 $H_1(Y)=\sum_{m=0}^{\min\{Y,n-K\}}\binom{Y}{m}P_Y^m(1-P_Y)^{Y-m}$。

对于 $Y<n-K$，$H_1(Y)=1$。对于 $Y\geqslant n-K$，则有

$$H_1(Y)=\sum_{m=0}^{n-K}\binom{Y}{m}P_Y^m(1-P_Y)^{Y-m}$$

因此，

$$\begin{aligned}H_1(Y+1)-H_1(Y)&=\sum_{m=0}^{n-K}\binom{Y+1}{m}P_{Y+1}^m(1-P_{Y+1})^{Y+1-m}-\sum_{m=0}^{n-K}\binom{Y}{m}P_Y^m(1-P_Y)^{Y-m}\\&=\sum_{m=0}^{n-K}\binom{Y}{m}P_{Y+1}^m(1-P_{Y+1})^{Y+1-m}+\sum_{m=1}^{n-K}\binom{Y}{m-1}P_{Y+1}^m(1-P_{Y+1})^{Y+1-m}\\&\quad-\sum_{m=0}^{n-K}\binom{Y}{m}P_Y^m(1-P_Y)^{Y-m}\\&=\sum_{m=0}^{n-K}\binom{Y}{m}P_{Y+1}^m(1-P_{Y+1})^{Y-m}-P_{Y+1}\binom{Y}{n-K}P_{Y+1}^{n-K}(1-P_{Y+1})^{Y-n+K}\\&\quad-\sum_{m=0}^{n-K}\binom{Y}{m}P_Y^m(1-P_Y)^{Y-m}\end{aligned}$$

因为 $\sum_{m=0}^{n-K}\binom{Y}{m}P^m(1-P)^{Y-m}$ 关于 P 为 $-Y\binom{Y-1}{n-K}P^{n-K}(1-P)^{Y-n+K-1}$，根据平均值理论可以得到如下近似值：

$$\begin{aligned}H_1(Y+1)-H_1(Y)&=-Y\binom{Y-1}{n-K}\widetilde{P}^{n-K}(1-\widetilde{P})^{Y-n+K-1}(P_{Y+1}-P_Y)-P_{Y+1}\binom{Y}{n-K}P_{Y+1}^{n-K}(1-P_{Y+1})^{Y-n+K}\\&\approx\binom{Y}{n-K}P_{Y+1}^{n-K}(1-P_{Y+1})^{Y-n+K-1}[(Y-n+K)(P_Y-P_{Y+1})-(P_{Y+1}-P_{Y+1}^2)]\end{aligned}$$

其中$\widetilde{P}\in(P_{Y+1},P_Y)$（注意 $P_{Y+1}<P_Y$，因为攻击努力的削弱）。当 Y（$Y\geqslant n-K$）很大，并且 λ_0很小时，增加 Y（受攻击元件的数量）将不会过多地减少每个元件上的努力，只会对被攻击元件产生微小的变化。在这种情况下，$P_{Y+1}-P_Y$ 的差值将比 P_{Y+1}小，这会导致 $H_1(Y+1)<H_1(Y)$。如果$(1-P_Y)^Y$也是 Y 的递减函数（这只是对于 $\lambda_0\leqslant 1$ 的情况，参考附录 B），那么 R_S是 Y 的一个递减函数。在这种情况下，最优 Y^*将取到 n。

相反，当攻击方将被攻击的元件数量定为 $Y=n$ 时，有

$$R_S=(1-P_{\text{bus}})\sum_{m=0}^{y-K}\binom{y}{m}P_y^m(1-P_y)^{y-m}+1_{y\geqslant n}P_{\text{bus}}(1-P_y)^n\quad(16\text{-}16)$$

令 $H_2(y)=\sum_{m=0}^{y-K}\binom{y}{m}P_y^m(1-P_y)^{y-m}$。类似地，有

$$H_2(y+1)-H_2(y)=(P_{y+1}-P_{y+1}{}^2)\binom{y}{K-1}P_{y+1}^{y-K}(1-P_{y+1})^{K-1}-y\binom{y-1}{y-K}\hat{P}^{y-K}(1-\hat{P})^{K-1}(P_{y+1}-P_y)$$

$$\approx\binom{y}{K-1}P_{y+1}^{y-K}(1-P_{y+1})^{K-1}[(P_{y+1}-P_{y+1}{}^{2})-(y-K+1)(P_{y+1}-P_{y})]$$

其中$\hat{P}\in(P_y,P_{y+1})$（注意$P_y<P_{y+1}$，因为防御努力的削弱）。当$y(y\geqslant K)$很大，竞争强度λ_0很小时，增加y(被保护元件的数量)将不会过多地减少分配在每个元件上的努力,并且只会对这些被保护的元件产生轻微的影响。在这种情况下，$P_{y+1}-P_y$ 的差值远小于P_{y+1}，这会导致$H_2(y)<H_2(y+1)$。很显然，$1_{y\geqslant n}P_{\text{bus}}(1-P_y)^n$是$y$的非减函数。这也意味着$R_S$是$y$的递增函数。因此，这种情况下最优的$y^*$是$n$。

结合以上分析可以推断，在满足上述假设的前提下，只要攻击方（防御方）决定在所有元件上平均分配资源，其竞争者的最优选择是在所有元件中平均分配资源。那么，系统可靠性只是x和X的函数：

$$R_S=R_S(x,X)=(1-P_{\text{bus}})\sum_{m=0}^{n-K}\binom{n}{m}P^m(1-P)^{n-m}+P_{\text{bus}}(1-P)^n \tag{16-17}$$

16.3.4 不同竞争方程的防御和攻击

竞争方程$F(e,E)$刻画出了系统的可靠性是由防御方和攻击方来决定的。对于不同形式的竞争方程，防御方和攻击方之间的博弈可能是不同的。这也会进一步导致不同的防御策略和攻击策略。

本节将 Nikoofal 和 Zhuang[169] 的指数竞争方程$F(e,E)=1-\exp\left\{-\dfrac{\lambda_1 E}{e}\right\}$与比例竞争方程进行比较，其中$\lambda_1=\ln 2$，使得$F(e,E)=\dfrac{1}{2}$（$e=E$）。两种不同形式竞争方程的比较如图16-5所示。

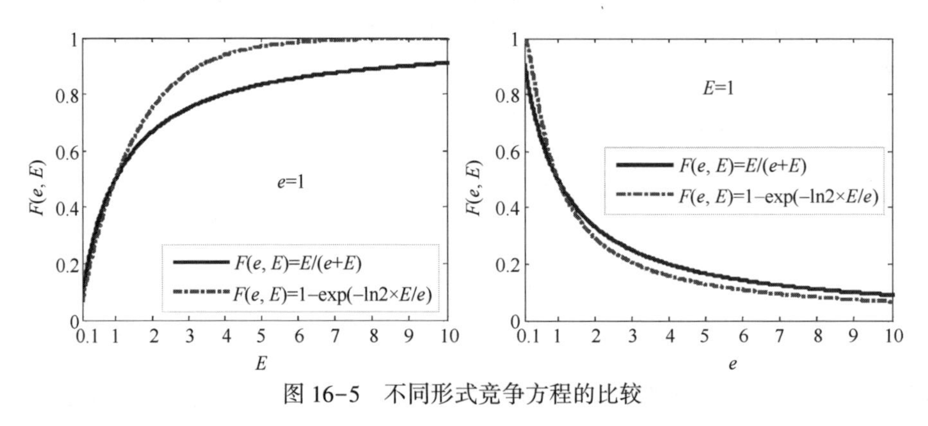

图16-5　不同形式竞争方程的比较

在与上述参数保持一致的情况下，本节利用了指数竞争函数得到了攻击方在不同防御策略下的最佳攻击策略。图 16-6 展示了对于不同的 x 和 y，攻击方应该攻击的元件的最优数量。它表明除了 x 相当小（$x=0.01$）时，攻击方总是选择攻击所有元件是最优的策略。事实上，当 $x=0.01$ 时，攻击方攻击 $Y>y$ 个元件的影响可以忽略不计，因为只要公共总线和至少一个元件被破坏，系统被破坏的概率由对公共总线的攻击效果来决定。图 16-7 也揭示了这一点，即攻击方几乎将所有资源都用来攻击公共总线。综上所述，攻击所有元件始终是攻击方的最优策略。

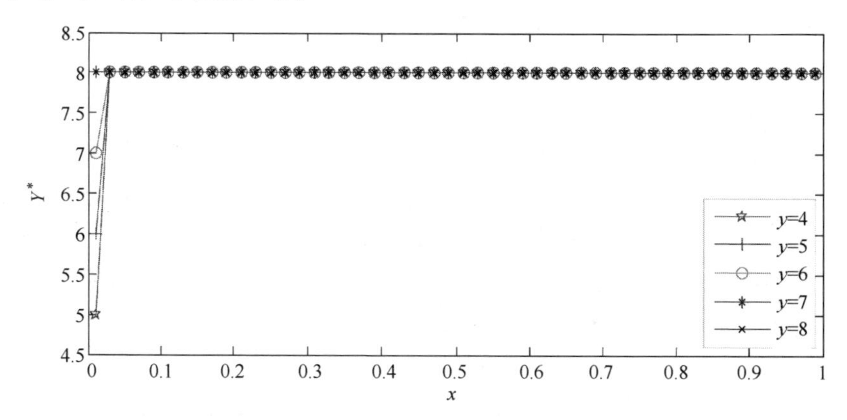

图 16-6　对于不同的 x 和 y，攻击方应该攻击的元件的最优数量

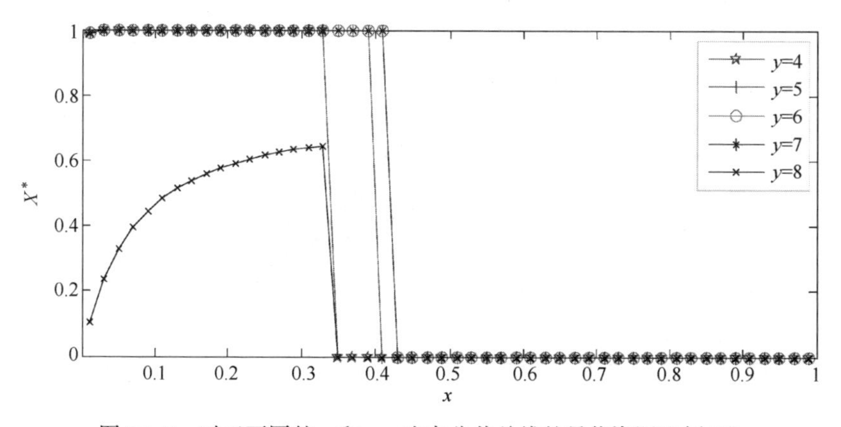

图 16-7　对于不同的 x 和 y，攻击公共总线的最优资源比例 X^*

图 16-7 显示了对于不同的 x 和 y，攻击公共总线的最优资源比例 X^* 的变化情况。不同于图 16-3 中的比率博弈下的结果，当 x 超过 y 的某个阈值时，最优的 X^* 急剧下降。对于 $y=4,5,6,7$，当 x 超过一个阈值时，X^* 几乎从 1 下降到 0。这表明当防御方在公共总线上花费的努力较低时，攻击方会花费所有

努力来破坏公共总线，而当防御方在公共总线上的努力增加到一定程度时，攻击方会转而去攻击元件。如果所有元件都受到保护，即 $y=8$，攻击方会先增加攻击公共总线的资源，随着 x 的不断增加并超过阈值后，攻击方会放弃攻击公共总线转而攻击系统中的 8 个元件。X^* 对于 x 的不同策略可以通过比较指数和比例竞争方程来解释。从图 16-5 可以看出，攻击方比防御方花费更多资源，因此它更容易在竞争中占上风，在比例竞争方程下，攻击方比防御方花费少资源，且更容易被击败。因此，在指数竞争方程下，攻击方在公共总线上的攻击更容易做出极端的选择，这就解释了 X^* 随着 x 的急剧变化的原因。

图 16-8 给出了攻击方选择攻击策略时系统的可靠性。$R_S^*(x,y)$ 对于 x 的总体趋势与比例竞争方程下的趋势相似，但由于两个竞争方程之间的差异，本图中 $R_S^*(x,y)$ 总体趋势没有比例模型下 $R_S^*(x,y)$ 的总体趋势缓和。当防御方的最优策略为 $(x^*,y^*)=(0.34,8)$ 时，系统相应的可靠性是 0.2875。和比例竞争方程下的区别是，现在保护所有元件并不总是最优的，尤其是当 x 比较大时，这一差异变得更加明显。当 x 的值较大时，防御方用于保护元件的资源更少。因此，它选择集中保护更少的元件以提高单个元件上的防御资源量。

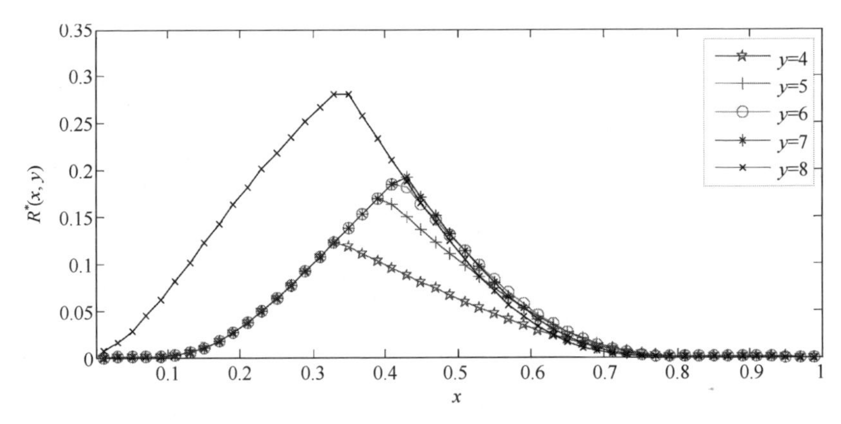

图 16-8　对于不同的 x 和 y，对于攻击方的最优（最小）系统可靠性

16.4　攻防博弈的影响因素

上一节已经展示了针对不同的防御策略，攻击方的最优攻击策略。本节将研究不同参数尤其是公共总线的相对鲁棒性，竞争强度和系统冗余水平对最优防御和攻击策略的影响。

16.4.1　公共总线和元件的相对鲁棒性

在给定固定资源量的情况下，如果公共总线是稳健的，那么防御方可以分配更多资源来保护元件。相反，如果公共总线容易出现失效，则防御方必须花费更多的资源来保护公共总线。本节研究元件 p 的内部原因导致失效的概率、公共总线 p_{bus} 内部原因导致失效的概率和公共总线 A_{bus}/a_{bus} 单位攻击努力的相对成本对最优防御策略和最优攻击策略的影响。

同样地，考虑一个公共总线系统，其参数设置如下：$n=8$，$K=4$，$\frac{R}{A}=\frac{r}{a}=1$，$A=1$，$a_{bus}=a$，竞争方程的形式为 $F(e,E)=E/(e+E)$。当 $A=1$ 时，A_{bus} 量化了攻击公共总线的相对效率；反过来，它反映了公共总线对蓄意攻击的鲁棒性。对于 $A_{bus}\in(0.1,10)$，通过尝试 5 种不同的参数设置，即① $p=p_{bus}=0$；② $p=0$，$p_{bus}=0.25$；③ $p=0.25$，$p_{bus}=0$；④ $p=0.25$，$p_{bus}=0.25$；⑤ $p=0.5$，$p_{bus}=0.25$，得到了相应的(y^*,Y^*,x^*,X^*,R_S^*)。对于所有上述参数组合，均得到 $y^*=8$ 和 $Y^*=8$，也就是说防御方的最优防御策略是保护所有元件，而攻击方的最优策略是攻击所有元件。

x^*（分配用于保护公共总线的最优资源量）随 A_{bus} 的变化如图 16-9 所示。随着 A_{bus} 的增加，防御方在保护公共总线上的花费越少，因为攻击方在公共总线上的进攻变得缓和。因此，防御方可以用更少的资源在竞争方程中占据优势，从而可以将更多的资源用于保护元件。对于固定的 A_{bus}，x^* 随着 p 增加而减少，这意味着如果元件更容易失效，防御方应该花费更多资源用于保护元件上。由于 x^* 随着 p_{bus} 增加而减少，因此，p_{bus} 对 x^* 影响不显著。

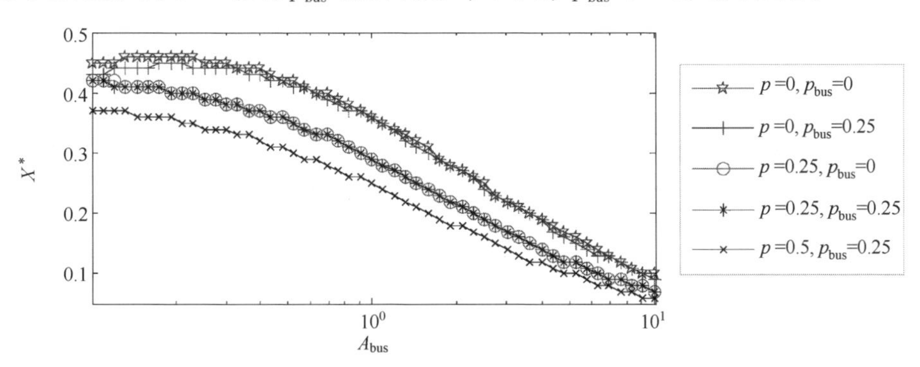

图 16-9　对于不同的 p 和 p_{bus}，最优的 x^* 随 A_{bus} 的变化情况

图 16-10 显示了 X^* 随 A_{bus} 的变化情况。X^* 随着 A_{bus} 的增加而减少，但与 x^* 相比，具有更显著的波动，尤其是当 A_{bus} 的值较大时。当 A_{bus} 的值较大时，

攻击方攻击公共总线的效率会更低。因此，它既不能简单地增加 X，以在公共总线的竞争中占优，也不能简单地减少 X，来应对元件上增加的防御努力。攻击方难以平衡它在攻击公共总线和攻击元件所获得的收益，因此导致了不稳定的 X^*。

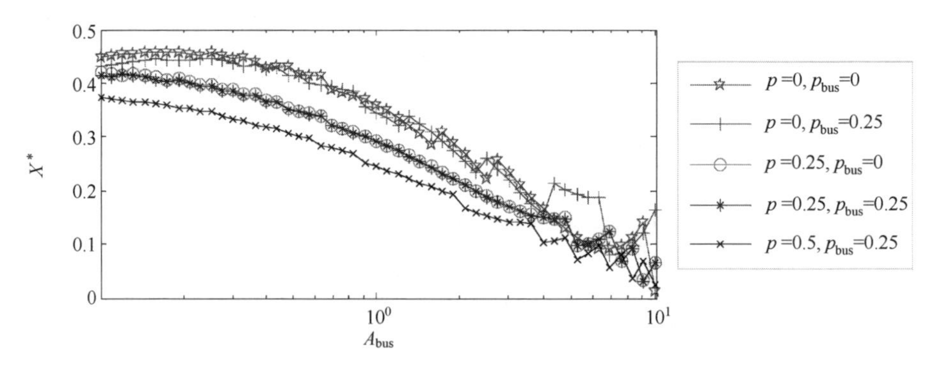

图 16-10　对于不同的 p 和 p_{bus}，最优的 X^* 随 A_{bus} 的变化

图 16-11 表明系统可靠性 R_S^* 随着 p 和 p_{bus} 单调递减，并且随着 A_{bus} 单调递增。然而，当 A_{bus} 的值超过一定水平后，R_S^* 的提高速度变缓。在这种情况下，防御方可以在公共总线的竞争中轻松占据优势，防御方和攻击方都将注意力转移到对元件保护/攻击的竞争中。这种情况也会在 A_{bus} 很小时出现，R_S^* 关于 A_{bus} 的曲线呈 S 状。

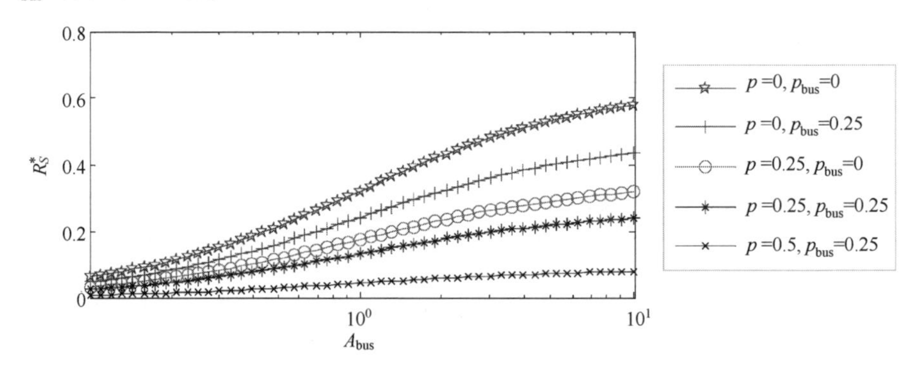

图 16-11　对于不同的 p 和 p_{bus}，R_S^* 的变化

16.4.2　竞争强度

如前所述，当竞争强度很小时，公共总线以及元件破坏概率变化很小，尤其是当防御方和攻击方在竞争中所花费的努力相当时。相反，随着竞争强度的增加，博弈的一方稍微花费较多的努力就很容易占据优势，相应地，最

优防御策略和最优攻击策略也会发生很大的变化。本节研究竞争强度对博弈双方最优策略的影响，所有参数的设置都和之前相同。

与低竞争强度情况不同，随着 λ_0增加，防御方必须集中资源保护更少的元件，尤其是当 A_{bus}很大时，如图 16-12（a）所示。一方面，当 A_{bus}增加时，防御方在对公共总线的竞争中占据了一定的优势，因此它可以剩下更多的资源用于保护元件。这就解释了 x^* 随着 A_{bus}增加而减少的变化趋势；另一方面，防御方会选择保护更少的元件以集中每个元件上分得的防御资源的量，在保持被保护元件生存性不变的基础上增加公共总线的生存性。这解释了图 16-12（a）中 y^* 下降的原因以及图 16-12（b）中 x^* 上升的原因。虽然防御方会选择保护较少的元件，但它所保护的元件个数不少于 $n-K$（$n-K=4$ 个）。

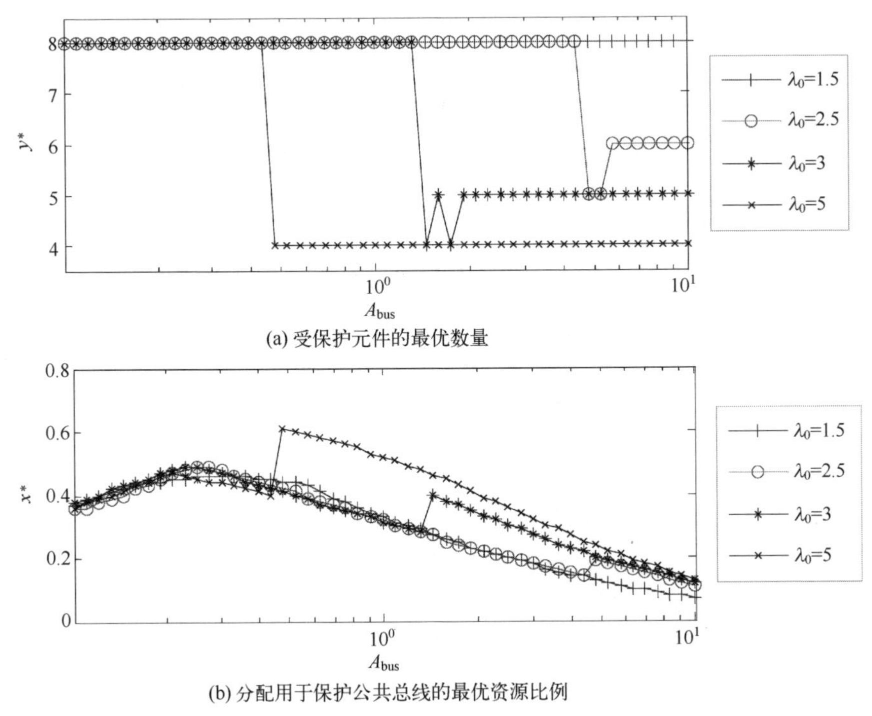

(a) 受保护元件的最优数量

(b) 分配用于保护公共总线的最优资源比例

图 16-12　对于不同的 λ_0，最优防御策略(y^*,x^*)随 A_{bus}的变化

与防御策略相比，攻击策略的变化更加复杂，如图 16-13 所示。当 λ_0（$\lambda_0=1.5$）较小时，攻击策略在 A_{bus}的值较小的情况下变化不明显，而在 A_{bus}的值变大的情况下波动很大。与 $\lambda_0=1$ 的情况（参考上一节）相比，$\lambda_0=1.5$ 时，Y^* 和 X^* 的波动都变得更加显著。随着竞争强度的增加($\lambda_0=2.5,3,5$)，即使是 A_{bus}的值较小的情况下攻击策略也会对 A_{bus}变得更加敏感。特别是 A_{bus}

的值较大的情况下，并且系统中有一些元件未得到保护时，攻击方将花费几乎所有资源攻击公共总线，或者花费所有资源攻击元件。因此，竞争强度 λ_0 增加了最优攻击策略对于参数 A_{bus} 的敏感性。

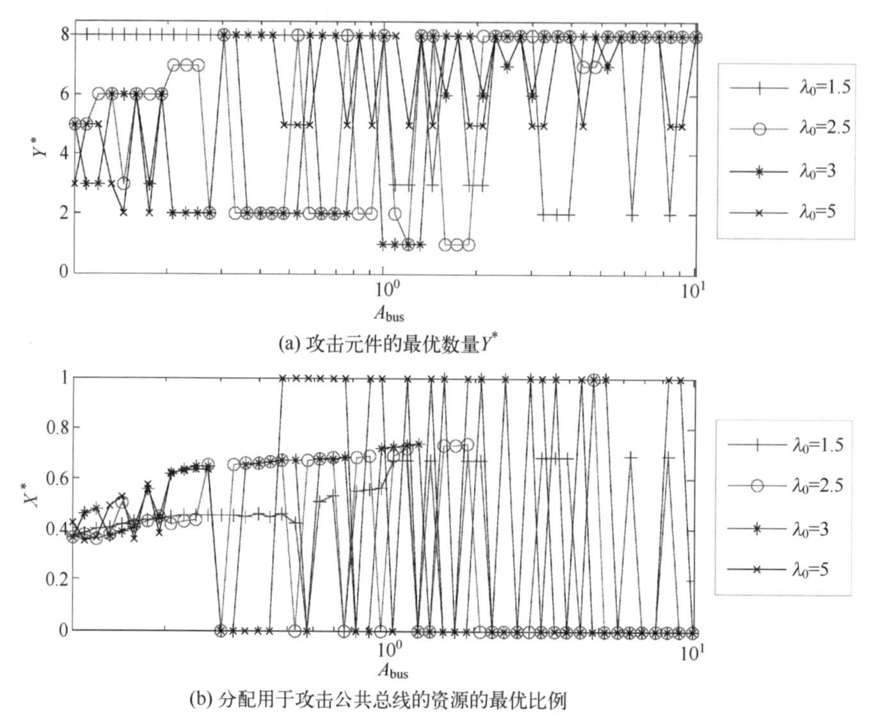

(a) 攻击元件的最优数量 Y^*

(b) 分配用于攻击公共总线的资源的最优比例

图 16-13　对于不同的 X^*，最优攻击策略 (Y^*, X^*) 随 A_{bus} 的变化

系统可靠性的变化如图 16-14 所示，显然，当攻击方在公共总线的竞争中占据优势时（A_{bus} 很小），系统可靠性会随着竞争强度 λ_0 的增加而降低。相反，当防御方在对公共总线的竞争中占据优势时，系统可靠性随着 λ_0 的增加而增加。因此，竞争强度 λ_0 扩大了竞争对手在攻防博弈中的优势，这与其定义一致。

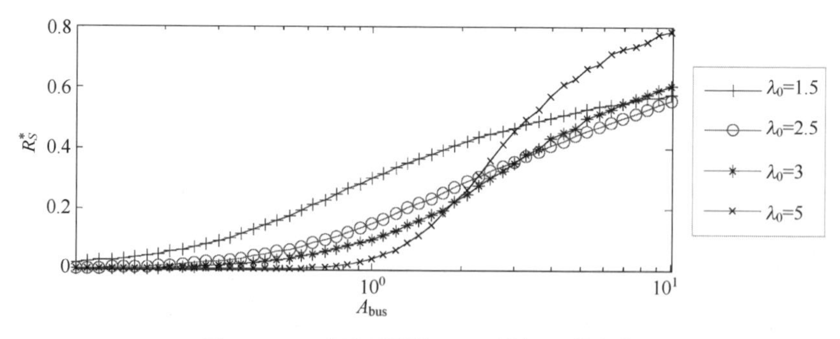

图 16-14　对于不同的 λ_0，R_S^* 随 A_{bus} 的变化

16.4.3　系统冗余

影响系统可靠性的一个重要因素是系统冗余。针对本章考虑的系统，如果公共总线正常工作，则系统共有 $n-K$ 个冗余元件。本节将研究防御策略和攻击策略随 K 的变化情况。

图 16-15 显示了对于不同的 λ_0，防御策略随 K 的变化。当 λ_0（$\lambda_0=1.5$）较小时，防御方选择保护所有元件。因为没有一个博弈参与方可以通过花费稍微多一点的努力来获得明显的优势，所以保护所有元件可以提高系统的可靠性。当竞争强度 λ_0较大时，攻击方花费稍多一点努力就可以轻松获得相对于防御方的显著优势，因此防御方不得不花费剩下有限的资源去保护更少的元件，以保持整个系统的可靠性。比例 x^* 随着 K 的增加而减少，并且当 $K=8$ 时，减少到0。在这种情况下，不同元件之间的性能共享不起作用（由于公共总线传输容量有限或每个元件的盈余性能有限），因此没有必要保护公共总线。

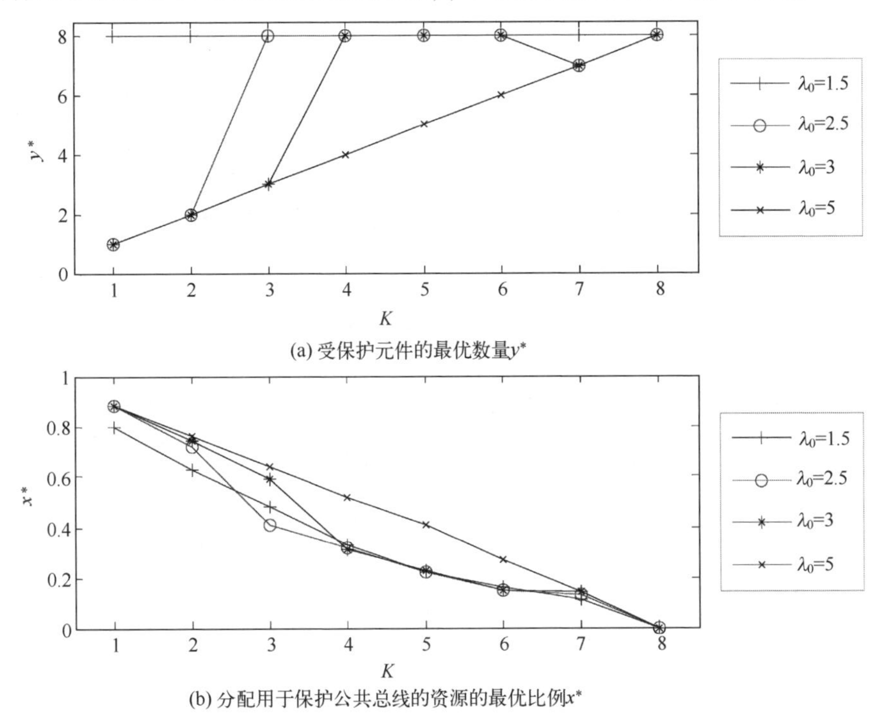

图 16-15　对于不同的λ_0，最优防御策略(y^*,x^*)随K 的变化

图 16-16 显示了最优攻击策略的变化，它的变化比较复杂。可以看出攻击方倾向于在公共总线的竞争中分配几乎所有的资源或者不分配任何资源，这样的策略尤其是当 λ_0很大时更加明显。这揭示了公共总线在整个系统可靠

性竞争中的重要性，除此之外，还暗示了攻击方的策略对系统的配置非常敏感。当 $K=8$ 时，攻击方肯定会花费所有资源去攻击元件，因为此时公共总线在系统中失效。

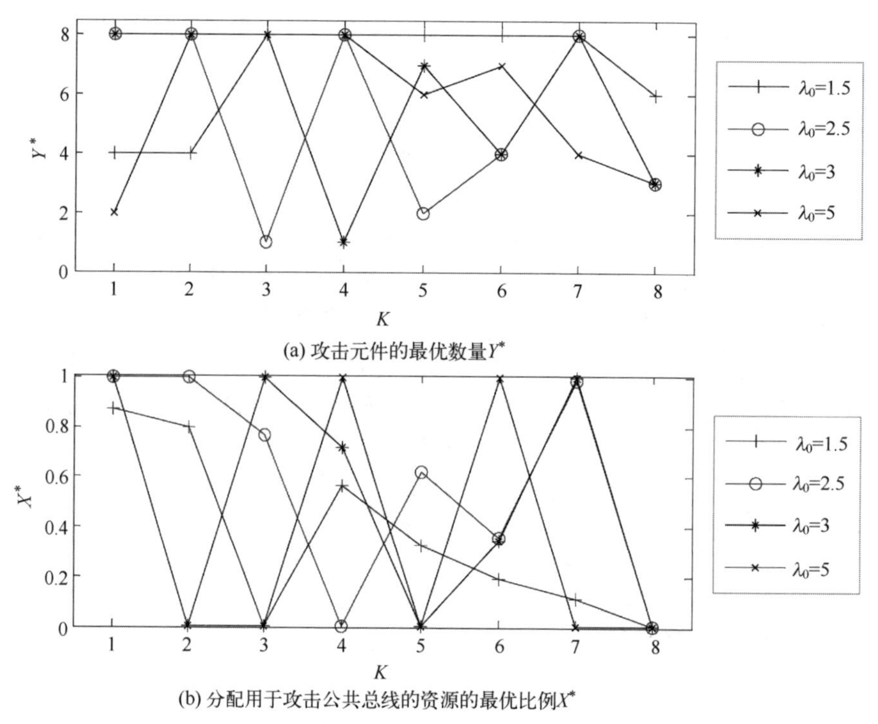

(a) 攻击元件的最优数量 Y^*

(b) 分配用于攻击公共总线的资源的最优比例 X^*

图 16-16 对于不同的 λ_0，最优攻击策略 (y^*, x^*) 随 K 的变化

图 16-17 给出了不同的 λ_0，R_S^* 随 K 的变化情况。注意，对于固定的 K，系统可靠性随着 λ_0 的增加而下降，这意味着防御方处于劣势，因为竞争中缺乏冗余（即使对于 $K=1$，冗余仍然不足够，参考上一节关于 λ_0 扩大优势的讨论）。这揭示了冗余和系统中的公共总线的重要性，尤其是在竞争强度很大时。

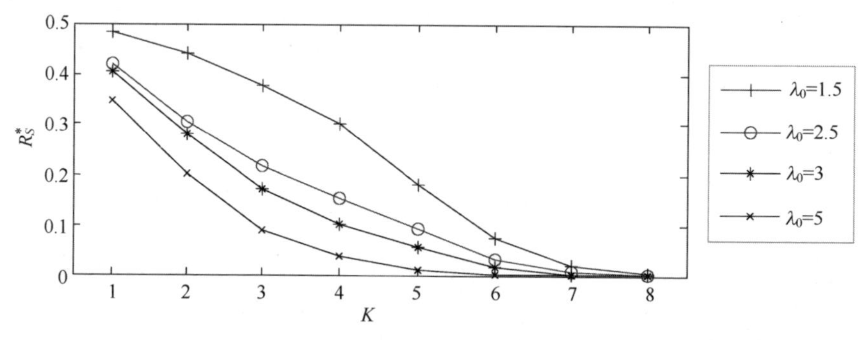

图 16-17 不同的 λ_0，R_S^* 随 K 的变化

16.5　本章总结

不同元件之间的性能共享在许多系统中很常见。本章主要研究公共总线性能共享系统在蓄意攻击下的防御。本章在一个两阶段最小-最大博弈的基础上研究了最优防御策略和最优攻击策略。

本章首先构建了研究通用公共总线系统最优防御策略和最优攻击策略的框架。接下来重点介绍了具有相同元件的特殊公共总线系统。在宽松的假设下分析了保护（攻击）元件的最优数量，当竞争对手在所有元件之间平均分配资源时，防御方（攻击方）的最优策略是保护（攻击）所有元件。本章揭示了不同形式的竞争方程对最优防御策略和最优攻击策略的影响。研究了公共总线的相对鲁棒性、竞争强度和系统冗余对最优防御策略和最优攻击策略的影响。结果表明，当公共总线稳健或冗余度较低时，如果竞争强度较小，则防御方在公共总线上分配的保护资源更少。随着竞争强度的增加，最优防御策略和最优攻击策略对系统参数的变化都变得更加敏感。

16.6　本章附录

附录 A

R_1在式（16-4）和式（16-5）中的可以重新写为

$$R_1=P_iG_{-i,1}+(1-P_i)H_{-i}=P_i(G_{-i,1}-H_{-i})+H_{-i}=P_iG_{-i}+H_{-i}$$

式中：$G_{-i,1}$为在元件 i 失效且公共总线正常运行的条件下系统的可靠性；H_{-i}为在元件 i 和公共总线都正常运行的条件下系统的可靠性，并且 $G_{-i}=G_{-i,1}-H_{-i}$。显然，$G_{-i,1}<H_{-i}$并且 $G_{-i}<0$。

因此，式（16-5）中的系统可靠性可以改写成如下形式：

$$\begin{aligned}R_S &= (1-P_i)P_{\text{bus}}\prod_{j=1,j\neq i}^{n}(1-P_j)+(1-P_{\text{bus}})(P_iG_{-i}+H_{-i})\\ &= P_{\text{bus}}\prod_{j=1,j\neq i}^{n}(1-P_j)+(1-P_{\text{bus}})H_{-i}\\ &\quad +P_i\Big[(1-P_{\text{bus}})G_{-i}-P_{\text{bus}}\prod_{j=1,j\neq i}^{n}(1-P_j)\Big]\end{aligned}$$

其中$(1-P_{\text{bus}})G_{-i}-P_{\text{bus}}\prod_{j=1,j\neq i}^{n}(1-P_j)<0$。由于$P_i$是$e$的非增函数，$E$的非减函数，很容易可以证明$R_S$是$e_i(i=1,2,\cdots,n)$的非减函数和$E_i(i=1,2,\cdots,n)$的非增函数。此外，如果竞争方程是$F(e,E)$关于$e$的凸函数和关于$E$的凹函

数，那么 R_S是关于 e_i的凸函数，关于 E_i的凹函数。e_{bus}和 E_{bus}也可以得出相同的结果。因此，式（16-6）和式（16-7）中的问题是凸优化问题。对于 $\lambda_0 \leqslant 1$，$F(e,E)=E^{\lambda_0}/(E^{\lambda_0}+e^{\lambda_0})$是关于 e 的凸函数，关于 E 的凸函数。

附录 B

考虑到 $h(Y)=\ln[(1-P_Y)^Y]$，本章有

$$h(Y)=Y\ln\left[(1-p^I)\left(1-\frac{\left(\frac{(1-X)R}{YA}\right)^{\lambda_0}}{\left(\frac{(1-X)R}{YA}\right)^{\lambda_0}+\left(\frac{(1-x)r}{na}\right)^{\lambda_0}}\right)\right]$$

$$=Y(\ln(1-p^I)-\ln(\rho Y^{-\lambda_0}+1))$$

式中：$\rho=\left(\frac{(1-X)R}{A}\right)^{\lambda_0}\Big/\left(\frac{(1-x)r}{na}\right)^{\lambda_0}$。$h(Y)$关于 Y 的导数：

$$\frac{\mathrm{d}h(Y)}{\mathrm{d}Y}=\ln(1-p^I)-\ln(\rho Y^{-\lambda_0}+1)+\frac{\lambda_0\rho Y^{-\lambda_0}}{\rho Y^{-\lambda_0}+1}$$

并且二阶求导：

$$\frac{\mathrm{d}^2h(Y)}{\mathrm{d}Y^2}=\frac{\lambda_0\rho Y^{-\lambda_0-1}}{(\rho Y^{-\lambda_0}+1)^2}(\rho Y^{-\lambda_0}+1-\lambda_0)$$

显然，对于 $\lambda_0 \leqslant 1$，$\frac{\mathrm{d}^2h(Y)}{\mathrm{d}Y^2}>0,\ \forall Y>0$，并且$\frac{\mathrm{d}h(Y)}{\mathrm{d}Y}\to\ln(1-p^I)<0$，因为 $Y\to+\infty$。因此对于 $\lambda_0 \leqslant 1$，和 $h(Y)$和$(1-P_Y)^Y$都随着 Y 的增加而减少。

符号及说明列表	
n	系统中元件的数量
C_i	元件 i 的额定容量
D_i	元件 i 的自身需求（$D_i \leqslant C_i$）
S	公共总线的最大传输容量
p_i^I	由于内部原因导致的元件 i 失效的失效率
p_i^O	由于蓄意攻击导致的元件 i 失效的失效率
e_i	防御方对元件 i 的防御努力
E_i	攻击方对元件 i 的攻击努力
p_{bus}^I	由于内部原因导致公共总线失效的失效率
p_{bus}^O	由于蓄意攻击导致公共总线失效的失效率
e_{bus}	防御方对公共总线的防御努力
E_{bus}	攻击方对公共总线的攻击努力

续表

符号及说明列表	
$F(e,E)$	竞争方程
a_i	保护元件 i 的单位努力的费用
A_i	攻击元件 i 的单位努力的费用
a_{bus}	保护公共总线的单位努力的费用
A_{bus}	攻击公共总线的单位努力的费用
r	防御方的预算，$\sum_{i=1}^{n} e_i a_i + e_{bus} a_{bus} \leqslant r$
R	攻击方的预算，$\sum_{i=1}^{n} E_i A_i + E_{bus} A_{bus} \leqslant R$
x	在具有相同元件的公共总线系统中，防御方用于保护公共总线的预算比例
y	具有相同元件的公共总线系统中受保护的元件的数量
X	在具有相同元件的公共总线系统中，攻击方用于攻击公共总线的预算比例
Y	具有相同元件的公共总线系统中受到攻击的元件的数量

参考文献

[1] 牛义锋，韦纯福，赵宁．基于最大流理论和分解技术的多态系统可靠性评估［J］. 模糊系统与数学，2013，5：182-190.

[2] 兑红炎，白光晗．多态防护系统可靠性及重要度分析［J］. 运筹与管理，2020，8：98-104.

[3] SU P，WANG G J，DUAN F J. Reliability evaluation of a k-out-of-n（G）-subsystem based multi-state system with common bus performance sharing［J］. Reliability Engineering & System Safety，2020，198：106884.

[4] QIU S Q，MING H X G. Reliability evaluation of multi-state series-parallel systems with common bus performance sharing considering transmission loss［J］. Reliability Engineering & System Safety，2019，189：406-415.

[5] GAO K Y，YAN X B，PENG R，et al. Economic design of a linear consecutively connected system considering cost and signal loss［J］. IEEE Transactions on Systems，Man，and Cybernetics：Systems，2019，51（8）：5116-5128.

[6] LI H，WANG X D，GAO Y J，et al. Evaluation research of the energy supply system in multi-energy complementary park based on the improved universal generating function method［J］. Energy Conversion and Management，2018，174：955-970.

[7] MO Y C，CUI L R，XING L D，et al. Performability analysis of large-scale multi-state computing systems［J］. IEEE Transactions on Computers，2018，67（1）：59-72.

[8] GARG H，RANI M，SHARMA S P，et al. Bi-objective optimization of the reliability-redundancy allocation problem for series-parallel system［J］. Journal of Manufacturing Systems，2014，33（3）：335-347.

[9] LEVITIN G，FINKELSTEIN M. Effect of element separation in series-parallel systems exposed to random shocks［J］. European Journal of Operational Research，2017，260（1）：305-315.

[10] HU Y S，DING Y，WEN F，et al. Reliability Assessment in Distributed Multi-state Series-Parallel Systems［J］. Energy Procedia，2019，159：104-110.

[11] BENKAMRA Z，TERBECHE M，TLEMCANI M. Bayesian sequential estimation of the reliability of a parallel-series system［J］. Applied Mathematics and Computation，2013，219（23）：10842-10852.

[12] ZHANG N，FOULADIRAD M，BARROS A. Reliability-based measures and prognostic analysis of a K-out-of-N system in a random environment［J］. European Journal of Opera-

tional Research, 2019, 273 (3): 1120-1131.

[13] KAMALJA K K. Reliability computing method for generalized k-out-of-n system [J]. Journal of Computational and Applied Mathematics, 2017, 323: 111-122.

[14] ZHANG Y Y, WU W Q, TANG Y H. Analysis of an k-out-of-n: G system with repairman's single vacation and shut off rule [J]. Operations Research Perspectives, 2017, 4: 29-38.

[15] WANG J, ZHU X Y. Joint optimization of condition-based maintenance and inventory control for a k-out-of-n : F system of multi-state degrading components [J]. European Journal of Operational Research, 2021, 290 (2): 514-529.

[16] ZHANG Y, DING W, ZHAO P. On total capacity of k-out-of-n systems with random weights [J]. Naval Research Logistics, 2018, 65 (4): 347-359.

[17] ZHAO X, WU C, WANG X, et al. Reliability analysis of k-out-of-n : F balanced systems with multiple functional sectors [J]. Applied Mathematical Modelling, 2020, 82: 108-124.

[18] MIROSLAV K. Exact reliability formula and bounds for general k-out-of-n systems [J]. Reliability Engineering & System Safety, 2003, 82 (2): 229-231.

[19] DUI H Y, SI S B, YAM R C M. Importance measures for optimal structure in linear consecutive-k-out-of-n systems [J]. Reliability Engineering & System Safety, 2018, 169: 339-350.

[20] ERYILMAZ S. Age-based preventive maintenance for coherent systems with applications to consecutive-k-out-of-n and related systems [J]. Reliability Engineering & System Safety, 2020, 204: 107143.

[21] MO Y H, XING L D, CUI L R, et al. MDD-based performability analysis of multi-state linear consecutive-k-out-of-n : F systems [J]. Reliability Engineering & System Safety, 2017, 166: 124-131.

[22] QIU S Q, SALLAK M, SCHÖN W, et al. Extended LK heuristics for the optimization of linear consecutive-k-out-of-n : F systems considering parametric uncertainty and model uncertainty [J]. Reliability Engineering & System Safety, 2018, 175: 51-61.

[23] YIN J, CUI L R. Reliability for consecutive-k-out-of-n : F systems with shared components between adjacent subsystems [J]. Reliability Engineering & System Safety, 2021, 210: 107532.

[24] HUA D, ELSAYED E A. Reliability estimation of k-out-of-n pair: G balanced systems with spatially distributed units [J]. IEEE Transactions on Reliability, 2016, 65 (7): 886-900.

[25] HUA D, ELSAYED E A. Reliability approximation of k-out-of-n pairs: G balanced systems with spatially distributed units [J]. IISE Transactions, 2018, 50 (7): 616-626.

[26] LEVITIN G. Common supply failures in linear multi-state sliding window systems [J]. Reliability Engineering & System Safety, 2003, 82: 55-62.

[27] MO Y C, XING L D, ZHANG L J, et al. Performability analysis of multi-state sliding window systems [J]. Reliability Engineering & System Safety, 2020, 202: 107003.

[28] XIAO H, PENG R, WANG W B, et al. Optimal element loading for linear sliding window systems [J]. Proceedings of the Institution of Mechanical Engineers Part O: Journal of Risk and Reliability, 2016, 230 (1): 75-84.

[29] LEVITIN G, XING L D, DAI Y S. Reliability and mission cost of 1-out-of-n: G systems with state-dependent standby mode transfers [J]. IEEE Transactions on Reliability, 2015, 64 (1): 454-462.

[30] RIZWANA S M, KHURANAB V, TANEJAC G. Reliability analysis of a hot standby industrial system [J]. International Journal of Modelling and Simulation, 2010, 30 (3): 315-322.

[31] WEN J K, CAO Y, MA L C, et al. Design and Analysis of Double One Out of Two with a Hot Standby Safety Redundant Structure [J]. Chinese Journal of Electronics, 2020, 29 (3): 586-594.

[32] BEHBOUDI Z, MOHTASHAMI BORZADARAN G R, ASADI M. Reliability modeling of two-unit cold standby systems: a periodic switching approach [J]. Applied Mathematical Modelling, 2021, 92: 176-195.

[33] FATHIZADEH M, KHORSHIDIAN K. An alternative approach to reliability analysis of cold standby systems [J]. Communications in Statistics-Theory and Methods, 2016, 45 (21): 6471-6480.

[34] YEH W C. Solving cold-standby reliability redundancy allocation problems using a new swarm intelligence algorithm [J]. Applied Soft Computing, 2019, 83: 105582.

[35] LEVITIN G, XING L D, JOHNSON B W, et al. Mission reliability, cost and time for cold standby computing systems with periodic backup [J]. IEEE Transactions on Computers, 2015, 64 (4): 1043-1057.

[36] JIA H P. Reliability of demand-based warm standby system with common bus performance sharing [J]. Proceedings of the Institution of Mechanical Engineers Part O: Journal of Risk and Reliability, 2019, 233 (4): 580-592.

[37] JIA H P, DING Y, SONG Y H, et al. Reliability Evaluation for Demand-Based Warm Standby Systems Considering Degradation Process [J]. IEEE Transactions on Reliability, 2017, 66 (3): 795-805.

[38] CLARK S, WATLING D. Modelling network travel time reliability under stochastic demand [J]. Transportation Research Part B, 2005, 39 (2): 119-140.

[39] LECH W, HEIKKINEN M, CLARK D D. Assessing broadband reliability: measurement and policy challenges [C]. Research Conference on Communication, Information and Internet polisy, 2011.

[40] XIAO H, YI K, KOU G, et al. Reliability of a two-dimensional demand-based networked system with multistate components [J]. Naval Research Logistics (NRL), 2020,

67 (6): 453-468.

[41] XIAO H, YI K, LIU H, et al. Reliability modeling and optimization of a two-dimensional sliding window system [J]. Reliability Engineering & System Safety, 2021, 215: 107870.

[42] LISNIANSKI A, DING Y. Redundancy analysis for repairable multi-state system by using combined stochastic process methods and universal generating function technique [J]. Reliability Engineering & System Safety, 2009, 94 (11): 1788-1795.

[43] LEVITIN G. Reliability of multi-state systems with common bus performance sharing [J]. IIE Transactions, 2011, 43: 518-524.

[44] LISNIANSKI A, LEVITIN G. Multi-state system reliability: assessment optimization and applications [M]. Singapore: World Scientific Publishing Company, 2003.

[45] CHEN M L, JIANG Y, ZHOU D H. Decentralized maintenance for multistate systems with heterogeneous components [J]. IEEE Transactions on Reliability, 2018, 67 (2): 701-714.

[46] BAO M L, DING Y, YIN X H, et al. Definitions and reliability evaluation of multi-state systems considering state transition process and its application for gas systems [J]. Reliability Engineering & System Safety, 2021, 207: 107387.

[47] BISHT S, SINGH S B, TAMTA R. Reliability evaluation of repairable weighted system using interval valued universal generating function [J]. International Journal of Quality & Reliability Management, 2020, 37 (6-7): 957-981.

[48] LEVITIN G, XING L D, DAI Y S. Optimizing dynamic performance of multistate systems with heterogeneous 1-out-of-N warm standby components [J]. IEEE Transactions on Systems, Man, and Cybernetics: Systems, 2018, 48 (6): 920-929.

[49] PENG R, XIAO H, LIU H L. Reliability of multi-state systems with a performance sharing group of limited size [J]. Reliability Engineering & System Safety, 2017, 166: 164-170.

[50] LIU Y, ZUO M J, LI Y F, et al. Dynamic reliability assessment for multi-state systems utilizing system-level inspection data [J]. IEEE Transactions on Reliability, 2015, 64 (4): 1287-1299.

[51] KENNEDY J, EBERHART R. Particle swarm optimization [C]. IEEE international conference on neural networks, Perth, 1995.

[52] CHOU J S, LE T S. Reliability-based performance simulation for optimized pavement maintenance [J]. Reliability Engineering & System Safety , 2011, 96: 1402-1410.

[53] PENG R, XIE M, NG S H, et al. Element maintenance and allocation for linear consecutively connected systems [J]. IIE Transactions, 2012, 44 (11): 964-973.

[54] SIN I H, CHUNG B D. Bi-objective optimization approach for energy aware scheduling considering electricity cost and preventive maintenance using genetic algorithm [J]. Journal of Cleaner Production, 2020, 244 (20): 118869.

[55] BENSMAIN Y, DAHANE M, BENNEKROUF M, et al. Preventive remanufacturing plan-

ning of production equipment under operational and imperfect maintenance constraints: A hybrid genetic algorithm based approach [J]. Reliability Engineering & System Safety, 2019, 185: 546-566.

[56] COMPARE M, ZIO F M. Genetic algorithms for condition-based maintenance optimization under uncertainty [J]. European Journal of Operational Research, 2015, 244 (2): 611-623.

[57] FOROUD T, BARADARAN A, SEIFI A. A comparative evaluation of global search algorithms in black box optimization of oil production: A case study on Brugge field [J]. Journal of Petroleum Science and Engineering, 2018, 167: 131-151.

[58] PANDIT D, ZHANG L, CHATTOPADHYAY S, et al. A scattering and repulsive swarm intelligence algorithm for solving global optimization problems [J]. Knowledge-Based Systems, 2018, 156: 12-42.

[59] KIM H. Optimal reliability design of a system with k-out-of-n subsystems considering redundancy strategies [J]. Reliability Engineering & System Safety, 2017, 167: 572-582.

[60] CAI Z Q, SI S B, SUN S D, et al. Optimization of linear consecutive-k-out-of-n system with a Birnbaum importance-based genetic algorithm [J]. Reliability Engineering & System Safety, 2016, 152: 248-258.

[61] FARSI M A. Develop a new method to reliability determination of a solar array mechanism via universal generating function [J]. Journal of Mechanical Science and Technology, 2017, 31 (4): 1763-1771.

[62] LEVITIN G. Uneven allocation of elements in linear multi-state sliding window system [J]. European journal of operational research, 2005, 163 (2): 418-433.

[63] XIANG Y, LEVITIN G. Combined m-consecutive and k-out-of-n sliding window systems [J]. European journal of operational research, 2012, 219 (1): 105-113.

[64] XIAO H, PENG R, LEVITIN G. Optimal replacement and allocation of multi-state elements in k-within-m-from-r/n sliding window systems [J]. Applied Stochastic Models in Business and Industry, 2016, 32 (2): 184-198.

[65] YEH W C, EL KHADIRI M. A new universal generating function method for solving the single(d,τ)-quick-path problem in multistate flow networks [J]. IEEE Transactions on Systems, Man, and Cybernetics - Part A: Systems and Humans, 2012, 42 (6): 1476-1484.

[66] MEENA K S, VASANTHI T. Reliability analysis of mobile ad hoc networks using universal generating function [J]. Quality and Reliability Engineering International, 2016, 32 (1): 111-122.

[67] YU H, YANG J, PENG R, et al. Reliability evaluation of linear multi-state consecutively-connected systems constrained by m consecutive and n total gaps [J]. Reliability Engineering & System Safety, 2016, 150: 35-43.

[68] YU H, YANG J, LIN J, et al. Reliability evaluation of non-repairable phased-mission

common bus systems with common cause failures [J]. Computers & Industrial Engineering, 2017, 111: 445-457.

[69] YU H, YANG J, ZHAO Y. Reliability of nonrepairable phased-mission systems with common bus performance sharing [J]. Proceedings of the Institution of Mechanical Engineers, Part O: Journal of Risk and Reliability, 2018, 232 (6): 647-660.

[70] WANG G J, DUAN F J, ZHOU Y F. Reliability evaluation of multi-state series systems with performance sharing [J]. Reliability Engineering & System Safety, 2018, 173: 58-63.

[71] ESFE H B, KERMANI M J, AWAL M S. Effects of surface roughness on deviation angle and performance losses in wet steam turbines [J]. Applied Thermal Engineering, 2015, 90: 158-173.

[72] MANTRIOTA G. Power split transmissions for wind energy systems [J]. Mechanism and Machine Theory, 2017, 117: 160-174.

[73] E J Q, XU S J, DENG Y W, et al. Investigation on thermal performance and pressure loss of the fluid cold-plate used in thermal management system of the battery pack [J]. Applied Thermal Engineering, 2018, 145: 552-568.

[74] GUSTAFSON M W, BAYLOR J S. Transmission loss evaluation for electric systems [J]. IEEE Transactions on Power Systems, 1988, 3 (3): 1026-1032.

[75] ABDELKADER S. Transmission loss allocation in a deregulated electrical energy market [J]. Electric Power Systems Research, 2006, 76 (11): 962-967.

[76] WOOD A J, WOLLENBERG B F, SHEBLÉ G B. Power generation, operation, and control [M]. Hoboken: John Wiley & Sons, 2013.

[77] OLIVARES-GALVÁN J C, GEORGILAKIS P S, OCON-VALDEZ R. A Review of Transformer Losses [J]. Electric Power Components and Systems, 2009, 37 (9): 1046-1062.

[78] LEVITIN G, LISNIANSKI A. Multi-state System Reliability Analysis and Optimization (Universal Generating Function and Genetic Algorithm Approach) [M]// Handbook of Reliability Engineering. London: Springer, 2003: 61-90.

[79] DING Y, LISNIANSKI A. Fuzzy Universal Generating Functions for Multi-state System Reliability Assessment [J]. Fuzzy Sets & Systems, 2008, 159 (3): 307-324.

[80] DING Y, ZUO M, LISNIANSKI A, et al. Fuzzy multi-state system: general definition and performance assessment [J]. IEEE Transactions on Reliability, 2008, 57 (4): 589-594.

[81] LI Y F, ZIO E. A multi-state model for the reliability assessment of a distributed generation system via universal generating function [J]. Reliability Engineering & System Safety, 2012, 106: 28-36.

[82] PENG R, ZHAI Q, XING L, et al. Reliability analysis and optimal structure of series-parallel phased-mission systems subject to fault-level coverage [J]. Iie Transactions, 2016, 48 (8): 736-746.

[83] ZHAI Q Q, YE Z S, PENG R, et al. Defense and attack of performance-sharing common bus systems [J]. European Journal of Operational Research, 2017, 256 (3): 962-975.

[84] PENG R. Optimal component allocation in a multi - state system with hierarchical performance sharing groups [J]. Journal of the Operational Research Society, 2019, 70 (4): 581-587.

[85] YI K, XIAO H, KOU G, et al. Trade-off between maintenance and protection for multi-state performance sharing systems with transmission loss [J]. Computers & Industrial Engineering, 2019, 136: 305-315.

[86] WANG J, ZHAO X, GUO X. Optimizing wind turbine's maintenance policies under performance-based contract [J]. Renewable energy, 2019, 135: 626-634.

[87] WANG W, XIONG J, XIE M. A study of interval analysis for cold-standby system reliability optimization under parameter uncertainty [J]. Computers & Industrial Engineering, 2016, 97: 93-100.

[88] GOLDBERG D E, LINGLE R. Alleles, loci, and the traveling salesman problem [C]//Proceedings of the 1st International Conference on Genetic Algorithms, 1985: 154-159.

[89] OLIVER I M, SMITH D J, HOLLAND J R C. A study of permutation crossover operators on the TSP [C]//Proceedings of the 2nd International Conference on Genetic Algorithms on Genetic Algorithms and their Application, 1987: 224-230.

[90] LEVITIN G. The Universal Generating Function in Reliability Analysis and Optimization [M]. Heidelberg: Springer, 2005.

[91] LEVITIN G, LISNIANSKI A. Joint redundancy and maintenance optimization for multi-state series - parallel systems [J]. Reliability Engineering & System Safety, 1999, 64 (1): 33-42.

[92] AMBANI S, MEERKOV S M, ZHANG L. Feasibility and optimization of preventive maintenance in exponential machines and serial lines [J]. IIE Transactions, 2010, 42 (10): 766-777.

[93] LIU Y, HUANG H Z. Reliability assessment for fuzzy multi-state systems [J]. International Journal of Systems Science, 2010, 41 (4): 365-379.

[94] SORO I W, NOURELFATH M, AIT-KADI D. Performance evaluation of multi-state degraded systems with minimal repairs and imperfect preventive maintenance [J]. Reliability Engineering & System Safety, 2010, 95 (2): 65-69.

[95] DWYER V M. Reliability of Various 2-Out-of-4: G Redundant Systems with Minimal Repair [J]. IEEE Transactions on Reliability, 2012, 61 (1): 170-179.

[96] PAINTON L, CAMPBELL J. Genetic algorithms in optimization of system reliability [J]. IEEE Transactions on Reliability, 1995, 44 (2): 172-178.

[97] YANG J E, HWANG M J, SUNG T Y, et al. Application of genetic algorithm for reliability allocation in nuclear power plants [J]. Reliability Engineering & System Safety, 1999, 65 (3): 229-238.

[98] HUANG H Z, QU J, ZUO M J. Genetic-algorithm-based optimal apportionment of reliability and redundancy under multiple objectives [J]. IIE Transactions, 2009, 41 (4): 287-298.

[99] LEVITIN G. Linear multi-state sliding window systems [J]. IEEE Transactions on Reliability, 2003, 52: 63-269.

[100] LEVITIN G, DAI Y. k-out-of-n sliding window systems [J]. IEEE Transactions on Systems Man Cybernetics-Systems Part A, 2012, 42 (3): 707-714.

[101] LEVITIN G, BEN-HAIM H. Consecutive sliding window systems [J]. Reliability Engineering & System Safety, 2011, 96 (10): 1367-1374.

[102] WU D, GONG M, PENG R, et al. Optimal Product Substitution and Dual Sourcing Strategy considering Reliability of Production Lines [J]. Reliability Engineering & System Safety, 2020, 207: 107037.

[103] ZHAI Q, XING L, PENG R, et al. Aggregated combinatorial reliability model for non-repairable parallel phased-mission systems [J]. Reliability Engineering & System Safety, 2018, 176: 242-250.

[104] LI Y Y, CHEN Y, YUAN Z H, et al. Reliability analysis of multi-state systems subject to failure mechanism dependence based on a combination method [J]. Reliability Engineering & System Safety, 2017, 166: 109-123.

[105] HUANG H Z, AN Z W. A discrete stress - strength interference model with stress dependent strength [J]. IEEE Transactions on Reliability, 2008, 58 (1): 118-122.

[106] ZHOU J, COIT D W, FELDER F A, et al. Resiliency-based restoration optimization for dependent network systems against cascading failures [J]. Reliability Engineering & System Safety, 2020, 207: 107383.

[107] YANG S, CHEN W, ZHANG X, et al. A Graph - based Method for Vulnerability Analysis of Renewable Energy integrated Power Systems to Cascading Failures [J]. Reliability Engineering & System Safety, 2020, 207: 107354.

[108] WANG S L, LI K L, MEI J, et al. A reliability-aware task scheduling algorithm based on replication on heterogeneous computing systems [J]. Journal of Grid Computing, 2017, 15 (1): 23-39.

[109] LI Y F, PENG R. Service reliability modeling of distributed computing systems with virus epidemics [J]. Applied Mathematical Modelling, 2015, 39 (18): 5681-5692.

[110] ROCCHETTA R, LI Y F, ZIO E. Risk assessment and risk-cost optimization of distributed power generation systems considering extreme weather conditions [J]. Reliability Engineering & System Safety, 2015, 136: 47-61.

[111] QIN L, HE X, YAN R, et al. Distributed sensor fault diagnosis for a formation of multi-vehicle systems [J]. Journal of the Franklin Institute, 2019, 356 (2): 791-818.

[112] LAI C D, XIE M, POH K L, et al. A model for availability analysis of distributed software/hardware systems [J]. Information and Software Technology, 2002, 44 (6):

343-350.

[113] QURESHI K N, HUSSAIN R, JEON G. A Distributed Software Defined Networking Model to Improve the Scalability and Quality of Services for Flexible Green Energy Internet for Smart Grid Systems [J]. Computer & Electrical Engineering, 2020, 84: 106634.

[114] LIN M S, CHANG M S, CHEN D J. Distributed-program reliability analysis: complexity and efficient algorithms [J]. IEEE transactions on reliability, 1999, 48 (1): 87-95.

[115] MA P Y R, LEE E Y S, TSUCHIYA M. A task allocation model for distributed computing systems [J]. IEEE Transactions on Computer, 1982, 31 (1): 41-47.

[116] CHIU C C, HSU C H, YEH Y S. A genetic algorithm for reliability-oriented task assignment with $\tilde{k}$ duplications in distributed systems [J]. IEEE Transactions on Reliability, 2006, 55 (1): 105-117.

[117] MAHMOOD A. Task allocation algorithms for maximizing reliability of heterogeneous distributed computing systems [J]. Control and Cybernetics, 2001, 30 (1): 115-130.

[118] HSIEH C C, HSIEH Y C. Reliability and cost optimization in distributed computing systems [J]. Computer & Operations Research, 2003, 30 (8): 1103-1119.

[119] STEPHENS A B, YESHA Y, HUMENIK K E. Optimal allocation for partially replicated database systems on ring networks [J]. IEEE transactions on knowledge and data engineering, 1994, 6 (6): 975-982.

[120] CHEN C M, ORTIZ J D. Reliability issues with multiprocessor distributed database systems: a case study [J]. IEEE transactions on reliability, 1989, 38 (1): 153-158.

[121] SHATZ S M, WANG J P. Models and algorithms for reliability-oriented task-allocation in redundant distributed-computer systems [J]. IEEE Transactions on Reliability, 1989, 38 (1): 16-27.

[122] KARTIK S, MURTHY C S R. Task allocation algorithms for maximizing reliability of distributed computing systems [J]. IEEE Transactions on computers, 1997, 46 (6): 719-724.

[123] LEVITIN G, DAI Y S, BEN-HAIM H. Reliability and performance of star topology grid service with precedence constraints on subtask execution [J]. IEEE Transactions on Reliability, 2006, 55 (3): 507-515.

[124] LI S, GONG W, WANG L, et al. Optimal power flow by means of improved adaptive differential evolution [J]. Energy, 2020, 198: 117314.

[125] ELATTAR E E, ELSAYED S K. Modified JAYA algorithm for optimal power flow incorporating renewable energy sources considering the cost, emission, power loss and voltage profile improvement [J]. Energy, 2019, 178: 598-609.

[126] EBEED M, KAMEL S, JURADO F. Optimal power flow using recent optimization techniques [M]//Classical and recent aspects of power system optimization. New York: Academic Press, 2018: 157-183.

[127] NGUYEN T T. A high performance social spider optimization algorithm for optimal power

flow solution with single objective optimization [J]. Energy, 2019, 171: 218-240.

[128] DENG R, YANG Z, CHOW M Y, et al. A survey on demand response in smart grids: Mathematical models and approaches [J]. IEEE Transactions on Industrial Informatics, 2015, 11 (3): 570-582.

[129] JORDEHI A R. Optimisation of demand response in electric power systems, a review [J]. Renewable and sustainable energy reviews, 2019, 103: 308-319.

[130] PANG Y, HE Y, JIAO J, et al. Power load demand response potential of secondary sectors in China: The case of western Inner Mongolia [J]. Energy, 2020, 192: 116669.

[131] BERALDI P, VIOLI A, CARROZZINO G, et al. A stochastic programming approach for the optimal management of aggregated distributed energy resources [J]. Computers & Operations Research, 2018, 96: 200-212.

[132] LUO X, LIU Y, LIU J, et al. Optimal design and cost allocation of a distributed energy resource (DER) system with district energy networks: A case study of an isolated island in the South China Sea [J]. Sustainable Cities and Society, 2019, 51: 101726.

[133] XIAO H, SHI D, DING Y, et al. Optimal loading and protection of multi-state systems considering performance sharing mechanism [J]. Reliability Engineering & System Safety, 2016, 149: 88-95.

[134] ZUO L, XIAHOU T, LIU Y. Evidential network-based failure analysis for systems suffering common cause failure and model parameter uncertainty [J]. Proceedings of the Institution of Mechanical Engineers, Part C: Journal of Mechanical Engineering Science, 2019, 233 (6): 2225-2235.

[135] LEVITIN G, XING L, HUANG H Z. Dynamic availability and performance deficiency of common bus systems with imperfectly repairable components [J]. Reliability Engineering & System Safety, 2019, 189: 58-66.

[136] LEVITIN G, XING L, BEN-HAIM H, et al. Dynamic demand satisfaction probability of consecutive sliding window systems with warm standby components [J]. Reliability Engineering & System Safety, 2019, 189: 397-405.

[137] NAYAK S C, MISRA B B. Estimating stock closing indices using a GA-weighted condensed polynomial neural network [J]. Financial Innovation, 2018, 4 (1): 21.

[138] NAYAK S C, MISRA B B. A chemical-reaction-optimization-based neuro-fuzzy hybrid network for stock closing price prediction [J]. Financial Innovation, 2019, 5 (1): 38.

[139] NAYAK S C, MISRA B B. Extreme learning with chemical reaction optimization for stock volatility prediction [J]. Financial Innovation, 2020, 6 (1): 1-23.

[140] MELLAL M A, ZIO E. An adaptive particle swarm optimization method for multi-objective system reliability optimization [J]. Proceedings of the Institution of Mechanical Engineers, Part O: Journal of Risk and Reliability, 2019, 233 (6): 990-1001.

[141] LIN D, JIN B, CHANG D. A PSO approach for the integrated maintenance model [J]. Reliability Engineering & System Safety, 2020, 193: 106625.

[142] QIN C, YAN Q, HE G. Integrated energy systems planning with electricity, heat and gas using particle swarm optimization [J]. Energy, 2019, 188: 116044.

[143] BILLINTON R, ALLAN R N. Reliability evaluation of power systems [M]. Heidelberg: Springer Science & Business Media, 2013.

[144] LARSEN E M, DING Y, LI Y F, et al. Definitions of Generalized Multi-Performance Weighted Multi-State K-out-of-n System and its Reliability Evaluations [J]. Reliability Engineering & System Safety, 2020, 199: 105876.

[145] DENG Z, SINGH C. A new approach to reliability evaluation of interconnected power systems including planned outages and frequency calculations [J]. IEEE Transactions on Power Systems, 1992, 7 (2): 734-743.

[146] JIA H, DING Y, PENG R, et al. Reliability assessment and activation sequence optimization of non-repairable multi-state generation systems considering warm standby [J]. Reliability Engineering & System Safety, 2020, 195: 106736.

[147] LEVITIN G, XING L, DAI Y. Reliability of non-coherent warm standby systems with reworking [J]. IEEE Transactions on Reliability, 2015, 64 (1): 444-453.

[148] ZENG Z, ZIO E. Dynamic Risk Assessment Based on Statistical Failure Data and Condition-Monitoring Degradation Data [J]. IEEE Transactions on Reliability, 2018, 67 (2): 609-622.

[149] LI Y F, ZIO E, LIN Y H. A multistate physics model of component degradation based on stochastic Petri nets and simulation [J]. IEEE Transactions on Reliability, 2012, 6 (4): 921-931.

[150] SI S, ZHAO J, CAI Z, et al. Recent advances in system reliability optimization driven by importance measures [J]. Frontiers of Engineering Management, 2020, 7 (3): 335-358.

[151] DING Y, SINGH C, GOEL L, et al. Short-term and medium-term reliability evaluation for power systems with high penetration of wind power [J]. IEEE Transactions on Sustainable Energy, 2014, 5 (3): 896-906.

[152] JIA H, DING Y, SONG Y, et al. Operating reliability evaluation of power systems considering flexible reserve provider in demand side [J]. IEEE Transactions on Smart Grid, 2018, 10 (3): 3452-3464.

[153] WANG Z Q, WANG W, HU C H, et al. A prognostic-information-based order-replacement policy for a non-repairable critical system in service [J]. IEEE Transactions on Reliability, 2015, 64 (2): 721-735.

[154] HERMANS M, DELARUE E. Impact of start-up mode on flexible power plant operation

and system cost [C]. 2016 13th IEEE International Conference on the European Energy Market (EEM), 2016: 1-6.

[155] ZHAI Q, PENG R, XING L D, et al. Reliability of demand-based warm standby systems subject to fault level coverage [J]. Applied Stochastic Models in Business and Industry, 2015, 31 (3), 380-393.

[156] DING Y, ZUO M J, LISNIANSKI A, et al. A Framework for Reliability Approximation of Multi-State Weighted k-out-of-n Systems [J]. IEEE Transactions on Reliability, 2010, 59 (2): 297-308.

[157] DAVID C R. Regression models and life tables (with discussion) [J]. Journal of the Royal Statistical Society, 1972, 34 (2): 187-220.

[158] JOZWIAK I J. An introduction to the studies of reliability of systems using the Weibull proportional hazards model [J]. Microelectronics and Reliability, 1997, 37 (6): 915-918.

[159] LI Z G, ZHOU S Y, SIEVENPIPER C, et al. Change detection in the cox proportional hazards models from different reliability data [J]. Quality and Reliability Engineering Inernational, 2010, 267: 677-689.

[160] TIWARI A, ROY D. Estimation of reliability of mobile handsets using Cox-proportional hazard model [J]. Microelectronics Reliability, 2013, 53 (3): 481-487.

[161] SKAPERDAS S. Contest success functions [J]. Economic Theory, 1996, 7: 283-290.

[162] HAUSKEN K. Production and conflict models versus rent seeking models [J]. Public Choice, 2005, 123: 59-93.

[163] HAUSKEN K. Strategic defense and attack for series and parallel reliability systems [J]. European Journal of Operational Research, 2008, 186 (2): 856-881.

[164] ZHUANG J, BIER V M. Balance terrorism and natural disaster-defensive strategy with endogenous attacker effort [J]. Operations Research, 2007, 55 (5): 976-991.

[165] XIANG Y, CASSADY C R, JIN T, et al. Joint production and maintenance planning with deterioration and random yield [J]. International Journal of Production Research, 2014, 52 (6): 1644-1657.

[166] LIU Y, ZHANG B Y, JIANG T, et al. Optimization of multilevel inspection strategy for nonrepairable multistate systems [J]. IEEE Transactions on Reliability, 2019, 69 (3): 968-985.

[167] BIER V M, KOSANOGLU F. Target-oriented utility theory for modeling the deterrent effects of counterterrorism [J]. Reliability Engineering & System Safety, 2015, 136: 35-46.

[168] TULLOCK G. Efficient rent seeking [M]//BUCHANAN J M, TOLLISON R D, TULLOCK G (Eds.) . Toward a theory of the rent-seeking society. Texas: Texas A&M University Press, 1980.

[169] USHAKOV I Optimal standby problems and a universal generating function [J]. Soviet Journal of Computer Systems Science, 1987, 25: 79-82.

[170] YE Z, LI Z, XIE M. Some improvements on adaptive genetic algorithms for reliability-related applications [J]. Reliability Engineering & System Safety, 2010, 95: 120-126.

[171] NIKOOFAL M E, ZHUANG J. On the value of exposure and secrecy of defense system: First-mover advantage vs. robustness [J]. European Journal of Operational Research, 2015, 246: 320-330.

[172] PENG R, LEVITIN G, XIE M, et al. Optimal defence of single object with imperfect false targets. Journal of the Operational Research Society, 2011, 62: 134-141.